中国科学院中国孢子植物志编辑委员会　编辑

中 国 真 菌 志

第六十九卷

锈菌目 (七)

庄剑云　主编

国家科技基础性工作专项

(科技部　资助)

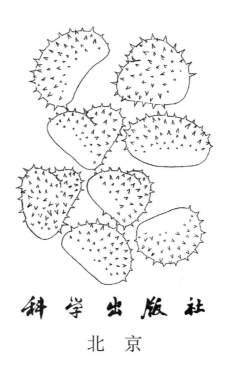

科学出版社

北　京

内 容 简 介

本卷是《中国真菌志 第十卷 锈菌目（一）》、《中国真菌志 第十九卷 锈菌目（二）》、《中国真菌志 第二十五卷 锈菌目（三）》、《中国真菌志 第四十一卷 锈菌目（四）》、《中国真菌志 第六十二卷 锈菌目（五）》和《中国真菌志 第六十六卷 锈菌目（六）》的续篇，记述了我国不完全锈菌（无性型锈菌）5 个式样属（春孢锈菌属、裸孢锈菌属、被孢锈菌属、角春孢锈菌属和夏孢锈菌属）226 个式样种，包括有性阶段已发现但在我国迄今为止仅见其无性型的种（暂用无性型名称）以及我国文献有记载但作者未见其标本的式样种。本卷翔实记述了各式样种的形态特征、寄主植物及分布，附形态线条图 176 幅，书后附参考文献及锈菌和寄主植物的汉名和学名索引。这是作者多年来对我国锈菌进行区系调查和分类的部分研究成果。

锈菌是常见的高等植物专性寄生菌，是多种经济植物的重要致病菌。植物锈病的准确诊断有赖于病原锈菌的准确鉴定。本书可供菌物学科研人员，从事植物保护及森林保护和植物检疫相关工作的技术人员，以及大专院校生物系、植物保护系和森林保护系师生参考。

图书在版编目 (CIP) 数据

中国真菌志. 第六十九卷, 锈菌目. 七 / 庄剑云主编. -- 北京 : 科学出版社, 2025. 6. -- (中国孢子植物志). -- ISBN 978-7-03-082234-5

Ⅰ. Q949.32

中国国家版本馆 CIP 数据核字第 20255737H6 号

责任编辑：韩学哲 付丽娜/责任校对：严 娜
责任印制：肖 兴/封面设计：刘新新

科学出版社 出版
北京东黄城根北街 16 号
邮政编码：100717
http://www.sciencep.com
北京建宏印刷有限公司印刷
科学出版社发行 各地新华书店经销

*

2025 年 6 月第 一 版 开本：787×1092 1/16
2025 年 6 月第一次印刷 印张：18 1/2
字数：450 000
定价：298.00 元
(如有印装质量问题，我社负责调换)

CONSILIO FLORARUM CRYPTOGAMARUM SINICARUM
ACADEMIAE SINICAE EDITA

FLORA FUNGORUM SINICORUM

VOL. 69

UREDINALES (VII)

REDACTOR PRINCIPALIS

Zhuang Jian-Yun

**A Science & Technology Fundamental Research Program of the Ministry
of Science and Technology of China**

(Supported by the Ministry of Science and Technology of China)

Science Press
Beijing

锈菌目(七)

本卷著者

庄剑云　魏淑霞　王云章

(中国科学院微生物研究所)

AUCTORES

Zhuang Jian-Yun　Wei Shu-Xia　Wang Yun-Chang

(*Institutum Microbiologicum Academiae Sinicae*)

序

　　中国孢子植物志是非维管束孢子植物志，分《中国海藻志》、《中国淡水藻志》、《中国真菌志》、《中国地衣志》及《中国苔藓志》五部分。中国孢子植物志是在系统生物学原理与方法的指导下对中国孢子植物进行考察、收集和分类的研究成果；是生物物种多样性研究的主要内容；是物种保护的重要依据，与人类活动及环境甚至全球变化都有不可分割的联系。

　　中国孢子植物志是我国孢子植物物种数量、形态特征、生理生化性状、地理分布及其与人类关系等方面的综合信息库；是我国生物资源开发利用、科学研究与教学的重要参考文献。

　　我国气候条件复杂，山河纵横，湖泊星布，海域辽阔，陆生和水生孢子植物资源极其丰富。中国孢子植物分类工作的发展和中国孢子植物志的陆续出版，必将为我国开发利用孢子植物资源和促进学科发展发挥积极作用。

　　随着科学技术的进步，我国孢子植物分类工作在广度和深度方面将有更大的发展，这部著作也将不断被补充、修订和提高。

中国科学院中国孢子植物志编辑委员会

1984 年 10 月·北京

中国孢子植物志总序

中国孢子植物志是由《中国海藻志》、《中国淡水藻志》、《中国真菌志》、《中国地衣志》及《中国苔藓志》所组成。至于维管束孢子植物蕨类未被包括在中国孢子植物志之内，是因为它早先已被纳入《中国植物志》计划之内。为了将上述未被纳入《中国植物志》计划之内的藻类、真菌、地衣及苔藓植物纳入中国生物志计划之内，出席 1972 年中国科学院计划工作会议的孢子植物学工作者提出筹建"中国孢子植物志编辑委员会"的倡议。该倡议经中国科学院领导批准后，"中国孢子植物志编辑委员会"的筹建工作随之启动，并于 1973 年在广州召开的《中国植物志》、《中国动物志》和中国孢子植物志工作会议上正式成立。自那时起，中国孢子植物志一直在"中国孢子植物志编辑委员会"统一主持下编辑出版。

孢子植物在系统演化上虽然并非单一的自然类群，但是，这并不妨碍在全国统一组织和协调下进行孢子植物志的编写和出版。

随着科学技术的飞速发展，在人们对真菌知识的了解日益深入的今天，黏菌与卵菌已从真菌界中分出，分别归隶于原生动物界和管毛生物界。但是，长期以来，由于它们一直被当作真菌由国内外真菌学家进行研究，而且，在"中国孢子植物志编辑委员会"成立时已将黏菌与卵菌纳入中国孢子植物志之一的《中国真菌志》计划之内，因此，沿用包括黏菌与卵菌在内的《中国真菌志》广义名称是必要的。

自"中国孢子植物志编辑委员会"于 1973 年成立以后，作为"三志"的组成部分，中国孢子植物志的编研工作由中国科学院资助；自 1982 年起，国家自然科学基金委员会参与部分资助；自 1993 年以来，作为国家自然科学基金委员会重大项目，在国家基金委资助下，中国科学院及科技部参与部分资助，中国孢子植物志的编辑出版工作不断取得重要进展。

中国孢子植物志是记述我国孢子植物物种的形态、解剖、生态、地理分布及其与人类关系等方面的大型系列著作，是我国孢子植物物种多样性的重要研究成果，是我国孢子植物资源的综合信息库，是我国生物资源开发利用、科学研究与教学的重要参考文献。

我国气候条件复杂，山河纵横，湖泊星布，海域辽阔，陆生与水生孢子植物物种多样性极其丰富。中国孢子植物志的陆续出版，必将为我国孢子植物资源的开发利用，为我国孢子植物科学的发展发挥积极作用。

中国科学院中国孢子植物志编辑委员会

主编　曾呈奎

2000 年 3 月　北京

Foreword of the Cryptogamic Flora of China

Cryptogamic Flora of China is composed of *Flora Algarum Marinarum Sinicarum*, *Flora Algarum Sinicarum Aquae Dulcis*, *Flora Fungorum Sinicorum*, *Flora Lichenum Sinicorum*, and *Flora Bryophytorum Sinicorum*, edited and published under the direction of the Editorial Committee of the Cryptogamic Flora of China, Chinese Academy of Sciences (CAS). It also serves as a comprehensive information bank of Chinese cryptogamic resources.

Cryptogams are not a single natural group from a phylogenetic point of view which, however, does not present an obstacle to the editing and publication of the Cryptogamic Flora of China by a coordinated, nationwide organization. The Cryptogamic Flora of China is restricted to non-vascular cryptogams including the bryophytes, algae, fungi, and lichens. The ferns, a group of vascular cryptogams, were earlier included in the plan of *Flora of China*, and are not taken into consideration here. In order to bring the above groups into the plan of Fauna and Flora of China, some leading scientists on cryptogams, who were attending a working meeting of CAS in Beijing in July 1972, proposed to establish the Editorial Committee of the Cryptogamic Flora of China. The proposal was approved later by the CAS. The committee was formally established in the working conference of Fauna and Flora of China, including cryptogams, held by CAS in Guangzhou in March 1973.

Although myxomycetes and oomycetes do not belong to the Kingdom of Fungi in modern treatments, they have long been studied by mycologists. *Flora Fungorum Sinicorum* volumes including myxomycetes and oomycetes have been published, retaining for *Flora Fungorum Sinicorum* the traditional meaning of the term fungi.

Since the establishment of the editorial committee in 1973, compilation of Cryptogamic Flora of China and related studies have been supported financially by the CAS. The National Natural Science Foundation of China has taken an important part of the financial support since 1982. Under the direction of the committee, progress has been made in compilation and study of Cryptogamic Flora of China by organizing and coordinating the main research institutions and universities all over the country. Since 1993, study and compilation of the Chinese fauna, flora, and cryptogamic flora have become one of the key state projects of the National Natural Science Foundation with the combined support of the CAS and the National Science and Technology Ministry.

Cryptogamic Flora of China derives its results from the investigations, collections, and classification of Chinese cryptogams by using theories and methods of systematic and evolutionary biology as its guide. It is the summary of study on species diversity of cryptogams and provides important data for species protection. It is closely connected with human activities, environmental changes and even global changes. Cryptogamic Flora of

China is a comprehensive information bank concerning morphology, anatomy, physiology, biochemistry, ecology, and phytogeographical distribution. It includes a series of special monographs for using the biological resources in China, for scientific research, and for teaching.

China has complicated weather conditions, with a crisscross network of mountains and rivers, lakes of all sizes, and an extensive sea area. China is rich in terrestrial and aquatic cryptogamic resources. The development of taxonomic studies of cryptogams and the publication of Cryptogamic Flora of China in concert will play an active role in exploration and utilization of the cryptogamic resources of China and in promoting the development of cryptogamic studies in China.

C.K. Tseng
Editor-in-Chief
The Editorial Committee of the Cryptogamic Flora of China
Chinese Academy of Sciences
March, 2000 in Beijing

《中国真菌志》序

  《中国真菌志》是在系统生物学原理和方法指导下，对中国真菌，即真菌界的子囊菌、担子菌、壶菌及接合菌四个门以及不属于真菌界的卵菌等三个门和黏菌及其类似的菌类生物进行搜集、考察和研究的成果。本志所谓"真菌"系广义概念，涵盖上述三大菌类生物(地衣型真菌除外)，即当今所称"菌物"。

  中国先民认识并利用真菌作为生活、生产资料，历史悠久，经验丰富，诸如酒、醋、酱、红曲、豆豉、豆腐乳、豆瓣酱等的酿制，蘑菇、木耳、茭白作食用，茯苓、虫草、灵芝等作药用，在制革、纺织、造纸工业中应用真菌进行发酵，以及利用具有抗癌作用和促进碳素循环的真菌，充分显示其经济价值和生态效益。此外，真菌又是多种植物和人畜病害的病原菌，危害甚大。因此，对真菌物种的形态特征、多样性、生理生化、亲缘关系、区系组成、地理分布、生态环境以及经济价值等进行研究和描述，非常必要。这是一项重要的基础科学研究，也是利用益菌、控制害菌、化害为利、变废为宝的应用科学的源泉和先导。

  中国是具有悠久历史的文明古国，古代科学技术一直处于世界前沿，真菌学也不例外。酒是真菌的代谢产物，中国酒文化博大精深、源远流长，有几千年历史。约在公元300年的晋代，江统在其《酒诰》诗中说："酒之所兴，肇自上皇。或云仪狄，一曰杜康。有饭不尽，委余空桑。郁积成味，久蓄气芳。本出于此，不由奇方。"作者精辟地总结了我国酿酒历史和自然发酵方法，比意大利学者雷蒂(Radi，1860)提出微生物自然发酵法的学说约早1500年。在仰韶文化时期(5000～3000 B. C.)，我国先民已懂得采食蘑菇。中国历代古籍中均有食用菇蕈的记载，如宋代陈仁玉在其《菌谱》(1245)中记述浙江台州产鹅膏菌、松蕈等11种，并对其形态、生态、品级和食用方法等作了论述和分类，是中国第一部地方性食用蕈菌志。先民用真菌作药材也是一大创造，中国最早的药典《神农本草经》(成书于102～200 A. D.)所载365种药物中，有茯苓、雷丸、桑耳等10余种药用真菌的形态、色泽、性味和疗效的叙述。明代李时珍在《本草纲目》(1578)中，记载"三菌"、"五蕈"、"六芝"、"七耳"以及羊肚菜、桑黄、鸡㙡、雪蚕等30多种药用真菌。李时珍将菌、蕈、芝、耳集为一类论述，在当时尚无显微镜帮助的情况下，其认识颇为精深。该籍的真菌学知识，足可代表中国古代真菌学水平，堪与同时代欧洲人(如 C. Clusius，1529～1609)的水平比拟而无逊色。

  15世纪以后，居世界领先地位的中国科学技术逐渐落后。从18世纪中叶到20世纪40年代，外国传教士、旅行家、科学工作者、外交官、军官、教师以及负有特殊任务者，纷纷来华考察，搜集资料，采集标本，研究鉴定，发表论文或专辑。如法国传教士西博特(P.M. Cibot)1759年首先来到中国，一住就是25年，写过不少关于中国植物(含真菌)的文章，1775年他发表的五棱散尾菌(*Lysurus mokusin*)，是用现代科学方法研究发表的第一个中国真菌。继而，俄国的波塔宁(G.N. Potanin，1876)、意大利的吉拉迪(P. Giraldii，1890)、奥地利的汉德尔-马泽蒂(H. Handel-Mazzetti，1913)、美国的梅里尔(E.D. Merrill，1916)、瑞典的史密斯(H. Smith，1921)等共27人次来我国采集标本。研究发表中国真菌论著114篇册，作者多达60余人次，报道中国真菌2040种，其中含

10新属、361新种。东邻日本自1894年以来，特别是1937年以后，大批人员涌到中国，调查真菌资源及植物病害，采集标本，鉴定发表。据初步统计，发表论著172篇册，作者67人次以上，共报道中国真菌约6000种(有重复)，其中含17新属、1130新种。其代表人物在华北有三宅市郎(1908)，东北有三浦道哉(1918)，台湾有泽田兼吉(1912)；此外，还有斋藤贤道、伊藤诚哉、平冢直秀、山本和太郎、逸见武雄等数十人。

国人用现代科学方法研究中国真菌始于20世纪初，最初工作多侧重于植物病害和工业发酵，纯真菌学研究较少。在一二十年代便有不少研究报告和学术论文发表在中外各种刊物上，如胡先骕1915年的"菌类鉴别法"，章祖纯1916年的"北京附近发生最盛之植物病害调查表"以及钱稣孙(1918)、邹钟琳(1919)、戴芳澜(1920)、李寅恭(1921)、朱凤美(1924)、孙豫寿(1925)、俞大绂(1926)、魏喦寿(1928)等的论文。三四十年代有陈鸿康、邓叔群、魏景超、凌立、周宗璜、欧世璜、方心芳、王云章、裴维蕃等发表的论文，为数甚多。他们中有的人终生或大半生都从事中国真菌学的科教工作，如戴芳澜(1893～1973)著"江苏真菌名录"(1927)、"中国真菌杂录"(1932～1939)、《中国已知真菌名录》(1936，1937)、《中国真菌总汇》(1979)和《真菌的形态和分类》(1987)等，他发表的"三角枫上白粉病菌之一新种"(1930)，是国人用现代科学方法研究、发表的第一个中国真菌新种。邓叔群(1902～1970)著"南京真菌之记载"(1932～1933)、"中国真菌续志"(1936～1938)、《中国高等真菌》(1939)和《中国的真菌》(1963)等，堪称《中国真菌志》的先导。上述学者以及其他许多真菌学工作者，为《中国真菌志》研编的起步奠定了基础。

在20世纪后半叶，特别是改革开放以来的20多年，中国真菌学有了迅猛的发展，如各类真菌学课程的开设，各级学位研究生的招收和培养，专业机构和学会的建立，专业刊物的创办和出版，地区真菌志的问世等，使真菌学人才辈出，为《中国真菌志》的研编输送了新鲜血液。1973年中国科学院广州"三志"会议决定，《中国真菌志》的研编正式启动，1987年由郑儒永、余永年等编撰的《中国真菌志》第1卷《白粉菌目》出版，至2000年《中国真菌志》已出版14卷。《中国真菌志》自第2卷开始实行主编负责制，2.《银耳目和花耳目》(刘波，1992)；3.《多孔菌科》(赵继鼎，1998)；4.《小煤炱目Ⅰ》(胡炎兴，1996)；5.《曲霉属及其相关有性型》(齐祖同，1997)；6.《霜霉目》(余永年，1998)；7.《层腹菌目 黑腹菌目 高腹菌目》(刘波，1998)；8.《核盘菌科 地舌菌科》(庄文颖，1998)；9.《假尾孢属》(刘锡琎、郭英兰，1998)；10.《锈菌目(一)》(王云章、庄剑云，1998)；11.《小煤炱目Ⅱ》(胡炎兴，1999)；12.《黑粉菌科》(郭林，2000)；13.《虫霉目》(李增智，2000)；14.《灵芝科》(赵继鼎、张小青，2000)。盛世出巨著，在国家"科教兴国"英明政策的指引下，《中国真菌志》的研编和出版，定将为中华灿烂文化做出新贡献。

余永年
庄文颖　谨识
中国科学院微生物研究所
中国·北京·中关村
2002年9月15日

Foreword of Flora Fungorum Sinicorum

Flora Fungorum Sinicorum summarizes the achievements of Chinese mycologists based on principles and methods of systematic biology in intensive studies on the organisms studied by mycologists, which include non-lichenized fungi of the Kingdom Fungi, some organisms of the Chromista, such as oomycetes etc., and some of the Protozoa, such as slime molds. In this series of volumes, results from extensive collections, field investigations, and taxonomic treatments reveal the fungal diversity of China.

Our Chinese ancestors were very experienced in the application of fungi in their daily life and production. Fungi have long been used in China as food, such as edible mushrooms, including jelly fungi, and the hypertrophic stems of water bamboo infected with *Ustilago esculenta*; as medicines, like *Cordyceps sinensis* (caterpillar fungus), *Poria cocos* (China root), and *Ganoderma* spp. (lingzhi); and in the fermentation industry, for example, manufacturing liquors, vinegar, soy-sauce, *Monascus*, fermented soya beans, fermented bean curd, and thick broad-bean sauce. Fungal fermentation is also applied in the tannery, papermaking, and textile industries. The anti-cancer compounds produced by fungi and functions of saprophytic fungi in accelerating the carbon-cycle in nature are of economic value and ecological benefits to human beings. On the other hand, fungal pathogens of plants, animals and human cause a huge amount of damage each year. In order to utilize the beneficial fungi and to control the harmful ones, to turn the harmfulness into advantage, and to convert wastes into valuables, it is necessary to understand the morphology, diversity, physiology, biochemistry, relationship, geographical distribution, ecological environment, and economic value of different groups of fungi.

China is a country with an ancient civilization of long standing. In ancient times, her science and technology as well as knowledge of fungi stood in the leading position of the world. Wine is a metabolite of fungi. The Wine Culture history in China goes back to thousands of years ago, which has a distant source and a long stream of extensive knowledge and profound scholarship. In the Jin Dynasty (*ca.* 300 A.D.), JIANG Tong, the famous writer, gave a vivid account of the Chinese fermentation history and methods of wine processing in one of his poems entitled *Drinking Games* (Jiu Gao), 1500 years earlier than the theory of microbial fermentation in natural conditions raised by the Italian scholar, Radi (1860). During the period of the Yangshao Culture (5000—3000 B.C.), our Chinese ancestors knew how to eat mushrooms. There were a great number of records of edible mushrooms in Chinese ancient books. For example, back to the Song Dynasty, CHEN Ren-Yu (1245) published the *Mushroom Menu* (Jun Pu) in which he listed 11 species of edible fungi including *Amanita* sp. and *Tricholoma matsutake* from Taizhou, Zhejiang Province, and described in detail their morphology, habitats, taxonomy, taste, and way of cooking. This was the first local flora of the Chinese edible mushrooms. Fungi used as medicines originated in ancient China. The earliest Chinese pharmacopocia, *Shen-Nong Materia Medica* (Shen Nong Ben Cao Jing), was published in 102—200 A.D. Among the 365 medicines recorded, more than 10 fungi, such as *Poria cocos* and *Polyporus mylittae*, were included. Their fruitbody shape, color, taste, and medical functions were provided. The great pharmacist of Ming Dynasty, LI Shi-Zhen published his eminent work *Compendium Materia Medica* (Ben Cao Gang Mu) (1578) in which more than thirty fungal species were accepted as medicines, including *Aecidium mori*, *Cordyceps sinensis*, *Morchella* spp., *Termitomyces* sp., etc. Before the invention of microscope, he managed to bring fungi of different classes together, which demonstrated his intelligence and profound knowledge of biology.

After the 15th century, development of science and technology in China slowed down. From middle of the 18th century to the 1940's, foreign missionaries, tourists, scientists, diplomats, officers, and other professional workers visited China. They collected specimens of plants and fungi, carried out taxonomic studies, and published papers, exsiccatae, and monographs based on Chinese materials. The French missionary, P.M. Cibot, came to China in 1759 and stayed for 25 years to investigate plants including fungi in different regions of China. Many papers were written by him. *Lysurus mokusin*, identified with modern techniques and published in 1775, was probably the first Chinese fungal record by these visitors. Subsequently, around 27 man-times of foreigners attended field excursions in China, such as G.N. Potanin from Russia in 1876, P. Giraldii from Italy in 1890, H. Handel-Mazzetti from Austria in 1913, E.D. Merrill from the United States in 1916, and H. Smith from Sweden in 1921. Based on examinations of the Chinese collections obtained, 2040 species including 10 new genera and 361 new species were reported or described in 114 papers and books. Since 1894, especially after 1937, many Japanese entered China. They investigated the fungal resources and plant diseases, collected specimens, and published their identification results. According to incomplete information, some 6000 fungal names (with synonyms) including 17 new genera and 1130 new species appeared in 172 publications. The main workers were I. Miyake (1908) in the Northern China, M. Miura (1918) in the Northeast, K. Sawada (1912) in Taiwan, as well as K. Saito, S. Ito, N. Hiratsuka, W. Yamamoto, T. Hemmi, etc.

Research by Chinese mycologists started at the turn of the 20th century when plant diseases and fungal fermentation were emphasized with very little systematic work. Scientific papers or experimental reports were published in domestic and international journals during the 1910's to 1920's. The best-known are "Identification of the fungi" by H.H. Hu in 1915, "Plant disease report from Peking and the adjacent regions" by C.S. Chang in 1916, and papers by S.S. Chian (1918), C.L. Chou (1919), F.L. Tai (1920), Y.G. Li (1921), V.M. Chu (1924), Y.S. Sun (1925), T.F. Yu (1926), and N.S. Wei (1928). Mycologists who were active at the 1930's to 1940's are H.K. Chen, S.C. Teng, C.T. Wei, L. Ling, C.H. Chow, S.H. Ou, S.F. Fang, Y.C. Wang, W.F. Chiu, and others. Some of them dedicated their lifetime to research and teaching in mycology. Prof. F.L. Tai (1893—1973) is one of them, whose representative works were "List of fungi from Jiangsu"(1927), "Notes on Chinese fungi"(1932—1939), *A List of Fungi Hitherto Known from China* (1936, 1937), *Sylloge Fungorum Sinicorum* (1979), *Morphology and Taxonomy of the Fungi* (1987), etc. His paper entitled "A new species of *Uncinula* on *Acer trifidum* Hook. & Arn." (1930) was the first new species described by a Chinese mycologist. Prof. S.C. Teng (1902—1970) is also an eminent teacher. He published "Notes on fungi from Nanking" in 1932—1933, "Notes on Chinese fungi" in 1936—1938, *A Contribution to Our Knowledge of the Higher Fungi of China* in 1939, and *Fungi of China* in 1963. Work done by the above-mentioned scholars lays a foundation for our current project on *Flora Fungorum Sinicorum*.

Significant progress has been made in development of Chinese mycology since 1978. Many mycological institutions were founded in different areas of the country. The Mycological Society of China was established, the journals *Acta Mycological Sinica* and *Mycosystema* were published as well as local floras of the economically important fungi. A young generation in field of mycology grew up through postgraduate training programs in the graduate schools. In 1973, an important meeting organized by the Chinese Academy of Sciences was held in Guangzhou (Canton) and a decision was made, uniting the related scientists from all over China to initiate the long term project "Fauna, Flora, and Cryptogamic Flora of China". Work on *Flora Fungorum Sinicorum* thus started. The first volume of Chinese Mycoflora on the Erysiphales (edited by R.Y. Zheng & Y.N. Yu, 1987) appeared. Up to now, 14 volumes have been published: Tremellales and Dacrymycetales edited by B. Liu (1992), Polyporaceae by J.D. Zhao (1998), Meliolales Part I (Y.X. Hu, 1996), *Aspergillus* and its related teleomorphs (Z.T. Qi, 1997), Peronosporales (Y.N. Yu, 1998), Hymenogastrales, Melanogastrales and Gautieriales (B. Liu, 1998), Sclerotiniaceae and Geoglossaceae (W.Y. Zhuang, 1998), *Pseudocercospora* (X.J. Liu & Y.L. Guo, 1998), Uredinales Part I (Y.C. Wang & J.Y. Zhuang, 1998), Meliolales Part II (Y.X. Hu, 1999), Ustilaginaceae (L. Guo, 2000), Entomophthorales (Z.Z. Li, 2000), and Ganodermataceae (J.D. Zhao & X.Q. Zhang, 2000). We eagerly await the coming volumes and expect the completion of *Flora Fungorum Sinicorum* which will reflect the flourishing of Chinese culture.

Y.N. Yu and W.Y. Zhuang
Institute of Microbiology, CAS, Beijing
September 15, 2002

致　谢

中国科学院微生物研究所真菌地衣系统学重点实验室刘锡琎研究员（已故）、余永年研究员（已故）、应建浙研究员（已故）和郭林研究员，以及过去曾在本实验室工作的马启明、廖银章、于积厚、邢延苏、刘恒英、刘荣、杨玉川、宋明华、王庆之、邢俊昌等多位先生历年在野外考察时曾为我们采集一些锈菌标本；北京林业大学戴玉成教授，山西大学刘波教授（已故），内蒙古农业大学尚衍重教授和侯振世教授，东北林业大学薛煜教授，吉林农业大学刘振钦教授，赤峰学院刘铁志教授，山东农业大学张天宇教授，河南农业大学喻璋教授，广东省农业科学院李文英博士和凌金锋博士，广西大学赖传雅教授，西南林业大学周彤燊教授，云南农业大学张中义教授（已故），西昌学院郑晓慧教授，西藏农牧学院旺姆教授，西北农林科技大学曹支敏教授，新疆农业大学赵震宇教授，塔里木大学徐彪博士等先后向我们赠送了一些锈菌标本；谨此向他们表示衷心感谢。

本研究组韩树金先生生前参加了部分研究工作，并为我们鉴定了许多寄主植物标本；中国科学院植物研究所周根生先生和曹子余先生长期帮助我们鉴定了大量寄主植物标本；中国科学院植物研究所梁松筠研究员、刘亮研究员和李振宇研究员以及台中自然科学博物馆王秋美博士也为我们鉴定了一些植物疑难种；在此一并对他们表示深切谢意。

国外一些标本馆在本志编研过程中通过借用、赠送和交换为我们提供了许多标本，包括不少模式标本或权威专家鉴定过的标本。它们是美国农业部国家菌物标本馆（BPI）、美国普渡大学阿瑟标本馆（PUR）、美国哈佛大学隐花植物标本馆（FH）、美国康奈尔大学真菌植病标本馆（CUP）、美国密歇根大学植物标本馆（MICH）、美国加利福尼亚大学植物标本馆（UC）、加拿大农业部国家菌物标本馆（DAOM）、芬兰赫尔辛基大学植物标本馆（H）、瑞典乌普萨拉大学植物标本馆（UPS）、瑞典国家自然历史博物馆植物标本馆（S）、英国国际菌物研究所标本馆（IMI）、英国皇家植物园标本馆（K）、俄罗斯科学院科马洛夫植物研究所标本馆（LE）、俄罗斯科学院远东分院生物土壤研究所植物标本馆（VLA）、日本东京平塚标本馆（HH）、日本筑波大学农林学系菌物标本馆（TSH）、日本茨城大学菌物标本馆（IBA）、新西兰科学和工业研究部植病分部菌物标本馆（PDD）等。这些标本使我们得以对有关种进行比较研究，解决了不少问题。对于上述标本馆的热情支持和帮助，我们表示由衷感谢。

此外，我们还要感谢日本的平塚直秀博士、平塚利子博士、胜屋敬三博士、佐藤昭二博士、柿岛真博士、小野義隆博士、金子繁博士、原田幸雄博士和佐藤豊三博士，美国的 G.B. Cimmins 博士、J.F. Hennen 博士和 R.S. Peterson 博士，加拿大的 D.B.O. Savile 博士和平塚保之博士，俄罗斯的 Z.M. Azbukina 博士和 I.V. Karatygin 博士，法国的

G. Durrieu 博士，挪威的 H.B. Gjærum 博士，瑞典的 L. Holm 博士，捷克的 J. Müller 博士、Z. Urban 博士和 J. Markova 博士，德国的 U. Braun 博士和 M. Scholler 博士，奥地利的 P. Zwetko 博士，新西兰的 H.C. Mckenzie 博士，以及澳大利亚的 J. Walker 博士等为我们提供大量的文献资料。

最后，我们感谢中国科学院微生物研究所菌物标本馆馆长姚一建研究员和杨柳女士在借用和入藏标本以及计算机检索等方面所给予的帮助。

说　明

1. 本书是作者对我国锈菌进行区系调查和分类研究的总结，分卷出版，总共记载我国已知锈菌 70 余属[包括式样属（form genera）]1100 余种。由于各科、属研究编写进度不一，各卷不按系统顺序出版，各卷号也不相连。

2. 本卷记载了我国不完全锈菌（无性型锈菌）5 个式样属（春孢锈菌属、裸孢锈菌属、被孢锈菌属、角春孢锈菌属和夏孢锈菌属）226 个式样种，包括有性阶段已发现但在我国迄今为止仅见其无性型的种（暂用无性型名称）以及我国文献有记载但作者未见其标本的式样种。每个种均有名称及文献、形态特征描述、寄主、产地、世界范围的分布及有关问题的讨论；由于各式样种的系统地位不明，参照各国锈菌志惯例，不附分种检索表。

3. 本书所涉及的植物系统和《中国植物志》（科学出版社）或《中国高等植物科属检索表》（科学出版社）所采用的恩格勒（A. Engler）系统一致。

4. 所载锈菌学名，属以及种和种下单位学名均列举命名人及原始文献，并列举了在我国记载的有关文献。种的异名只列举我国文献中曾出现过的。属于错误鉴定的名称作为异名列出，在名称后加"auct."接着列出文献出处。

5. 锈菌汉语名称根据 1986 年第二届全国真菌、地衣学大会通过的《真菌、地衣汉语学名命名法规》（真菌学报，6: 61-64，1987）修订。其中大多数继续沿用《真菌名词及名称》（1976 年，科学出版社）审定过的名称。对少数取用不当的老名称在本志中予以重拟。本志尚补充一些新拟汉名。

6. 寄主学名和汉名主要根据科学出版社出版的《中国植物志》各卷、《中国高等植物图鉴》（第一至第五册，补编第一、二册）（1972～1983 年）、《中国高等植物科属检索表》（1983 年）、《拉汉种子植物名称》（1974 年）和《拉汉英种子植物名称》（1989 年），航空工业出版社出版的《新编拉汉英植物名称》（1996 年），青岛出版社出版的《中国高等植物》各卷（2000～2008 年），以及中国林业出版社出版的《种子植物名称》第一至第三卷（2012 年，尚衍重编著）。

7. 文献引证中的人名一律采用英文或拉丁化后的拼音文字。讨论中出现的人名如系中国作者一律使用汉字，其他国家的作者一律采用英文或拉丁化后的拼音文字。

8. 锈菌学名命名人的缩写根据 Kirk 和 Ansell（1992）编写的 *Authors of Fungal Names*（International Mycological Institute, Kew, UK）的标准。植物学名命名人的缩写根据 Brummitt 和 Powell（1992）编写的 *Authors of Plant Names*（Royal Botanical Gardens, Kew, UK）的标准；文献引证中的期刊名称缩写根据 Lawrence 等（1968）编写的 *Botanico-Periodicum-Huntianum*(B-P-H)（Hunt Botanical Library, Pittsburgh, USA）的标准。

9. 种的形态特征描述均基于我国的标本。孢子形态线条图根据我国标本绘制。

10. 所引证的标本除一些来自国外的特别用标本馆代号注明其保藏地点外，其余未注明保藏地点的均保藏于中国科学院菌物标本馆（Herbarium Mycologicum Academiae Sinicae，HMAS），括号内的号码为 HMAS 的标本编号。国外的标本馆代号依照国际植物分类学协会（IAPT）和纽约植物园编辑出版的 *Index Herbariorum*（第八版，Holmgren PK, Holmgren NH, Barnett LC 编，1990）。

11. 模式产地在我国但模式标本未能研究而我们认为可以承认的种亦予以收编，按原记载列出文献、形态特征描述、寄主植物和产地并在讨论中加以说明。

12. 有文献记载的基于无性型材料（绝大多数是基于春孢子阶段）而使用有性型名称的可疑鉴定、基于可疑寄主的鉴定以及我们未能研究原标本的可疑鉴定都作为可疑记录处理。各个可疑记录有简短说明。

13. 有文献记载而无标本依据的寄主和分布在讨论中予以说明。

14. 国内分布以所引标本为依据。不同省、自治区、直辖市之间以分号区分，按中国地图出版社出版的《中国地图册》中出现的顺序排列；同一省、自治区、直辖市内的不同市、县、山或地区之间以逗号区分，按拼音字母顺序排列。

15. 世界范围的分布是根据文献资料整理的。参照各国锈菌志，分布区不全用国名表示，为节省篇幅，有时用区域名称如"中欧"、"中亚"、"北非"或岛屿、半岛、山脉等表示。凡属广布或较广布的种以"世界广布"、"北温带广布"、"热带广布"或"洲"等大地理区表示。洲、岛屿、山脉、国并列时用分号区分，同类地域如洲与洲或国与国等用逗号区分。每个种的分布区以模式产地和主要分布区排列在前，其他分布区排列在后，主产区和其他产区用句号分开，尽可能暗示种的分布区类型。

16. 书末所附的参考文献仅列出讨论中出现的文献，按作者姓名字母（我国作者按拼音字母，其他非英语国家作者按拉丁化后的字母）顺序排列。作者姓名、题目、期刊名均按发表时所用的语种列出。为便于查阅，中文、日文和俄文文献在括号内附汉语拼音或拉丁化的作者姓名、英文题目和期刊名。

17. 书末附有寄主汉名、寄主学名、锈菌汉名和锈菌学名 4 个索引。

目 录

不完全锈菌 Uredinales Imperfecti
（无性型锈菌 Anamorphic Uredinales）

不完全锈菌是指只发现性孢子、春孢子或夏孢子阶段（无性型阶段 anamorph state）而未知冬孢子阶段（有性阶段 teleomorph state）的锈菌。由于它们的生活史不详，系统地位不明，无法给予全型（holomorph）名称，只能暂时放置在式样属（form genera）内。

不完全锈菌分属检索表

1. 产生夏孢子堆 ··· 夏孢锈菌属 Uredo
1. 产生春孢子器 ··· 2
  2. 春孢子器无包被 ··································· 裸孢锈菌属 Caeoma
  2. 春孢子器有包被 ·· 3
3. 春孢子器扁平舌状、疱状或圆柱状，不规则开裂 ············· 被孢锈菌属 Peridermium
3. 春孢子器杯状、短圆柱状、毛状（管状或长圆柱状）或角状，规则开裂 ············· 4
  4. 春孢子器杯状或短圆柱状，顶端开裂，开口边缘缺刻状或全缘 ·········· 春孢锈菌属 Aecidium
  4. 春孢子器毛状或角状，初期顶端开裂，晚期整体撕裂（少数种不撕裂）
  ·· 角春孢锈菌属 Roestelia

春孢锈菌属 *Aecidium* Pers.

Synopsis Methodica Fungorum, p. 204, 1801.

春孢子器包被杯形或短圆柱形，顶端开裂，开口边缘缺刻状或全缘；春孢子生于包被腔内，单胞，串生，具间生细胞（intercalary cell）；典型的春孢子表面通常布满疣突，疣的大小、形状因种而异，有时具明亮的折光颗粒（refractive granule），又称孔塞（pore plug）。孢子萌发产生侵染菌丝。

模式种：*Aecidium berberidis* Pers.（补选模式 lectotypus, Clemens and Shear, 1931）。
      = *Puccinia graminis* Pers.（春孢子阶段）

模式产地：欧洲。

此式样属多为柄锈菌属 *Puccinia*、单胞锈菌属 *Uromyces*、疣双胞锈菌属 *Tranzschelia* 等属的春孢子阶段。内锈菌属 *Endophyllum* 和单胞锈菌属 *Monosporidium* 的冬孢子堆包被外观与杯形春孢子器相似，冬孢子与春孢子一样串生，但孢子萌发不产生侵染菌丝，而是与正常的冬孢子一样产生担子和担孢子，这些具内循环（endocyclic）生活史的锈菌在分类学上不能归入无性型的式样属。

此属已知 600～700 种，本卷记载我国已知种 98 个。一些已有全型名称但在我国至今未见其有性型的种暂用无性型名称置于附录中；一些国产的不合格发表的种因未见其标本也放在附录中。

爵床科 Acanthaceae 植物上的种

鸭嘴花春孢锈菌　图 1

Aecidium adhatodae Syd. & P. Syd., Ann. Mycol. 4: 440, 1906; Zhuang & Wei, Mycosystema 35: 1469, 2016.

性孢子器生于叶下面，聚生，围绕春孢子器，淡褐色，直径 75～100μm。

春孢子器生于叶下面，形成黄色或淡褐色圆形病斑，常聚生成直径 2～10mm 的圆群，杯形，直径 200～250μm，白色，边缘反卷缺刻状；包被细胞近菱形或不规则多角形，18～30×12～20μm，外壁光滑，厚 3～5μm，内壁有密疣，厚 2～2.5μm；春孢子多角状近球形或近椭圆形，14～20×12～18μm，壁厚约 1μm，近无色，表面密生细疣。

鸭嘴花 *Adhatoda vasica* Nees　云南：景东（140409）。

分布：印度。中国南部。

此菌模式产地为印度东北部的台拉登（Dehra Dun），仅知生于鸭嘴花 *Adhatoda vasica* Nees（Sydow et al.，1906）。

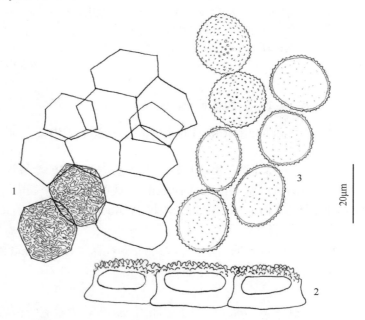

图 1　鸭嘴花春孢锈菌 *Aecidium adhatodae* Syd. & P. Syd.（HMAS 140409）
1. 春孢子器包被细胞及其内壁突起物或纹饰；2. 包被细胞纵切面；3. 春孢子

九头狮子草春孢锈菌　图 2

Aecidium peristrophes Syd. & P. Syd., Ann. Mycol. 10: 272, 1912; Zhuang & Wei *in* W.Y. Zhuang, Higher Fungi of Tropical China, p. 353, 2001.

性孢子器未见。

春孢子器生于叶下面，形成直径可达 20mm 或更大的圆群，聚生，杯形，直径 200～250μm，淡黄色或白色；包被细胞不规则多角形或略呈矩圆形、椭圆形或卵形，18～30×15～23μm，外壁厚 5～8μm，光滑，内壁厚 3～4μm，有密疣；春孢子近球形、卵形或椭圆形，17～22×15～19μm，壁厚约 1μm，近无色，表面密布细疣。

九头狮子草 *Peristrophe japonica* (Thunb.) Bremek. 浙江：天目山（79089）。

分布：印度。中国。

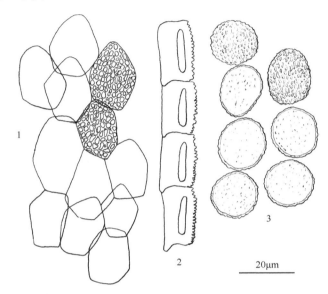

图 2　九头狮子草春孢锈菌 *Aecidium peristrophes* Syd. & P. Syd.（HMAS 79089）

1. 春孢子器包被细胞及其内壁突起物或纹饰；2. 包被细胞纵切面；3. 春孢子

马蓝生春孢锈菌　图 3

Aecidium strobilanthicola Sawada ex G.F. Laundon, Mycol. Pap. 89: 26, 1963; Zhuang & Wei, Mycosystema 7: 40, 1994.

Aecidium strobilanthicola Sawada, Descriptive Catalogue of the Formosan[①] Fungi IX, p. 131, 1943. (nom. nudum)

性孢子器生于叶下面，聚生，直径 90～150μm，黄褐色。

春孢子器生于叶下面，聚生成直径 5～10mm 或更大的圆群，杯形，直径 200～300μm，边缘直立或稍反卷，近全缘或有缺刻，黄白色；包被细胞不规则多角形，多为不规则六角形，18～28×15～23μm，外壁有条纹，厚 5～7.5μm，内壁有密疣，厚 2～2.5μm；无色；春孢子多角状近球形，17～23×14～18μm，壁厚约 1μm，无色，表面密生细疣。

圆苞金足草 *Goldfussia pentstemonoides* (Wall.) Nees [= *Strobilanthes pentstemonoides* (Nees) T. Anderson] 湖南：张家界（82789）。

变色翅柄马蓝 *Pteracanthus versicolor* (Diels) H.W. Li (= *Strobilanthes versicolor*

---

①台湾是中国领土的一部分。Formosa（早期西方人对台湾岛的称呼）一般指台湾，具有殖民色彩。本书因引用历史文献不便改动，仍使用 Formosa 一词，但并不代表本书作者及科学出版社的政治立场

Diels) 西藏：吉隆（65605，65782）。

　　软叶马蓝 Strobilanthes flaccidifolius Nees 台湾：台北（11 II 1928，K. Sawada，模式 typus，未见）。

　　分布：中国南部。

　　本种的春孢子比 Puccinia polliniae Barclay 的春孢子阶段 Aecidium strobilenthis Barclay 的春孢子大，但比 Strobilanthes cuspidatus T. Anderson 上的 A. cuspidatum Ramakr., Sriniv. & Sundaram 要小得多。本种不同于 Strobilanthes alatus (Wall. ex Nees) Nees 上的 A. strobilanthinum Mitter，在于其春孢子具均匀的薄壁（庄剑云和魏淑霞，1994）。

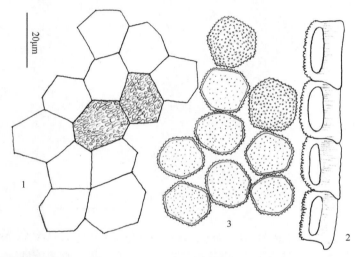

图 3　马蓝生春孢锈菌 Aecidium strobilanthicola Sawada ex G.F. Laundon（HMAS 82789）

1. 春孢子器包被细胞及其内壁突起物或纹饰；2. 包被细胞纵切面；3. 春孢子

槭树科 Aceraceae 植物上的种

槭春孢锈菌

Aecidium aceris Z.M. Cao & Z.Q. Li *in* Cao, Li & Zhuang, Mycosystema 19: 312, 2000; Zhuang & Wei *in* W.Y. Zhuang, Fungi of Northwestern China, p. 233, 2005.

　　性孢子器未见。

　　春孢子器生于叶下面，稀在叶上面，形成直径 4～6mm 的褐色病斑，聚生，杯形，直径 200～300μm，边缘反卷有缺刻，淡黄色；包被细胞近菱形或无定形，20～38×15～25μm，外壁有条纹，厚 4～7μm，内壁密生粗疣，厚 2～3μm；春孢子近球形或椭圆形，17～20×14～18μm，壁厚约 1μm 或不及，淡黄色或近无色，表面密生细疣，具若干个直径 2.5～4μm 的折光颗粒。

　　太白深灰槭 Acer caesium Wall. ex Brandis subsp. *giraldii* (Pax) A.E. Murray 陕西：太白山（NWFC-TR0029，模式 typus，西北农林科技大学）。

分布：中国。

　　槭属 *Acer* 植物上未见有其他春孢锈菌（曹支敏等，2000）。模式标本的春孢子器极少且已溃败。以上描述录自原文。

八角枫科 **Alangiaceae** 植物上的种

八角枫春孢锈菌　　图 4

Aecidium alangii Hirats. f. & Yoshin., Mem. Tottori Agric. Coll. 3: 329, 1935; Zhuang, Acta Mycol. Sin. 9: 192, 1990; Wei & Zhuang *in* Mao & Zhuang, Fungi of the Qinling Mountains, p. 24, 1997; Zhang, Zhuang & Wei, Mycotaxon 61: 50, 1997; Cao, Li & Zhuang, Mycosystema 19: 313, 2000; Zhuang & Wei *in* W.Y. Zhuang, Fungi of Northwestern China, p. 234, 2005; Zhuang & Wang, J. Fungal Res. 4(3): 1, 2006.

　　性孢子器生于叶上面，小群聚生，近球形，直径 100～150μm，有缘丝，蜜黄色。

　　春孢子器生于叶下面，叶上形成直径 10～20mm 或更大的黄褐色圆斑，不规则排列，有时形成直径可达 10mm 的圆群，亦可生于叶柄和叶脉密集成长条形大群并造成寄主组织变形肿胀，杯形，直径 300～400μm，边缘稍反卷，有缺刻，淡黄色；包被细胞无定形，正面观多为不规则四角形、五角形或六角形，略呈覆瓦状叠生，23～35(～40)×18～28μm，外壁近光滑，厚 4～5μm，内壁有密疣，与外壁略等厚；春孢子近球形、宽椭圆形、矩圆形或无定形，20～28×17～22μm，壁厚约 1μm，无色，表面有密疣。

　　毛八角枫 *Alangium kurzii* Craib 浙江：天目山（34876，43088，43090）；安徽：黄山（43089）。

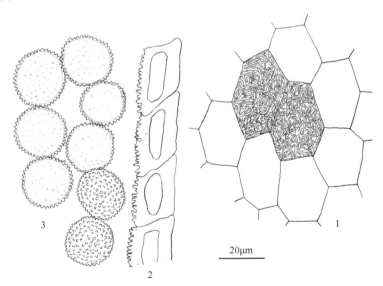

图 4　八角枫春孢锈菌 *Aecidium alangii* Hirats. f. & Yoshin.（HMAS 70971）

1. 春孢子器包被细胞及其内壁突起物或纹饰；2. 包被细胞纵切面；3. 春孢子

瓜木 *Alangium platanifolium* (Siebold & Zucc.) Harms 重庆：巫溪（70969，70971，70972）；陕西：佛坪（NWFC-TR0220，西北农林科技大学），南五台（55549），镇坪（70907）；甘肃：天水（56224）。

分布：日本。中国；朝鲜半岛。

此菌模式寄主为三裂大叶八角枫 *Alangium macrophylla* Siebold & Zucc. var. *trilobata* Nakai，产自日本（Hiratsuka and Yoshinaga，1935）。

番荔枝科 Annonaceae 植物上的种

番荔枝春孢锈菌　图 5

Aecidium annonae Henn., Hedwigia 34: 100, 1895 (as '*anonae*'); Zhuang & Wei *in* W.Y. Zhuang, Higher Fungi of Tropical China, p. 352, 2001.

性孢子器生于叶上面，极多，均匀密布在叶斑组织内，初黄褐色，后变暗褐色，直径 100～160μm。

春孢子器生于叶下面，形成黑色圆形或无定形病斑，聚生，多时无限扩展，均匀密布叶大部或全叶，造成病叶早落，杯形，直径 200～250μm，白色或淡黄色，边缘反卷有缺刻；包被细胞紧密联结，近菱形、多角状椭圆形、不规则多角形、近方形或无定形，20～35(～38)×14～30(～35)μm，外壁光滑，厚 5～8μm，内壁有密疣，厚 3～4μm；春孢子多角状近球形、卵形或椭圆形，25～30×20～28μm，壁厚 1～1.5μm，近无色，表面有密疣。

圆滑番荔枝 *Annona glabra* L. 海南：尖峰岭（67369）。

刺果番荔枝 *Annona muricata* L. 海南：霸王岭（67370）。

分布：原产中美洲至南美洲，随苗木入侵其他热带地区。

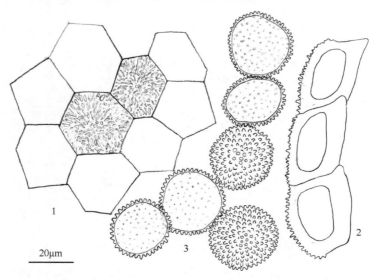

图 5　番荔枝春孢锈菌 *Aecidium annonae* Henn.（HMAS 67369）
1. 春孢子器包被细胞及其内壁突起物或纹饰；2. 包被细胞纵切面；3. 春孢子

我国仅知海南有分布，是外来入侵种。海南标本的春孢子很大，原记载仅为 15～23×13～18μm（Hennings，1895；Sydow and Sydow，1924），但我们不认为是种间差异，亦不作变种处理，只当作种内不同生态变型的差异。

夹竹桃科 Apocynaceae 植物上的种

远伸春孢锈菌

Aecidium prolixum Syd. & P. Syd., Ann Mycol. 19: 304, 1921; Hiratsuka & Hashioka, Trans. Tottori Agric. Sci. 5: 242, 1935; Sawada, Descriptive Catalogue of the Formosan Fungi VII, p. 64, 1942; Hiratsuka, Mem. Tottori Agric. Coll. 7: 69, 1943; Ito, Mycological Flora of Japan 2(3): 376, 1950; Tai, Sylloge Fungorum Sinicorum, p. 365, 1979.

性孢子器未见。

春孢子器生于茎上，常大面积包围幼茎，均匀密布，致使病部组织变形，深陷于寄主组织中，杯形，直径 250～300μm，白色，边缘缺刻状；包被细胞紧密联结，不规则长形，45～50×13～16μm，外壁有细纹或光滑，厚 5～7μm，内壁有密疣；春孢子近球形或椭圆形，23～27×19～22μm，壁厚 1～1.5μm，近无色，表面密生细疣。

倒吊笔 *Wrightia pubescens* R. Br. [= *Wrightia pubescens* R. Br. subsp. *laniti*(M. Blanco) Ngan = *W. laniti* (Blanco) Merr.] 台湾：高雄（31 X 1935，坂本采，未见）。

分布：菲律宾。中国台湾。

此菌的模式产地是菲律宾的洛斯巴尼奥斯(Los Baños)，模式寄主是倒吊笔 *Wrightia pubescens* R. Br. [= *W. laniti* (Blanco) Merr.]（Sydow，1921；Sydow and Sydow，1924）。Hiratsuka 和 Hashioka（1935c）、Sawada（1942）记载在中国台湾有分布，从其寄主和分布区看，此记录似可靠。中国台湾标本未见，从文献（Sydow，1921）摘译，以上形态描述供参考。

天南星科 Araceae 植物上的种

天南星春孢锈菌　图 6

Aecidium satsumense Hirats. f., Mem. Fac. Agric. Tokyo Univ. Educ. 1: 89, 1952; Deng & Liu, J. Jilin Agric. Univ. 7(2): 7, 1985.

春孢子器生于叶下面，叶上形成黄色病斑，散生，杯形，直径 250～450μm；包被细胞不规则多角形或近菱形，22～28×10～23μm，外壁有细线纹或近光滑，厚 6～8μm，内壁有密疣，厚 3～5μm；春孢子近球形、椭圆形或矩圆形，20～27×15～20μm，壁厚1～1.5μm，无色，表面密生细疣。

东北南星 *Arisaema amurense* Maxim. 吉林：长春（净月潭，1982 VI 20，邓放采，无号，吉林农业大学）。

分布：日本。中国。

Hiratsuka（1952）根据日本鹿儿岛普陀南星 *Arisaema ringens* (Thunb.) Schott.上的标本（模式）描述的春孢子较小，为 15～21×15～18μm；Azbukina（2005）根据俄罗斯远东地区东北南星 *Arisaema amurense* Maxim.上的标本描述的春孢子较大，为 18～25×15～21μm。已报道的寄主尚有九州南星 *Arisaema kiusianum* Makino、细齿南星 *A. serratum* (Thunb.) Schott. (= *A. peninsulae* Nakai)等（Hiratsuka et al.，1992；Azbukina，2005）。

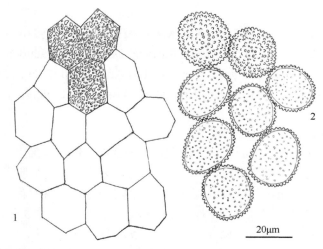

图 6　天南星春孢锈菌 *Aecidium satsumense* Hirats. f.（1982 VI 20，邓放采，无号，吉林农业大学）

1. 春孢子器包被细胞及其内壁突起物或纹饰；2. 春孢子

五加科 Araliaceae 植物上的种

五加春孢锈菌

Aecidium acanthopanacis Dietel, Bot. Jahrb. Syst. 34: 589, 1905; Teng & Ou, Sinensia 8: 292, 1937; Teng, A Contribution to Our Knowledge of the Higher Fungi of China, p. 287, 1939; Wang, Index Uredinearum Sinensium, p. 1, 1951; Tai, Sylloge Fungorum Sinicorum, p. 357, 1979.

性孢子器生于叶上面，直径 90～120μm，褐色。

春孢子器生于叶下面，叶上形成直径 3～5mm 的褐色圆斑，聚生，杯形，直径 250～480μm；包被细胞宽椭圆形、矩圆形或近球形，21～30×16～24μm，外壁光滑厚约 3μm，内壁有密疣，厚 2.5～3μm；春孢子近球形，直径 15～22μm，壁厚 1～1.5μm，近无色或淡黄色，表面密生细疣。

五加 *Acanthopanax gracilistylus* W.W. Smith (= *A. spinosus* Miq.) 江苏：宝华山（Teng 1756 未见）。

分布：日本。中国。

此菌为邓叔群和欧世璜（1937）所报道，标本采自江苏宝华山。该标本未见，但被认为记录可靠，在此予以收录。以上特征描述录自邓叔群和欧世璜（1937）原文。

楤木春孢锈菌　图 7

Aecidium araliae Sawada ex S. Ito & Muray., Trans. Sapporo Nat. Hist. Soc. 17: 171, 1943.

Aecidium araliae Sawada, Trans. Hist. Soc. Formosa 33: 97, 1943; Sawada, Descriptive
　　Catalogue of the Formosan Fungi IX, p. 119, 1943; Tai, Sylloge Fungorum Sinicorum, p.
　　358, 1979; Liu, Li & Du, J. Shanxi Univ. 1981(3): 51, 1981; Wei & Zhuang *in* Mao &
　　Zhuang, Fungi of the Qinling Mountains, p. 25, 1997; Zhuang & Wei *in* W.Y. Zhuang,
　　Fungi of Northwestern China, p. 234, 2005. (nom. nudum)

　　性孢子器生于叶上面，聚生，黑色，扁球形，直径 100～200μm。
　　春孢子器生于叶下面，形成直径 3～10mm 或更大的圆群，聚生，杯形，直径 250～
300μm，淡黄色或白色，边缘有缺刻；包被细胞紧密联结，不规则多角形或近椭圆形，
20～35×12～25μm，近无色，外壁光滑，厚 7～10μm，内壁密生无定形粗疣，厚 2.5～4μm；
春孢子多角状近球形或椭圆形，14～18×11～15μm，壁厚约 1μm 或不及，近无色，表
面密生细疣，具若干（5～8 个）折光颗粒，极易脱落。
　　楤木 *Aralia chinensis* L. 河南：洛宁（34877）；四川：都江堰（02841）；陕西：
太白山（34878）。
　　黄毛楤木 *Aralia decaisneana* Hance 台湾：台东（05078）。
　　辽东楤木 *Aralia elata* (Miq.) Seem. 陕西：太白山（34878）。
　　分布：中国。日本。
　　Sawada（1943b）、Ito 和 Murayama（1943）发表此菌时未指定主模式。Sawada（1943c）
列举了若干采自中国台湾台北（11 IV 1914，Y. Fujikuro，未见）、台中（9 V 1919，
K. Sawada，未见；28 III 1928，K. Sawada，未见）、新竹（20 III 1913，K. Sawada，未
见；10 III 1920，K. Sawada，未见）和高雄（23 IV 1931，K. Sawada，未见）的标本，
中国科学院菌物标本馆（HMAS）仅保存一号 Sawada 采自台东的标本。

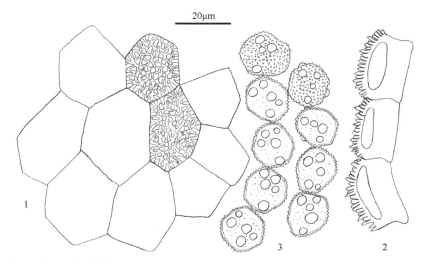

图 7　楤木春孢锈菌 *Aecidium araliae* Sawada ex S. Ito & Muray.（HMAS 02841）
1. 春孢子器包被细胞及其内壁突起物或纹饰；2. 包被细胞纵切面；3. 春孢子

八角金盘春孢锈菌　图 8

Aecidium fatsiae Syd. & P. Syd., Ann. Mycol. 11: 56, 1913; Fujikuro, Trans. Nat. Hist. Soc. Formosa 19: 12, 1914; Sydow & Sydow, Monographia Uredinearum 4: 160, 1923; Sawada, Descriptive Catalogue of the Formosan Fungi IV, p. 76, 1928; Hiratsuka & Hashioka, Bot. Mag. Tokyo 51: 45, 1937; Hiratsuka, Mem. Tottori Agric. Coll. 7: 66, 1943; Wang, Index Uredinearum Sinensium, p. 3, 1951; Tai, Sylloge Fungorum Sinicorum, p. 361, 1979.

性孢子器生于叶两面，散生，直径 100～125μm，初期蜜黄色，晚期变暗色。

春孢子器生于叶下面，形成直径 5～20mm 或更大的圆形黑色病斑，聚生，杯形，直径 250～300μm，淡黄色；包被细胞不规则多角形，20～30(～35)×15～23μm，外壁光滑，厚 5～7μm，内壁密生粗疣，厚 2.5～4μm；春孢子多角状近球形或椭圆形，14～18×12～15μm，壁厚约 1μm，无色，表面密生细疣，具若干（3～8 个或更多）直径 2.5～5μm 的折光颗粒，极易脱落。

通脱木 *Tetrapanax papyriferus* (Hook.) K. Koch (= *Fatsia papyrifera* Benth. et Hook. f.) 台湾：台东（05074），新竹（01775）。

分布：中国台湾岛。

此菌模式标本（台东，1 V 1909，K. Sawada）（Sydow and Sydow, 1913a）未见。以上描述根据中国科学院菌物标本馆（HMAS）保存的 2 号非模式标本。此菌目前仅知分布于中国台湾。

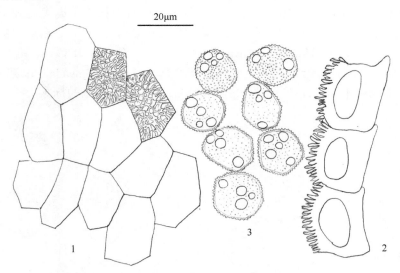

图 8　八角金盘春孢锈菌 *Aecidium fatsiae* Syd. & P. Syd.（HMAS 05074）

1. 春孢子器包被细胞及其内壁突起物或纹饰；2. 包被细胞纵切面；3. 春孢子

萝藦科 Asclepiadaceae 植物上的种

萝藦春孢锈菌　图 9

Aecidium metaplexis Y.C. Wang & B. Li *in* Wang et al., Acta Mycol. Sin. 2: 7, 1983.

性孢子器生于叶两面，聚生，近球形，直径 90～130μm，蜜黄色。

春孢子器生于叶下面，聚生于直径 1～5mm 的圆形或椭圆形淡黄色病斑上，有时也生在叶柄或茎上，杯状，直径 250～350μm，浅黄色或近白色，边缘反卷，有缺刻；包被细胞不规则多角形、四边形或无定形，多少略呈矩圆形或椭圆形，略呈覆瓦状排列，18～30×13～22μm，外壁光滑，厚 4～7.5μm，内壁有疣，厚 2.5～3μm；春孢子多角状球形或椭圆形，15～20×12～18μm，壁厚 1～1.5μm，表面密生细疣。

萝藦 *Metaplexis japonica* Makino　黑龙江：尚志（41458 模式 typus）。

分布：中国北部。

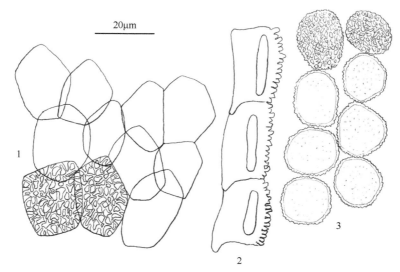

图 9　萝藦春孢锈菌 *Aecidium metaplexis* Y.C. Wang & B. Li（HMAS 41458，typus）
1. 春孢子器包被细胞及其内壁突起物或纹饰；2. 包被细胞纵切面；3. 春孢子

合掌消春孢锈菌　图 10

Aecidium vincetoxici Henn. & Shirai, Bot. Jahrb. Syst. 28: 265, 1900; Zhuang, Acta Mycol. Sin. 9: 194, 1990; Wei & Zhuang *in* Mao & Zhuang, Fungi of the Qinling Mountains, p. 27, 1997; Zhuang & Wei *in* W.Y. Zhuang, Fungi of Northwestern China, p. 235, 2005.

性孢子器生于叶两面，小群聚生，近球形，直径 90～125μm，蜜黄色。

春孢子器生于叶下面、叶柄或茎上，在叶上形成直径 1～5mm 或更大的圆群，也常聚集于叶脉使之肿胀，在叶柄和茎上形成长达 5cm 或更长的长形群并引起寄主肿胀变形，罹病部位形成黄色或黄绿色病斑，包被杯形，直径 250～300μm，淡黄色，边缘反卷，有缺刻；包被细胞松散联结，不规则多角形、菱形或近四方形，22～33×12～25μm，外壁有细条纹或近光滑，厚 7～10μm，内壁有密疣，厚 2.5～4μm；春孢子多角状球形或椭圆形，17～23(～25)×15～18(～20)μm，壁厚约 1μm，近无色，表面密生细疣。

牛皮消 *Cynanchum auriculatum* Royle ex Wight　陕西：太白山（58233）。

分布：日本。中国，俄罗斯远东地区。

此菌在我国可能广布，但我们仅有一份采自太白山的标本。本种在日本和俄罗斯远东地区的寄主有潮风草 *Cynanchum acuminafolium* Hemsl. [= *C. ascyrifolium* (Franch. & Sav.) Matsum.]、合掌消 *C. amplexicaule* (Siebold & Zucc.) Hemsl.、尾状白前 *C. caudatum* (Miq.) Maxim.、无毛白前 *C. glabrum* Nakai [= *Vincetoxicum glabrum* (Nakai) Kitag.]、东洋白前 *C. nipponicum* Matsum.、镇江白前 *C. sublanceolatum* (Miq.) Matsum.、日本娃儿藤 *Tylophora japonica* Miq.等（Ito，1950；Hiratsuka et al.，1992；Azbukina，2005）。这些植物在我国有分布。

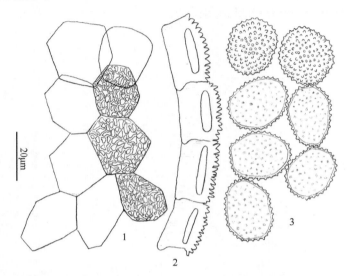

图 10　合掌消春孢锈菌 *Aecidium vincetoxici* Henn. & Shirai（HMAS 58233）

1. 春孢子器包被细胞及其内壁突起物或纹饰；2. 包被细胞纵切面；3. 春孢子

小檗科 Berberidaceae 植物上的种

淫羊藿春孢锈菌　图 11

Aecidium epimedii Henn. & Shirai, Bot. Jahrb. Syst. 28: 264, 1900 (publ. 1901); Liu, Li & Du, J. Shanxi Univ. 1981(3): 52, 1981; Guo, Fungi and Lichens of Shennongjia, p. 149, 1989; Wei & Zhuang *in* Mao & Zhuang, Fungi of the Qinling Mountains, p. 26, 1997; Zhang, Zhuang & Wei, Mycotaxon 61: 51, 1997; Cao, Li & Zhuang, Mycosystema 19: 313, 2000; Zhuang & Wei *in* W.Y. Zhuang, Fungi of Northwestern China, p. 234, 2005.

　　性孢子器生于叶两面，在春孢子器之间小群聚生，直径 50～100μm，黄褐色或暗褐色，肉眼看不明显。

　　春孢子器生于叶下面，在直径 5～10mm 或更大的褐色圆形病斑上，环状排列或不规则聚生，短圆柱形，直径 200～250μm，白色，边缘反卷，有缺刻；包被细胞不规则多角状、菱形、近四方形或无定形，20～35×15～25μm，外壁有条纹，厚 7～10μm，内壁有密疣，厚 2～3μm；春孢子多角状近球形或椭圆形，16～25×15～20μm，壁厚约 1μm，近无色，表面密生细疣。

　　淫羊藿 *Epimedium brevicornum* Maxim. 陕西：南五台（22067），太白（64076），

太白山（22068，56823，56877，64076，64381，64424），西安（56372）。

三枝九叶草 *Epimedium sagittatum* (Siebold & Zucc.) Maxim. 湖北：神农架（57390）；重庆：巫溪（70913）；四川：都江堰（03114，15268，55228）；陕西：城固（00306），南五台（22067），宁强（00805），太白山（22068），宁陕（56365）。

分布：日本。中国；朝鲜半岛。

邓叔群和欧世璜（1937）、凌立（1948）及戴芳澜（1947，1979）曾将此菌误订为 *Puccinia epimedii* Miyabe & S. Ito。*P. epimedii* 为短循环种，仅见冬孢子阶段，在我国至今未发现。

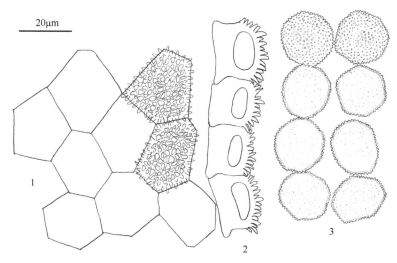

20μm

1   2   3

图 11　淫羊藿春孢锈菌 *Aecidium epimedii* Henn. & Shirai（HMAS 56365）
1. 春孢子器包被细胞及其内壁突起物或纹饰；2. 包被细胞纵切面；3. 春孢子

山地春孢锈菌　图 12

Aecidium montanum E.J. Butler, Indian Forester 1905: 30, 1905; Zhuang & Wei, Mycosystema 35: 1470, 2016.

性孢子器生于叶两面，聚生，近球形，直径 90～120μm，蜜黄色。

春孢子器生于叶下面，聚生，常形成直径 5～10mm 或更大的圆形集群，短圆柱形，直径 200～250μm，近白色，边缘直立，全缘或有细缺刻；包被细胞近菱形、不规则多角形、四边形或无定形，紧密联结，20～38×15～25μm，外壁有条纹，厚 7.5～10μm，内壁密生粗疣，厚 3～4μm；春孢子多角状近球形或椭圆形，19～30×18～25μm，壁厚 1.5～2μm，棱角处达 2.5μm，表面密生细疣。

渐尖叶小檗 *Berberis acuminata* Franch. 云南：昆明（00323）。

蓝果小檗 *Berberis gagnepainii* C.K. Schneid. var. *lanceofolia* Ahrendt 四川：都江堰（03126）。

分布：印度喜马拉雅地区。克什米尔地区，中国西南。

据 Sydow 和 Sydow（1924）的描述，此菌春孢子器管形，长可达 4mm。我国的标本未见如此长的春孢子器，但包被细胞和春孢子的形态大小与 Sydow 和 Sydow（1924）

的描述一致。此菌与常见的生于多种小檗属植物 *Berberis* 上的禾柄锈菌 *Puccinia graminis* Pers.的春孢子阶段（*Aecidium berberidis* Pers.）显著不同，后者的春孢子较小，16～23×15～19μm，顶壁明显增厚（5～9μm）（Cummins，1971；庄剑云等，1998）。在印度和克什米尔地区，此菌寄生于具芒小檗 *Berberis aristata* DC.、角状叶小檗 *B. ceratophylla* G. Don、革叶小檗 *B. coriaria* Royle ex Lindl.、枸杞小檗 *B. lycium* Royle、具柄小檗 *B. petiolaris* Wall. ex G. Don、札伯尔小檗 *B. zabeliana* C.K. Schneid.等（Sydow and Sydow，1924；Cummins，1943）。

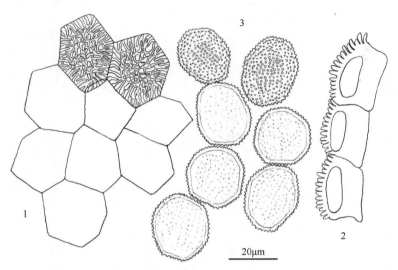

图 12　山地春孢锈菌 *Aecidium montanum* E.J. Butler（HMAS 00323）
1. 春孢子器包被细胞及其内壁突起物或纹饰；2. 包被细胞纵切面；3. 春孢子

新高春孢锈菌

Aecidium niitakense Hirats. f., J. Jap. Bot. 14: 37, 1938; Hiratsuka, Mem. Tottori Agric. Coll. 7: 69, 1943; Tai, Sylloge Fungorum Sinicorum, p. 364, 1979.

Aecidium berberidis-morrisonensis Sawada, Trans. Hist. Soc. Formosa 33: 97, 1943; Sawada, Descriptive Catalogue of the Formosan Fungi IX, p. 120, 1943. (nom. nudum)

性孢子器生于叶上面，小群聚生，埋生于寄主表皮下，直径 100～150μm，初淡蜜红色，后变暗褐色。

春孢子器生于叶下面，聚生，形成直径 1～5mm 的小圆群，短圆柱形，直径 200～280μm，白色；包被细胞紧密联结，形状不规则，多为近菱形，30～48×20～33μm，外壁有条纹，厚 6～10μm，内壁密生粗疣，厚达 6μm；春孢子球形、近球形或倒卵形，18～27×15～23μm，壁厚 1～1.5μm，近无色，表面密布细疣。

玉山小檗 *Berberis morrisonensis* Hayata 台湾：台北（28 VII 1934，Y. Hashioka No. 945，未见），台南（10 VII 1933，Y. Hashioka No. 465，模式 typus，未见），新竹（16 VII 1935，Y. Hashioka No. 945，未见）。

分布：中国台湾岛。

本种近似于 *Aecidium aridum* Dietel & Neg.，但其春孢子较小（Hiratsuka，1938a）。未见标本，尚需考证。描述根据 Hiratsuka（1938a）和 Ito（1950）。

紫草科 **Boraginaceae** 植物上的种

斑种草春孢锈菌　图 13

Aecidium bothriospermi Henn., Bot. Jahrb. Syst. 37: 159, 1905; Tai, Sylloge Fungorum
　　Sinicorum, p. 358, 1979.

Aecidium taiyuanense B. Liu, Acta Phytotax. Sin. 12: 257, 1974; Liu, Li & Du, J. Shanxi
　　Univ. 1981(3): 52, 1981.

性孢子器生于叶下面，聚生，黄褐色，直径 80～120μm。

春孢子器生于叶下面，形成黄绿色或淡褐色圆形或无定形病斑，聚生，杯形，直径 250～300μm，白色，边缘反卷，有缺刻；包被细胞松散联结，不规则多角形，22～33×17～25μm，外壁有条纹，厚 6～10μm，内壁有密疣，厚 2.5～3μm；春孢子多角状近球形或椭圆形，20～30(～32)×18～23μm，壁厚约 1μm，近无色，表面密生细疣。

斑种草 *Bothriospermum chinense* Bunge　山西：太谷（56127），太原（山西大学植物标本馆真菌标本 No. 834，*Aecidium taiyuanense* B. Liu）。

分布：日本。中国。

我们仅有采自山西的标本，其春孢子比原描述的大，其他特征与本种相符。原描述春孢子大小仅为 18～22×15～18μm（Hennings，1905；Sydow and Sydow，1924）。在日本的模式寄主是柔弱斑种草 *Bothriospermum tenellum* (Hornem.) Fisch. & C.A. Mey.。

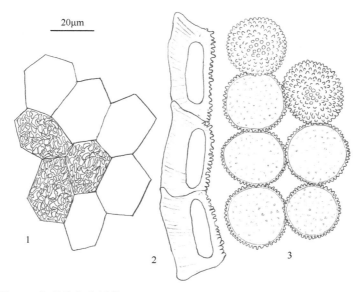

图 13　斑种草春孢锈菌 *Aecidium bothriospermi* Henn.（HMAS 56127）
1. 春孢子器包被细胞及其内壁突起物或纹饰；2. 包被细胞纵切面；3. 春孢子

刘波（1974）描述的斑种草上的 *Aecidium taiyuanense* B. Liu 的春孢子器包被细胞为 28.4～35.9×18.9～28.4μm，春孢子为 24.6～30.2×21.7～24.6μm。我们认为 *A. taiyuanense* 和 *A. bothriospermi* 的春孢子大小虽然有差异，但其他特征难于将两者分开，在此予以合并。

齿缘草春孢锈菌

Aecidium eritrichii Henn., Hedwigia 41: (21), 1902; Hiratsuka, Trans. Sapporo Nat. Hist. Soc. 16: 208, 1941; Tai, Sylloge Fungorum Sinicorum, p. 360, 1979.

性孢子器生于叶上面，聚生，直径 90～120μm，红褐色。

春孢子器生于叶下面，旋卷状排列，杯形，直径约 250μm，白色，边缘反卷，有缺刻；包被细胞 25～35×17～21μm，外壁有条纹，厚 8～12μm，内壁有密疣，厚 3～4μm；春孢子多角状球形或椭圆形，18～24×16～21μm，壁厚约 1μm，无色，表面密生细疣。

附地菜 *Trigonotis peduncularis* (Trevis) Benth. ex S. Moore & Baker (= *Eritrichium pedunculare* A. DC.) 吉林：地点不详（"Kwaitoku-ken"）（6 VI 1938，K. Noda，m-No. 42 未见）。

分布：日本。中国东北。

Hiratsuka（1941a）记载此菌在吉林有分布，标本未见。寄主植物很常见，此菌在我国应有分布。在此抄录 Hennings（1902b）、Sydow 和 Sydow（1924）的描述供参考。

戴芳澜（1979）记载此菌在河北有分布，标本（HMAS 22069）采自北京百花山，由王云章鉴定。经复查，寄主植物为狗娃花 *Heteropappus hispidus* (Thunb.) Less. (≡ *Aster hispidus* Thunb.)，并非附地菜 *Trigonotis peduncularis*，锈菌为 *Puccinia dioicae* Magnus 的春孢子阶段（*Aecidium asterum* Schwein.），现予订正。

莫罗贝春孢锈菌　图 14

Aecidium morobeanum Cummins, Mycologia 33: 153, 1941; Zhuang, Acta Mycol. Sin. 5: 148, 1986; Zhuang & Wei *in* W.Y. Zhuang, Higher Fungi of Tropical China, p. 353, 2001.

性孢子器生于叶上面，聚生，直径 80～150μm，蜜黄色或淡褐色，有缘丝。

春孢子器生于叶下面，聚生，形成直径 2～5mm 或更大的圆群，杯形，直径 150～300μm，白色，边缘直立，近全缘或有细缺刻；包被细胞不规则多角形，23～35×15～28μm，外壁厚 4～7μm，有细纹，内壁厚 2.5～3μm，有粗疣；春孢子近球形或椭圆形，略呈多角状，25～35×20～28μm，稀长椭圆形，达 40μm 长，壁厚 1.5～2μm，有时棱角处厚 2.5～3μm，无色，表面有密疣。

破布木 *Cordia dichotoma* G. Forst. 西藏：墨脱（46815，46816，47817，46818）。

分布：巴布亚新几内亚。中国西南。

本种在巴布亚新几内亚的模式寄主也是破布木 *Cordia dichotoma* G. Forst.。破布木属植物 *Cordia* spp.上的春孢锈菌尚有产自巴西的 *A. brasiliensis* Dietel 和 *A. cordiae* Henn.、产自秘鲁的 *A. lindavianum* Syd. & P. Syd.和产自印度的 *A. poonense* Sathe 等。本种的春孢子比 *A. brasiliensis* 和 *A. lindavianum* 的大（Sydow and Sydow，1924；Cummins，1941），比 *A. poonense* 的小（Sathe，1966）。*A. cordiae* 的春孢子顶壁增厚（5～8μm），也显然不同于本种（Sydow and Sydow，1924）。

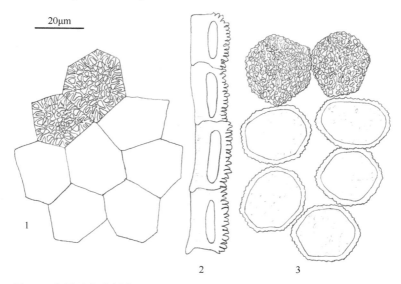

图 14　莫罗贝春孢锈菌 *Aecidium morobeanum* Cummins（HMAS 46815）
1. 春孢子器包被细胞及其内壁突起物或纹饰；2. 包被细胞纵切面；3. 春孢子

桔梗科 Campanulaceae 植物上的种

轮叶沙参春孢锈菌　图 15

Aecidium adenophorae-verticillatae Syd. & P. Syd., Ann. Mycol. 15: 143, 1917; Wei & Zhuang *in* Mao & Zhuang, Fungi of the Qinling Mountains, p. 24, 1997; Cao, Li & Zhuang, Mycosystema 19: 313, 2000; Zhuang & Wei *in* W.Y. Zhuang, Fungi of Northwestern China, p. 234, 2005.

性孢子器未见。

春孢子器生于叶下面，叶上形成直径 3～5mm 的暗褐色圆斑，聚生，杯形，直径 200～250μm，边缘反卷，有缺刻，白色；包被细胞紧密联结，正面观不规则多角形，18～38×15～25μm，外壁有条纹或近光滑，厚 7～10μm，内壁有密疣，厚 2.5～4μm；春孢子多角状近球形或椭圆形，15～25×(12～)14～20μm，壁厚 1～1.5μm，近无色，表面密生细疣，具若干个直径 3～6μm 的折光颗粒，极易脱落。

展枝沙参 *Adenophora divaricata* Franch. & Sav. 黑龙江：瑷珲（43722）。

长白沙参 *Adenophora pereskiifolia* (Fisch. ex Roem. & Schult.) G. Don 吉林：抚松（43721）。

石沙参 *Adenophora polyantha* Nakai 辽宁：临江（55048）。

泡沙参 *Adenophora potaninii* Korsh. 陕西：宁陕（56409）。

轮叶沙参 *Adenophora tetraphylla* (Thunb.) Fisch. 陕西：太白山（50565）。

分布：俄罗斯远东地区。中国北部，日本。

本种与俄罗斯远东地区产的 *Aecidium adenophorae* Jacz.不同，后者的包被细胞为长矩圆形，45～55×16～20μm，春孢子 18～26×17～22μm（Jaczewski，1900）。

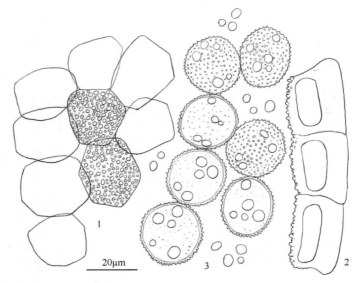

图 15　轮叶沙参春孢锈菌 *Aecidium adenophorae-verticillatae* Syd. & P. Syd.（HMAS 50565）
1. 春孢子器包被细胞及其内壁突起物或纹饰；2. 包被细胞纵切面；3. 春孢子

蓝钟花春孢锈菌　图 16

Aecidium cyananthi J.Y. Zhuang *in* Zhuang & Wei, Mycosystema 7: 39, 1994.

性孢子器生于叶上面，聚生，近球形，直径(90～)100～180μm，蜜黄色。

春孢子器生于叶下面或茎上，聚生，初期被寄主表皮覆盖呈疱状，后表皮开裂外露呈杯状，直径 300～400μm；包被细胞不规则多角形、矩圆形或近方形，大小不一，23～58×12～28μm，外壁厚 7～10(～12)μm，有线纹，内壁有不规则的网状粗疣，厚 2.5～3μm，无色；春孢子近球形或椭圆形，25～30×20～23μm，壁厚约 1.5μm，淡褐色或近无色，表面密生细疣，芽孔 5～10 个，散生，不明显。

灰毛蓝钟花 *Cyananthus incanus* Hook. f. & Thomson 西藏：定结（62589，62590 主模式 holotypus）。

分布：中国西南。

蓝钟花属 *Cyananthus* 植物上未见有其他春孢锈菌。寄主灰毛蓝钟花 *Cyananthus incanus* Hook. f. & Thomson 仅知分布于喜马拉雅地区（庄剑云和魏淑霞，1994）。

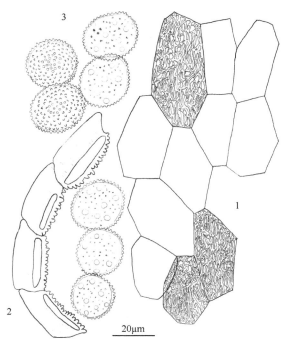

图 16 蓝钟花春孢锈菌 *Aecidium cyananthi* J.Y. Zhuang（HMAS 62590，holotypus）

1. 春孢子器包被细胞及其内壁突起物或纹饰；2. 包被细胞纵切面；3. 春孢子

忍冬科 Caprifoliaceae 植物上的种

荚蒾春孢锈菌 图 17

Aecidium viburni Henn. & Shirai, Bot. Jahrb. Syst. 28: 265, 1900; Tai, Sylloge Fungorum Sinicorum, p. 368, 1979; Wei & Zhuang *in* Mao & Zhuang, Fungi of the Qinling Mountains, p. 27, 1997; Cao, Li & Zhuang, Mycosystema 19: 314, 2000; Zhuang & Wei *in* W.Y. Zhuang, Fungi of Northwestern China, p. 235, 2005.

性孢子器生于叶上面，聚生，直径 90～130μm，黄褐色。

春孢子器生于叶下面，聚生成直径 2～10mm 或更大的圆群，短圆柱形，直径 250～350μm，白色，边缘稍反卷，有细缺刻；包被细胞紧密联结，不规则多角形、菱形或近四方形，20～35×12～30μm，外壁有条纹，厚 5～8μm，内壁有密疣，厚 2～3.5μm；春孢子多角状近球形、椭圆形或矩圆形，17～25×15～22μm，壁厚 1.5～2.5μm，近无色，表面密生细疣。

鸡树条 *Viburnum opulus* L. var. *calvescens* (Rehder) Hara（= *V. sargetii* Koehne）吉林：临江（42808）。

桦叶荚蒾 *Viburnum betulifolium* Batalin（= *V. lobophyllum* Graebn.）陕西：太白山（24397，34900，56002，56012，56443）。

荚蒾属 *Viburnum* sp. 四川：汶川（50005）。

分布：日本。中国，俄罗斯远东地区；朝鲜半岛。

臧穆等（1996）报道的横断山荚蒾属植物 *Viburnum* sp.上的一记录有误，原标本（已溃败）的寄主植物为泡叶栒子 *Cotoneaster bullatus* Bois，该菌实为角春孢锈菌属 *Roestelia* 之一种。

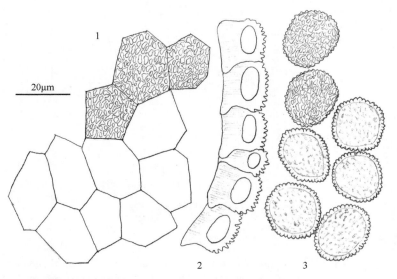

图 17　荚蒾春孢锈菌 *Aecidium viburni* Henn. & Shirai（HMAS 56002）
1. 春孢子器包被细胞及其内壁突起物或纹饰；2. 包被细胞纵切面；3. 春孢子

菊科 Compositae 植物上的种

兔儿风春孢锈菌　图 18

Aecidium ainsliaeae Dietel, Bot. Jahrb. Syst. 27: 571, 1899; Miura, Flora of Manchuria and East Mongolia 3: 390, 1928; Tai, Sci. Rep. Natl. Tsing Hua Univ., Ser. B, Biol. Sci. 2: 297, 1936-1937; Lin, Bull. Chin. Agric. Soc. 159: 30, 1937; Ito, Mycological Flora of Japan 2(3): 381, 1950; Wang, Index Uredinearum Sinensium, p. 1, 1951; Tai, Sylloge Fungorum Sinicorum, p. 357, 1979; Zang, Li & Xi, Fungi of Hengduan Mountains, p. 114, 1996.

性孢子器生于叶上面，聚生，直径 100～120μm，蜜黄色。

春孢子器生于叶下面，叶上形成直径 2～5mm 的黄色或褐色圆斑，小群聚生，杯形，直径 200～300μm，边缘不反卷或稍反卷，有缺刻，白色；包被细胞松散联结，呈覆瓦状排列，近菱形、近椭圆形、近卵形或无定形，25～38×18～25μm，外壁有条纹，厚 7～12μm，内壁有密疣，厚 3～4μm；春孢子近球形、卵形或椭圆形，16～22×15～19μm，壁厚约 1μm，近无色，表面密生细疣，具 2～8 个或更多直径 1.5～3(～4)μm 的折光颗粒，极易脱落。

灯台兔儿风 *Ainsliaea macroclinidioides* Hayata 安徽：黄山（43084，43085）。

兔儿风属 *Ainsliaea* sp. 云南：丽江（47872）。

分布：日本。中国；朝鲜半岛。

Miura（1928）报道辽宁草河口（本溪）槭叶兔儿风 *Ainsliaea acerifolia* Sch. Bip. 上也有，未见标本。

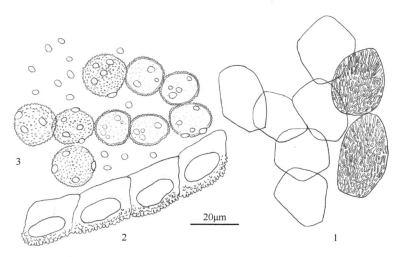

图 18　兔儿风春孢锈菌 *Aecidium ainsliaeae* Dietel（HMAS 43084）

1. 春孢子器包被细胞及其内壁突起物或纹饰；2. 包被细胞纵切面；3. 春孢子

翠菊春孢锈菌　图 19

Aecidium callistephi I. Miyake, Bot. Mag. Tokyo 28: 48, 1914; Tai, Sci. Rep. Natl. Tsing Hua Univ., Ser. B, Biol. Sci. 2: 297, 1936-1937; Lin, Bull. Chin. Agric. Soc. 159: 30, 1937; Wang, Index Uredinearum Sinensium, p. 2, 1951; Tai, Sylloge Fungorum Sinicorum, p. 358, 1979; Wei & Zhuang *in* Mao & Zhuang, Fungi of the Qinling Mountains, p. 25, 1997; Zhuang & Wei *in* W.Y. Zhuang, Fungi of Northwestern China, p. 234, 2005.

性孢子器生于叶上面，小群聚生，近球形，直径 100～150μm。

春孢子器生于叶下面，形成直径 2～10mm 的褐黄色或黑褐色圆形病斑，聚生在病斑中部，杯形，直径 200～250μm，白色，边缘有缺刻；包被细胞近卵形、近椭圆形、近方形或无定形，覆瓦状排列，易分开，17～40×15～23μm，外壁有线纹或近光滑，厚 7～10μm，内壁有密疣，厚 2.5～4μm；春孢子多角状近球形、近卵形或椭圆形，13～23×10～17μm，壁厚约 1μm，近无色，表面密布细疣，具 3～7 个或更多直径 2～4μm 的折光颗粒。

翠菊 *Callistephus chinensis* (L.) Nees 北京：百花山（11 VIII 1912，I. Miyake，模式 typus，未见）；陕西：太白（51956，51957）。

分布：中国北部。

Miyake（1914）在北京百花山采的模式标本未见，以上形态描述根据采自陕西太白的两号标本，与原描述基本相符。

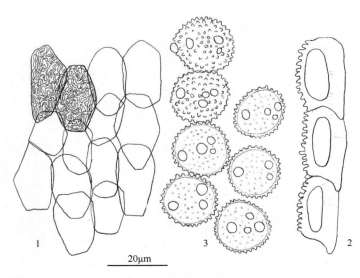

图 19　翠菊春孢锈菌 *Aecidium callistephi* I. Miyake（HMAS 51957）

1. 春孢子器包被细胞及其内壁突起物或纹饰；2. 包被细胞纵切面；3. 春孢子

飞廉春孢锈菌　图 20

Aecidium cardui Syd. & P. Syd., Österr. Bot. Z. 51: 19, 1901; Wei & Hwang, Nanking J. 9: 344, 1941; Tai, Farlowia 3:132, 1947; Wang, Index Uredinearum Sinensium, p. 2, 1951; Tai, Sylloge Fungorum Sinicorum, p. 359, 1979.

性孢子器生于叶上面，极多，密集，黄褐色，直径 100～150μm。

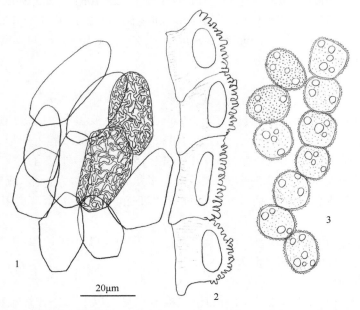

图 20　飞廉春孢锈菌 *Aecidium cardui* Syd. & P. Syd.（HMAS 04439）

1. 春孢子器包被细胞及其内壁突起物或纹饰；2. 包被细胞纵切面；3. 春孢子

春孢子器生于叶下面，形成直径 2～5mm 或更大的圆群，杯形，直径 200～250μm，白色或淡黄色，边缘稍反卷，有缺刻；包被细胞不规则多角形、近卵形、近椭圆形或无定形，略呈覆瓦状排列，20～43×15～28μm，外壁有线纹，厚 8～12μm，内壁有密疣，厚 2.5～4μm；春孢子多角状近球形、近卵形或椭圆形，15～20×13～17μm，壁厚约 1μm，无色，表面密布细疣，具若干（3～10 个）直径 2～4μm 的折光颗粒。

节毛飞廉 *Carduus acanthoides* L. 浙江：杭州（14248）。

飞廉 *Carduus crispus* L. 浙江：杭州（04439）。

分布：欧洲。中国。

此菌在欧洲的寄主为落花飞廉 *Carduus defloratus* L.（Sydow and Sydow，1901，1924）。我们只有魏景超采自杭州的两号标本，其形态特征与原描述相符。Gäumann（1959）认为此菌可能是薹草属 *Carex* 上柄锈菌属 *Puccinia* 某个种的春孢子阶段。产于北美洲的同名异物 *Aecidium cardui* Arthur（Arthur，1906）寄生于胡克蓟 *Cirsium hookerianum* Nutt. [= *Carduus hookerianus* (Nutt.) Heller]，已被 Arthur（1912，1915a）证明是灯心草单胞锈菌 *Uromyces junci* (Desm.) Tul.的春孢子阶段。

小红菊春孢锈菌 图 21

Aecidium chrysanthemi-chanetii T.Z. Liu & J.Y. Zhuang, Mycosystema 37: 685, 2018.

性孢子器叶上面生，小群聚生，近球形，直径 85～140μm，蜜黄色。

春孢子器叶下面生，小群聚生，有时在叶上面单生，杯形，直径 200～450μm，边缘撕裂，反卷；包被细胞长梭形、多角形或不规则形，略呈覆瓦状叠生，20～50×15～25μm，无色，内壁厚 2～5μm，密布柱状粗疣或不规则脊纹或网纹，外壁光滑或有不明显的线纹，厚可达 9μm；春孢子近球形、椭圆形、矩圆形或卵形，17.5～25×15～20μm，壁厚 1（～1.5）μm，近无色，表面密生细疣。

小红菊 *Chrysanthemum chanetii* H. Lév. [≡ *Dendranthema chanetii* (H. Lév.) C. Shih] 内蒙古：阿拉善左旗（CFSZ 8639 主模式 holotypus，赤峰学院；CFSZ 8635 = HMAS 247614 副模式 paratypus）。

分布：中国北部。

茼蒿属 *Chrysanthemum* 和菊属 *Dendranthema* 植物上的春孢锈菌较罕见。已知多毛剪股颖柄锈菌 *Puccinia lasiagrostis* Tranzschel [其夏孢子和冬孢子阶段生于芨芨草 *Achnatherum splendens* (Trin.) Nevski ≡ *Lasiagrostis splendens* (Trin.) Kunth]在西伯利亚南部可在紫花野菊 *Dendranthema zawadskii* (Herb.) Tzvelev(≡ *Chrysanthemum zawad-skii* Herb.)上产生春孢子器和春孢子，其春孢子很大，24～35×24～27μm（Ul'yanishchev，1978）。欧洲产山地薹草 *Carex montana* L.上的菊薹柄锈菌 *Puccinia aecidii-leucanthemi* E. Fisch.的春孢子阶段生于白花茼蒿 *Chrysanthemum leucanthemum* L.(= *Leucanthemum vulgare* Lam.)，其春孢子很小，直径 14～18μm（Sydow and Sydow，1904；Gäumann，1959）。

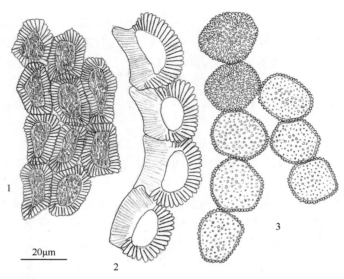

图 21　小红菊春孢锈菌 *Aecidium chrysanthemi-chanetii* T.Z. Liu & J.Y. Zhuang（HMAS 247614）

1. 春孢子器包被细胞及其内壁突起物或纹饰；2. 包被细胞纵切面；3. 春孢子

鱼眼草春孢锈菌　图 22

Aecidium dichrocephalae Henn., Monsunia 1: 4, 1899; Sawada, Descriptive Catalogue of the Formosan Fungi IX, p. 122, 1943; Mycological Flora of Japan 2(3): 382, 1950; Tai, Sylloge Fungorum Sinicorum, p. 359, 1979.

性孢子器生于叶下面，褐色，直径 90～150μm。

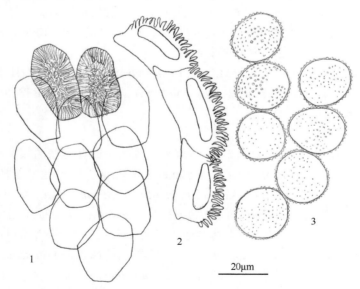

图 22　鱼眼草春孢锈菌 *Aecidium dichrocephalae* Henn.（HMAS 135135）

1. 春孢子器包被细胞及其内壁突起物或纹饰；2. 包被细胞纵切面；3. 春孢子

春孢子器生于叶下面，常形成直径达 10mm 的圆形或椭圆形集群，淡黄色，杯形，直径 200～250μm，边缘反卷，有缺刻；包被细胞紧密联结，不规则多角形或鱼鳞状，覆瓦状排列，18～38×15～25μm，外壁光滑或有不明显的线纹，厚 5～8μm，内壁密生粗疣，厚 2～2.5μm，无色；春孢子近球形或椭圆形，17～25×16～21μm，壁厚 1～1.5μm，近无色，表面密生细疣。

鱼眼草 *Dichrocephala auriculata* (Thunb.) Druce [= *D. latifolia* (Pers.) DC.] 云南：昆明（135135）。

分布：印度尼西亚。印度，中国南部。

同种植物上的中国台湾标本（台中，9 V 1919，K. Sawada）未见。我们仅有的一号采自云南昆明的标本系云南农业大学张中义教授提供。其包被细胞和春孢子比原描述的大。根据原描述，包被细胞为 21～26×14～16μm，春孢子为 14～20×12～15μm（Hennings，1899；Sydow and Sydow，1924）。Sawada（1943c）根据中国台湾标本描述的包被细胞大小为 20～39×16～25μm，春孢子为 18～26×15～23μm，与我们根据云南标本所测量的大小相仿。

低滩苦荬菜春孢锈菌　图 23

Aecidium lactucae-debilis P. Syd. & Syd., Monographia Uredinearum 4: 45, 1923; Tai, Sylloge Fungorum Sinicorum, p. 363, 1979.

性孢子器生于叶两面，聚生，直径 100～130μm，蜜黄色。

春孢子器生于叶下面，圆群聚生或拳卷状松散排列在黄色或淡黄色圆形病斑上，杯形，直径 200～250μm，白色，边缘反卷碎裂；包被细胞不规则多角形，20～32(～35)×15～23μm，外壁有细条纹，厚 5～8μm，内壁有密疣，厚 2.5～3μm；春孢子多角状近球形或椭圆形，15～21×14～18μm，壁厚约 1μm，近无色或淡黄色，表面密生细疣。

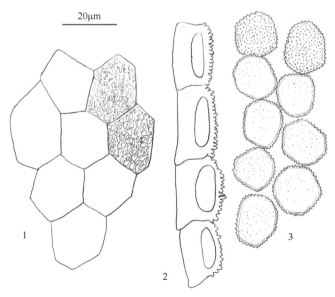

图 23　低滩苦荬菜春孢锈菌 *Aecidium lactucae-debilis* P. Syd. & Syd.（HMAS 04422）
1. 春孢子器包被细胞及其内壁突起物或纹饰；2. 包被细胞纵切面；3. 春孢子

中华小苦荬 *Ixeridium chinense* (Thunb.) Tzvelev [≡ *Ixeris chinensis* (Thunb.) Nakai ≡ *Lactuca chinensis* (Thunb.) C.Tanaka] 河北：保定（04422）。

分布：日本。中国。

中国科学院菌物标本馆（HMAS）仅存一号采自河北的标本。原标本寄主植物被误订为 *Ixeris debilis* A. Gray (= *Lactuca debilis* Benth. & Hook. f.)，此植物在河北无分布。

玛丽安春孢锈菌　图 24

Aecidium mariani-raciborskii Siemaszko, Ann. Mycol. 31: 98, 1933; Hiratsuka & Hashioka, Bot. Mag. Tokyo 51: 45, 1937; Sawada, Descriptive Catalogue of the Formosan Fungi VII, p. 63, 1942; Hiratsuka, Mem. Tottori Agric. Coll. 7: 68, 1943; Wang, Index Uredinearum Sinensium, p. 5, 1951; Tai, Sylloge Fungorum Sinicorum, p. 364, 1979; Wei & Zhuang *in* Mao & Zhuang, Fungi of the Qinling Mountains, p. 26, 1997; Zhuang & Wei *in* W.Y. Zhuang, Fungi of Northwestern China, p. 234, 2005.

性孢子器生于叶上面表皮下，小群聚生，直径 100～125μm。

春孢子器生于叶两面，多数在叶下面，形成直径 5～10mm 或更大的圆形或环形集群，杯形，直径 200～300μm，白色，边缘直立或稍反卷，有细缺刻或近全缘；包被细胞不规则多角形、不规则四边形或无定形，多少近椭圆形或矩圆形，松散联结，15～35×12～28μm，外壁有条纹，厚 5～10μm，内壁有粗疣，厚 2.5～3μm；春孢子多角状近球形，15～23×12～18μm，壁厚约 1μm，浅黄色或无色，表面密布细疣。

黄色三七草 *Gynura flava* Hayata 台湾：新竹（17 VII 1935，Y. Hashiuoka，未见）。

菊三七 *Gynura japonica* (Thunb.) Juel [= *Gynura segetum* (Lour.) Merr.] 云南：昆明（00317）；陕西：太白山（64380）。

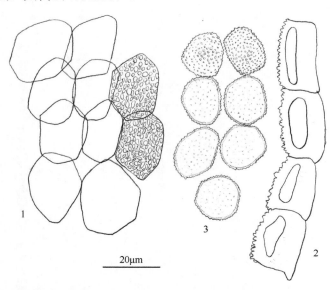

图 24　玛丽安春孢锈菌 *Aecidium mariani-raciborskii* Siemaszko（HMAS 64380）
1. 春孢子器包被细胞及其内壁突起物或纹饰；2. 包被细胞纵切面；3. 春孢子

分布：印度尼西亚。中国。

此菌模式产地为印度尼西亚爪哇岛，寄生于南亚三七草 *Gynura sarmentosa* (Blume) DC.。

日光春孢锈菌　图 25

Aecidium nikkense Henn. & Shirai, Bot. Jahrb. Syst. 28: 266, 1900; Guo, Fungi and Lichens
　　of Shennongjia, p. 151, 1989.

性孢子器生于叶两面，聚生，直径 100～150μm，黄褐色。

春孢子器生于叶下面，形成直径 2～10mm 常互相连合的黄色或黄褐色病斑，不规则聚生或环状排列，初期疱状，后开裂呈杯形，直径 200～300μm，淡黄色或白色，边缘稍反卷，有缺刻；包被细胞不规则多角形或无定形，多少略呈矩圆形、椭圆形或卵形，紧密联结，20～35(～37)×15～25μm，外壁厚 6～10μm，有细纹，内壁厚 3～4μm，有密疣；春孢子多角状球形、椭圆形、矩圆形或无定形，18～25×15～20μm，壁厚 1～1.5μm，近无色或淡黄色，表面密布细疣，具若干（3～8 个或更多）直径 2.5～4μm 的折光颗粒，极易掉落。

窄头橐吾 *Ligularia stenocephala* (Maxim.) Matsum. & Koidz. 湖北：神农架（55331）。

分布：日本。中国，俄罗斯远东地区。

此菌在日本尚可侵染大吴风草 *Farfugium japonicum* (L.) Kitam.（Hiratsuka et al.,
1992）。

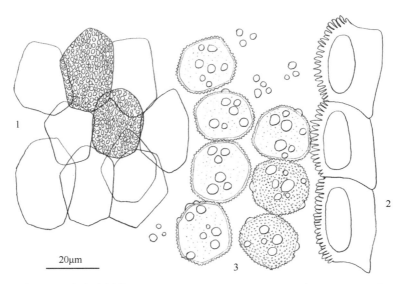

图 25　日光春孢锈菌 *Aecidium nikkense* Henn. & Shirai（HMAS 55331）
1. 春孢子器包被细胞及其内壁突起物或纹饰；2. 包被细胞纵切面；3. 春孢子

青海春孢锈菌　图 26

Aecidium qinghaiense J.Y. Zhuang, Acta Mycol. Sin. 9: 194, 1990; Zhuang & Wei,
　　Mycosystema 22(Suppl.): 107, 2003; Zhuang & Wei *in* W.Y. Zhuang, Fungi of

Northwestern China, p. 235, 2005.

性孢子器未见。

春孢子器生于叶两面，聚生成直径可达 10mm 或更大的圆群，初期疱状，直径 0.3～0.5mm，后圆孔形开裂；包被细胞联结不紧密，易分离，不规则长多角形或长方形，40～75×(12～)16～30μm，外壁有条纹，厚 7.5～12.5μm，内壁密生网纹状粗疣，厚 5～7.5μm；春孢子近球形、近卵形或椭圆形，30～38×25～30μm，壁厚 1.5～2.5(～3)μm，淡黄褐色，表面密生细疣，芽孔较明显，8～12 个散生。

乳苣 *Mulgedium tataricum* (L.) DC. [≡ *Sonchus tataricus* L. ≡ *Lactuca tatarica* (L.) C.A. Mey.] 青海：都兰（察汗乌苏）（58232 模式 typus）。

分布：中国西北。

模式标本上的春孢子器极多，但未见性孢子器。其包被细胞呈长形，内壁具不规则网纹，春孢子大且芽孔明显，极为罕见（庄剑云，1990；庄剑云和魏淑霞，2003）。自主寄生全孢型的米努辛柄锈菌 *Puccinia minussensis* Thüm.寄主范围包括菊苣族 Cichorieae 多种植物，*Mulgedium tataricum* 上也有，其春孢子大小为 20～28(～32) ×15～23(～25)μm，芽孔不明显（Nevodovski，1956；庄剑云等，2003；徐彪等，2013）。乳苣属 *Mulgedium* 上自主寄生全孢型的柄锈菌还有欧洲的 *Puccinia mulgedii* P. Syd. & Syd.，它的春孢子很小，直径为 19～24μm（Sydow and Sydow，1904；Gäumann，1959）。

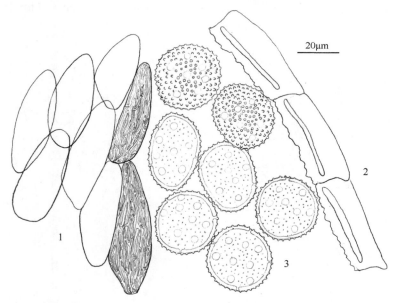

图 26 青海春孢锈菌 *Aecidium qinghaiense* J.Y. Zhuang（HMAS 58232, typus）

1. 春孢子器包被细胞及其内壁突起物或纹饰；2. 包被细胞纵切面；3. 春孢子

泥胡菜春孢锈菌　图 27

Aecidium saussureae-affinis Dietel, Bot. Jahrb. Syst. 34: 591, 1905; Liu, Li & Du, J. Shanxi
　　Univ. 1981(3): 52, 1981; Zhuang, Acta Mycol. Sin. 5: 148, 1986; Guo, Fungi and Li-

chens of Shennongjia, p. 152, 1989; Zang, Li & Xi, Fungi of Hengduan Mountains, p. 115, 1996; Wei & Zhuang *in* Mao & Zhuang, Fungi of the Qinling Mountains, p. 26, 1997; Cao, Li & Zhuang, Mycosystema 19: 313, 2000; Zhuang & Wei, Mycosystema 22(Suppl.): 107, 2003; Zhuang & Wei *in* W.Y. Zhuang, Fungi of Northwestern China, p. 235, 2005; Zhuang & Wang, J. Fungal Res. 4(3): 2, 2006; Xu, Zhao & Zhuang, Mycosystema 32(Suppl.): 172, 2013.

性孢子器生于叶上面，暗褐色，直径 90～100μm。

春孢子器生于叶下面,密集生于紫褐色或黑褐色直径达 5mm 或更大的圆形病斑上，杯形，直径 150～250μm，边缘反卷，有缺刻，白色或淡黄色；包被细胞不规则多角形、四方形或无定形，有的多少呈卵形或矩圆形，18～35(～38)×15～25μm，外壁有条纹，厚 8～10μm，内壁有疣，厚 2～3μm；春孢子多角状球形或椭圆形，15～20×12～18μm，壁厚约 1μm 或不及，近无色，表面密生细疣，散生 5～10 个或更多直径 2～3μm 的折光颗粒。

泥胡菜 *Hemistepta lyrata* Bunge (= *Saussurea affinis* Spreng.) 山西：汾阳（36982）；辽宁：熊岳城（24745）。

三角叶风毛菊 *Saussurea deltoidea* (DC.) Sch. Bip. 陕西：宁陕（NWFC-GR0075，西北农林科技大学）。

密集风毛菊 *Saussurea glomerata* Poir. 黑龙江：哈尔滨（42807）。

长毛风毛菊 *Saussurea hieracioides* Hook. f. (= *Saussurea superba* J. Anthony) 青海：刚察（79064，79066），祁连（79067）。

雪莲花 *Saussurea involucrata* Kar. & Kir. 新疆：和静（172315）。

异裂风毛菊 *Saussurea irregularis* Y.L. Chen & S.Y. Liang 西藏：桑日（245174）。

日本风毛菊 *Saussurea japonica* (Thunb.) DC. 河南：洛宁（55028）。

钝苞雪莲 *Saussurea nigrescens* Maxim. 陕西：太白山（63995，63996，63997）。

少花风毛菊 *Saussurea oligantha* Franch. 陕西：太白山（63998，63999，64000）。

褐花雪莲 *Saussurea phaeantha* Maxim. 青海：祁连（50570）；西藏：昌都（240434）。

杨叶风毛菊 *Saussurea populifolia* Hemsl. 湖北：神农架（57348，57349，57350）。

弯齿风毛菊 *Saussurea przewalskii* Maxim. 四川：唐克（50571）。

秦岭风毛菊 *Saussurea tsinlingensis* Hand.-Mazz. 陕西：太白山（63993）。

乌苏里风毛菊 *Saussurea ussuriensis* Maxim. 吉林：安图（50572）。

风毛菊属 *Saussurea* sp. 四川：若尔盖（47879）；云南：丽江（47878）；西藏：岗日嘎布山（45747，45748）；陕西：太白山（50569，63992，63994）；甘肃：临夏（140406）；青海：门源（79061，79062，79063）。

分布：日本。中国，俄罗斯远东地区。

Kakishima 和 Sato（1980）通过接种试验证明日本的三翼风毛菊 *Saussurea triptera* Maxim.是短秆薹草 *Carex breviculmis* R. Br.上的大泽柄锈菌 *Puccinia ohsawaensis* Kakish. 的春孢子阶段寄主。据 Kakishima 和 Sato（1980）描述，*P. ohsawaensis* 的春孢子器包被细胞多为菱形，春孢子较大（16～24×14～20μm），不同于 *Aecidium saussureae-affinis*

的春孢子器和春孢子。鉴于 *P. ohsawaensis* 在我国至今尚无记录，而现有的国产风毛菊属植物上的春孢锈菌标本的形态特征差异不大，我们都将它们鉴定为 *Aecidium saussureae-affinis* Dietel，此处理是否妥当，有待进一步考证。

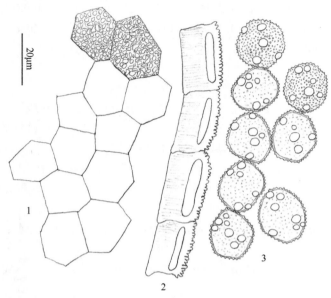

图 27　泥胡菜春孢锈菌 *Aecidium saussureae-affinis* Dietel（HMAS 24745）

1. 春孢子器包被细胞及其内壁突起物或纹饰；2. 包被细胞纵切面；3. 春孢子

雅葱春孢锈菌　图 28

Aecidium scorzonerae Lagerh., Tromsø Mus. Aarsh. 17: 105, 1894; Zhuang & Wei, Mycosystema 22(Suppl.): 108, 2003; Zhuang & Wei *in* W.Y. Zhuang, Fungi of Northwestern China, p. 235, 2005.

性孢子器生于叶两面，多在叶上面，聚生，直径 125～180μm。

春孢子器生于叶两面，多在叶下面，不规则散生或稍聚生，多时布满全叶，杯形，直径 250～300μm，白色，边缘稍反卷，有缺刻；包被细胞不规则多角形或近菱形，18～30×12～20(～23)μm，外壁有条纹，厚 5～7.5μm，内壁有密疣，厚 2.5～3μm；春孢子近球形或椭圆形，15～20×13～17μm，壁厚约 1μm，近无色，表面密布细疣。

雅葱属 *Scorzonera* sp. 青海：海晏（65627）。

分布：欧洲。俄罗斯，中国西北。

此菌的春孢子不同于 *Puccinia jackyana* Gäum. ex Jørst. (Jørstad, 1961) [= *P. scorzonerae* (Schumach.) Jacky 1899 non *P. scorzonerae* Juel 1896 = *P. hieracii* (Röhl.) H. Mart.] 的春孢子。后者的春孢子大得多，20～30×18～24μm（Sydow and Sydow，1904），Gäumann（1959）称个别孢子可达 35μm 长。

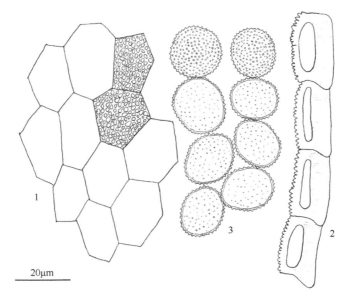

图 28　雅葱春孢锈菌 *Aecidium scorzonerae* Lagerh.（HMAS 65627）

1. 春孢子器包被细胞及其内壁突起物或纹饰；2. 包被细胞纵切面；3. 春孢子

千里光春孢锈菌　图 29

Aecidium senecionis-scandentis Sawada ex S. Ito & Muray., Trans. Sapporo Nat. Hist. Soc.
17: 171, 1943.

Aecidium senecionis-scandentis Sawada, J. Taichu. Soc. Agric. & For. 7: 40, 1943; Sawada,
Descriptive Catalogue of the Formosan Fungi IX, p. 130, 1943; Hiratsuka, Mem. Tottori
Agric. Coll. 7: 70, 1943; Tai, Sylloge Fungorum Sinicorum, p. 367, 1979. (nom. nudum)

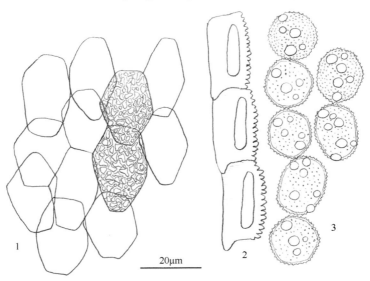

图 29　千里光春孢锈菌 *Aecidium senecionis-scandentis* Sawada ex S. Ito & Muray.（HMAS 00324）

1. 春孢子器包被细胞及其内壁突起物或纹饰；2. 包被细胞纵切面；3. 春孢子

性孢子器生于叶上面，聚生，直径 90～150μm，蜜黄色。

春孢子器生于叶下面，密集成直径达 10mm 或更大的圆群，杯形，白色，边缘反卷，有缺刻；包被细胞不规则多角形或近菱形，有的多少呈矩圆形或长椭圆形，覆瓦状排列，18～30(～33)×12～23μm，外壁有细条纹或近光滑，厚 5～8μm，内壁有密疣，厚 2.5～4μm；春孢子多角状近球形或宽椭圆形，14～18×13～15μm，壁厚约 1μm 厚，近无色，表面疏生细疣，散生 3～8 个或更多直径 2～4μm 的折光颗粒。

千里光 *Senecio scandens* Buch.-Ham. ex D. Don 台湾：台中（2 VIII 1928，K. Sawada，模式 typus，未见）；云南：昆明（00324，17617）。

分布：中国南部。

郭林（1989）记载湖北神农架有分布，经复查原标本发现寄主植物被误订为 *Senecio* sp.，实为烟管头草 *Carpesium cernuum* L.，该菌为 *Coleosporium carpesii* Sacc.。

胡颓子科 Elaeagnaceae 植物上的种

三野春孢锈菌　图 30

Aecidium minoense Syd. & P. Syd., Ann. Mycol. 13: 36, 1915; Cao & Li, J. Northwest Forest. Univ. 14: 50, 1999; Cao, Li & Zhuang, Mycosystema 19: 313, 2000; Zhuang & Wei *in* W.Y. Zhuang, Fungi of Northwestern China, p. 234, 2005.

性孢子器生于叶上面，形成黑褐色圆形或无定形病斑，聚生，直径 50～100μm，蜜黄色，后变暗褐色。

春孢子器生于叶下面，形成直径 1～5mm 或更大的圆形或无定形集群，近杯形或圆柱形，长 0.5～1mm，直径 180～220μm，白色，边缘稍反卷，有缺刻；包被细胞不规则多角形、近长方形或无定形，28～55×20～33μm，外壁厚 7～10μm，有细纹，内壁厚 3～5μm，有粗疣；春孢子多角状椭圆形或无定形，28～43×22～35μm，壁厚(1.5～)2～3(～4)μm，顶壁厚 4～13μm 或更厚，有时两端增厚，近无色或淡黄色，表面密布直径 1～2.5μm 或更大的无定形粗疣，极易掉落。

蔓胡颓子 *Elaeagnus glabra* Thunb. 湖南：张家界（64470）。

披针叶胡颓子 *Elaeagnus lanceolata* Warb. 陕西：宁陕（56387）。

多花胡颓子（木半夏）*Elaeagnus multiflora* Thunb. 湖南：张家界（64471）。

牛奶子 *Elaeagnus umbellata* Thunb. 江苏：宝华山（11319，14252）；四川：卧龙（50494）。陕西：太白（NWFC-TR0109，西北农林科技大学），太白山（NWFC-TR0074）。

分布：日本。中国；朝鲜半岛。

本种春孢子很大，其顶壁明显增厚（可达 13μm 或更厚），表面密布无定形易掉落的粗大疣突，极为醒目，有别于胡颓子属 *Elaeagnus* 植物上的其他春孢锈菌。

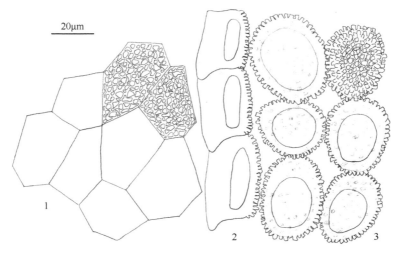

图 30　三野春孢锈菌 *Aecidium minoense* Syd. & P. Syd.（HMAS 11319）
1. 春孢子器包被细胞及其内壁突起物或纹饰；2. 包被细胞纵切面；3. 春孢子

巨叶胡颓子春孢锈菌　图 31

Aecidium quintum Syd. & P. Syd., Ann. Mycol. 15: 144, 1917; Cummins, Mycologia 43: 96, 1951; Wang, Index Uredinearum Sinensium, p. 7, 1951; Tai, Sylloge Fungorum Sinicorum, p. 366, 1979; Zhuang & Wei, Mycosystema 7: 39, 1994; Zhuang & Wei, Mycosystema 22(Suppl.): 107, 2003; Zhuang & Wei *in* W.Y. Zhuang, Fungi of Northwestern China, p. 235, 2005.

性孢子器生于叶上面，聚生，蜜黄色或黄褐色，直径 100～120μm。

春孢子器生于叶下面，聚生，常形成直径 1～15mm 或更大的圆群，病部叶组织稍肿胀，短圆柱形，直径 200～250μm，白色，边缘稍反卷，有缺刻；包被细胞覆瓦状排列，不规则多角形、近卵形或矩圆形，20～38×15～25μm，外壁近光滑或有不明显的细纹，厚 3～5μm，内壁密生粗疣，厚 2.5～3μm；春孢子卵形、椭圆形或矩圆形，20～28(～30)×15～23μm，壁厚 1～2μm，顶壁增厚 3～10μm，近无色，表面密生细疣。

披针叶胡颓子 *Elaeagnus lanceolata* Warb.福建：福州（06873）；四川：峨眉山（02820）；陕西：宁强（00327）。

巨叶胡颓子 *Elaeagnus lanceolata* Warb. ex Diels subsp. *grandifolia* Serv. 贵州：遵义（VIII 1931，S.Y. Cheo 248，PUR）。

牛奶子 *Elaeagnus umbellata* Thunb. 云南：昆明（00305）；西藏：吉隆（67880）。

胡颓子属 *Elaeagnus* sp. 青海：门源（24391）。

分布：日本。中国；朝鲜半岛，克什米尔地区。

本种春孢子的大小近似于 *Aecidium elaeagni* Dietel（薹草 *Carex* 上 *Puccinia velutina* Kakish. & S. Sato 的春孢子阶段）（Kakishima and Sato，1982）的，但其顶壁厚可达 10μm。同属植物上的 *Aecidium minoense* Syd. & P. Syd.的春孢子也有很厚的顶壁，但其春孢子很大，表面密布无定形易掉落的粗大疣突，易于区别（庄剑云和魏淑霞，1994）。

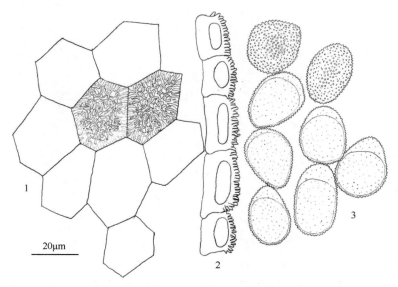

图 31　巨叶胡颓子春孢锈菌 *Aecidium quintum* Syd. & P. Syd.（HMAS 00305）

1. 春孢子器包被细胞及其内壁突起物或纹饰；2. 包被细胞纵切面；3. 春孢子

杜鹃花科 Ericaceae 植物上的种

吊钟花春孢锈菌　图 32

Aecidium enkianthi Dietel, Bot. Jahrb. Syst. 32: 631, 1903; Tai, Sylloge Fungorum Sinicorum, p. 360, 1979; Zhuang, Acta Mycol. Sin. 2: 156, 1983; Zhuang, Acta Mycol. Sin. 5: 148, 1986; Guo, Fungi and Lichens of Shennongjia, p. 149, 1989.

性孢子器生于叶上面，小群聚生，直径 90～120μm，蜜黄色或褐色。

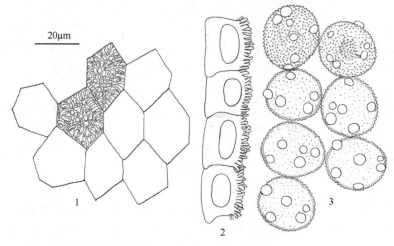

图 32　吊钟花春孢锈菌 *Aecidium enkianthi* Dietel（HMAS 41470）

1. 春孢子器包被细胞及其内壁突起物或纹饰；2. 包被细胞纵切面；3. 春孢子

春孢子器生于叶下面，不规则聚生或环形排列，常形成直径 1～5mm 或更大的集群，杯形或短柱形，直径 130～220μm，白色，边缘直立或稍反卷，有缺刻；包被细胞不规则多角形或不规则菱形，25～40×15～25μm，外壁有细条纹或近光滑，厚 5～7μm，内壁有密疣，厚 2.5～3μm；春孢子多角状近球形或椭圆形，20～30(～35)×15～23μm，壁厚约 1μm，近无色，表面密生细疣，具 5～8 个或更多直径 4～6μm 的折光颗粒。

灯笼花 *Enkianthus chinensis* Franch. 安徽：黄山（43091，43092，43093）；湖北：神农架（57367）。

毛叶吊钟花 *Enkianthus deflexus* (Griff.) C.K. Schneid. 西藏：岗日嘎布山（46924）。

齿缘吊钟花 *Enkianthus serrulatus* (E.H. Wilson) C.K. Schneid. 福建：武夷山（41470）。

分布：日本。中国。

大戟科 Euphorbiaceae 植物上的种

底生春孢锈菌　图 33

Aecidium innatum Syd., P. Syd. & E.J. Butler, Ann. Mycol. 10: 273, 1912; Hiratsuka & Hashioka, Bot. Mag. Tokyo 51: 45, 1937; Sawada, Descriptive Catalogue of the Formosan Fungi VII, p. 63, 1942; Hiratsuka, Mem. Tottori Agric. Coll. 7: 67, 1943; Tai, Sylloge Fungorum Sinicorum, p. 362, 1979; Zhuang, Acta Mycol. Sin. 5: 148, 1986.

性孢子器生于叶两面，多在叶下面，聚生，极多，常形成直径可达 5mm 或更大的圆群，病斑圆形，褐色，有红晕，大而醒目，直径可达 10mm 或更大，埋生于寄主角质层下，子实层平展，具缘丝，褐色，直径 70～125μm。

20μm

图 33　底生春孢锈菌 *Aecidium innatum* Syd., P. Syd. & E.J. Butler 的春孢子（HMAS 46871）

春孢子器生于叶下面，聚生，深陷于寄主组织中，起初近球状封闭，后不规则开裂，包被不明显；春孢子多为近卵形或椭圆形，20～30×17～23μm，壁厚约 1μm 或不及，无色，表面有密疣（疣高约 2μm），疣常成片连合成不规则斑块，光学显微镜下呈光滑斑，芽孔不清楚。

墨脱算盘子 *Glochidion medogense* T.L. Chin 西藏：墨脱（46871）。

香港算盘子 *Glochidion zeylanicum* (Gaertn.) A. Juss. (= *G. hongkongense* Müll. Arg.) 台湾：台北（05072）。

分布：印度东部。中国西南及台湾岛。

Cummins（1950）认为此菌是 *Phakopsora formosana* Syd. & P. Syd.的春孢子阶段，但尚有疑问，需进一步证实（Hiratsuka et al.，1992）。

叶下珠春孢锈菌　图 34

Aecidium phyllanthi Henn., Bot. Jahrb. Syst. 15: 6, 1892; Tai, Sci. Rep. Natl. Tsing Hua Univ., Ser. B, Biol. Sci. 2: 301, 1936-1937; Teng & Ou, Sinensia 8: 291, 1937; Teng, A Contribution to Our Knowledge of the Higher Fungi of China, p. 285, 1939; Wang, Res. Bull. Agric. Res. Inst. North China 2: 26, 1950; Wang, Index Uredinearum Sinensium, p. 7, 1951; Teng, Fungi of China, p. 360, 1963; Tai, Sylloge Fungorum Sinicorum, p. 365, 1979; Zhuang, Acta Mycol. Sin. 5: 148, 1986; Zhuang & Wei *in* W.Y. Zhuang, Higher Fungi of Tropical China, p. 353, 2001.

性孢子器生于叶两面，聚生，淡褐色，直径 70～140μm，埋生于寄主角质层下，子实层平展。

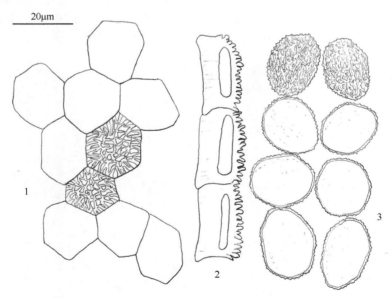

图 34　叶下珠春孢锈菌 *Aecidium phyllanthi* Henn.（HMAS 58533）

1. 春孢子器包被细胞及其内壁突起物或纹饰；2. 包被细胞纵切面；3. 春孢子

春孢子器生于叶下面，聚生成直径 1～10mm 或更大的圆群，常环形或拳卷状排列，杯形或短柱形，直径 200～250μm，浅黄色或白色，边缘稍直立或反卷，有缺刻；包被细胞不规则多角形、近菱形、三角形或四边形，18～35×12～25μm，外壁有条纹，厚5～7.5μm，内壁密生粗疣，厚 2～2.5μm；春孢子多角状近球形、矩圆形、卵形或椭圆形，18～28(～30)×15～23(～25)μm，壁厚约 1μm，无色，表面密生粗疣。

滇藏叶下珠 *Phyllanthus clarkei* Hook. f. 西藏：墨脱（46872）。

弯曲叶下珠 *Phyllanthus flexuosus* (Siebold & Zucc.) Müll. Arg. 浙江：天目山（43104）。

青灰叶下珠 *Phyllanthus glaucus* Wall. ex Müll. Arg. 四川：峨眉山（58533）。

小果叶下珠 *Phyllanthus reticulatus* Poir. 海南：吊罗山（58583）；云南：景洪（140484）。

分布：印度。菲律宾，巴布亚新几内亚，日本，中国。

菲律宾产的 *Phyllanthus* sp. 上的吕宋春孢锈菌 *Aecidium luzoniense* Henn. 与本菌近似，但其春孢子较小（17～21×14～17μm）（Sydow and Sydow，1924）。

绣球科 Hydrangeaceae 植物上的种

绣球春孢锈菌

Aecidium hydrangeae Pat., Rev. Mycol. (Toulouse) 8: 82, 1886; Sydow & Sydow, Monographia Uredinearum 4: 228, 1924; Tai, Sylloge Fungorum Sinicorum, p. 362, 1979.

性孢子器生于叶上面，聚生，有缘丝，性孢子未见。

春孢子器生于叶下面，形成直径 3～5mm 的圆形黄色病斑，聚生，短圆柱形，白色，边缘直立或稍反卷，有缺刻；包被细胞紧密联结，近菱形，20～28×16～19μm，外壁有条纹，厚约 4～7μm，内壁有密疣，厚 2.5～4μm；春孢子多角状球形，18～22×16～18μm，壁厚约 1μm，近无色，表面密生细疣。

西南绣球 *Hydrangea davidii* Franch. "西藏"：地点不详（"Province de Mouping"）（Abbé David，1870，模式 typus，未见）。

分布：中国西南。

此菌为 Patouillard（1886）所报道，标本采自"西藏东部"，很可能并非"西藏"，而是云南，所谓"Mouping"可能是"牟定"之误。根据 Patouillard（1886）、Sydow 和 Sydow（1924）的描述（见上述描述），此菌春孢子器包被细胞和春孢子都很小，显然不同于 *Aecidium hydrangiicola* Henn. (*Puccinia suzutake* Kakish. & S. Sato 的春孢子阶段)。中国科学院菌物标本馆保藏的西南绣球 *Hydrangea davidii* Franch. 上的春孢锈菌标本经复查均为 *A. hydrangiicola*。我们尚未采得此菌标本，亦未见模式，暂保留此名称，有待进一步考订。

钻地风春孢锈菌　图 35

Aecidium schizophragmatis J.Y. Zhuang, Acta Mycol. Sin. 5: 149, 1986.

性孢子器生于叶上面表皮下，聚生，球形或近球形，有缘丝，直径 125～185μm，高 150～220μm，蜜黄色。

春孢子器生于叶下面，密集于黄色或淡褐色无明显界限的病斑上，圆柱形，坚实，直径 400～500μm，高达 2mm，白色，顶端初期封闭，略尖，后开裂，边缘直立或稍反卷，有缺刻；包被细胞紧密联结，不规则多角形或近菱形，32～45×18～33μm，外壁有条纹，厚 10～15μm，内壁有密疣，厚 2.5～3.5μm；春孢子近球形、椭圆形、矩圆形或卵形，22～35×15～23μm，壁厚 2～2.5μm，近无色，表面密生细疣。

维西钻地风 Schizophragma crassum Hand.-Mazz. var. hsitaoianum (Chun) C.F. Wei [= Schizophragma hsitaoianum Chun] 西藏：岗日嘎布山（46971 模式 typus）。

分布：中国西南。

钻地风属 Schizophragma 植物上的春孢锈菌目前仅知此一种（庄剑云，1986）。

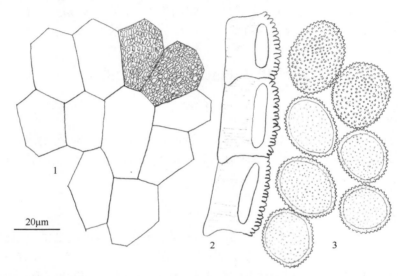

图 35　钻地风春孢锈菌 Aecidium schizophragmatis J.Y. Zhuang（HMAS 46971, typus）
1. 春孢子器包被细胞及其内壁突起物或纹饰；2. 包被细胞纵切面；3. 春孢子

坦登春孢锈菌　图 36

Aecidium tandonii Mitter *in* Sydow & Mitter, Ann. Mycol. 31: 88, 1933; Zhuang & Wei, Mycosystema 7: 40, 1994.

春孢子器生于叶下面，小群密集，圆柱形，长达 1mm 或更长，黄白色，边缘近全缘；包被细胞紧密联结，不规则多角形或近菱形，25～37×15～25(～27)μm，外壁有细条纹，厚 5～7.5μm，内壁有密疣，厚 3～4μm；春孢子多角状近球形，18～23×17～20μm，壁厚约 1μm，无色，表面密生细疣，散生 5～8 个或更多直径 2.5～5μm 的折光颗粒。

长叶溲疏 Deutzia longifolia Franch. 四川：卧龙（64001，64002）。

长柱溲疏 Deutzia staminea R.Br. ex Wall. 西藏：吉隆（65595，65597）。

宽萼溲疏 Deutzia wardiana Zaik. (= Deutzia macrantha Hook. f. & Thomson) 西藏：

吉隆（65592，65593，65596），聂拉木（65594）。

分布：印度东部。中国西南。

戴芳澜（1936-1937）、王云章和臧穆（1983）、郭林（1989）等都将溲疏属 *Deutzia* 上的春孢子器作为竹上的 *Puccinia kusanoi* Dietel 的春孢子阶段（*Aecidium deutziae* Dietel）。由于在我国竹子上从未发现过 *P. kusanoi*，我们认为这些记载存疑。*P. kusanoi* 的春孢子器为短圆柱形，长度不及 1mm，包被细胞较小，22～26×15～18μm，春孢子较大，21～29×17～24μm（Ito，1950）。

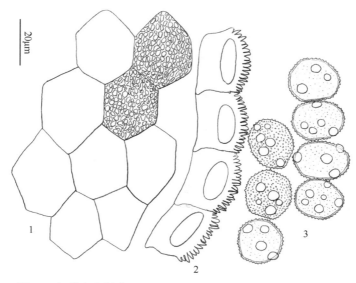

图 36　坦登春孢锈菌 *Aecidium tandonii* Mitter（HMAS 65596）

1. 春孢子器包被细胞及其内壁突起物或纹饰；2. 包被细胞纵切面；3. 春孢子

唇形科 Labiatae 植物上的种

筋骨草春孢锈菌　图 37

Aecidium ajugae Syd. & P. Syd. *in* Sydow, Sydow & Butler, Ann. Mycol. 5: 504, 1907; Zhuang, Acta Mycol. Sin. 9: 192, 1990.

性孢子器生于叶上面，小群聚生，近球形，直径 100～150μm，具缘丝，蜜黄色。

春孢子器生于叶下面，形成黄色或褐色圆形病斑，聚生，有时形成直径达 10mm 的大群，杯形，直径 250～300μm，淡黄色或白色，边缘稍反卷，有细缺刻或近全缘；包被细胞松散联结，无定形，多为不规则四角形或长方形，22～32×16～25μm，外壁光滑，厚 5～7μm，内壁有密疣，厚 2.5～5μm；春孢子多角状近球形、椭圆形、矩圆形或无定形，20～25×16～20μm，壁厚约 1μm，无色，表面密生细疣。

紫背金盘 *Ajuga nipponensis* Makino 江西：铅山（55514，55515，55516）。

分布：印度喜马拉雅地区。中国南部。

此菌模式产地为印度喜马拉雅地区的古毛恩（Kumaun），模式寄主为 *Ajuga* sp.

（Sydow et al., 1907）。江西标本的特征与原描述基本吻合。与印度毗邻的我国西南地区应有分布。

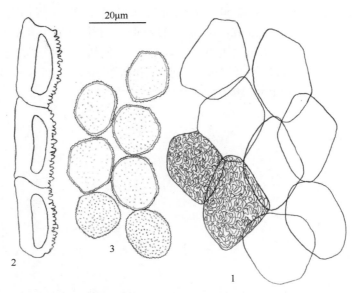

图 37　筋骨草春孢锈菌 *Aecidium ajugae* Syd. & P. Syd.（HMAS 55514）

1. 春孢子器包被细胞及其内壁突起物或纹饰；2. 包被细胞纵切面；3. 春孢子

香茶菜春孢锈菌　图 38

Aecidium plectranthi Barclay, J. Asiat. Soc. Bengal, Pt. 2, Nat. Hist. 59: 104, 1890; Tai, Sci. Rep. Natl. Tsing Hua Univ., Ser. B, Biol. Sci. 2: 301, 1936-1937; Lin, Bull. Chin. Agric. Soc. 159: 76, 1937; Wang, Index Uredinearum Sinensium, p. 7, 1951; Tai, Sylloge Fungorum Sinicorum, p. 365, 1979.

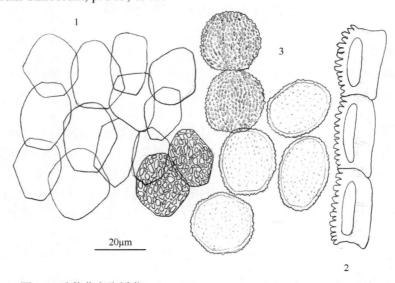

图 38　香茶菜春孢锈菌 *Aecidium plectranthi* Barclay（HMAS 25324）

1. 春孢子器包被细胞及其内壁突起物或纹饰；2. 包被细胞纵切面；3. 春孢子

性孢子器生于叶上面，聚生，淡褐色，直径 100～150μm。

春孢子器生于叶下面,聚生成直径 1～5mm 或更大的圆群,杯形,直径 200～250μm,白色，边缘反卷，有缺刻；包被细胞不规则多角形、四边形或无定形，略呈覆瓦状排列，紧密联结，20～38×15～25(～28)μm，外壁有细条纹，厚 5～7.5μm，内壁密生粗疣，厚 2.5～3μm；春孢子近球形或椭圆形，20～28(～30)×17～23(～25)μm，壁厚 1～1.5μm，近无色，表面密生细疣。

香薷 *Elsholtzia ciliata* (Thunb. ex Murray) Hyl. 浙江：杭州（34894）。

蓝萼毛叶香茶菜 *Rabdosia japonica* (Burm. f.) H. Hara var. *glaucocalyx* (Maxim.) H. Hara [≡ *Plectranthus glaucocalyx* Maxim. ≡ *Amethystanthus japonicus* (Maxim.) Kitag.] 北京：百花山（25324）；内蒙古：宁城（247619）。

分布：印度。日本，中国，俄罗斯远东地区。

韩信草春孢锈菌

Aecidium scutellariae-indicae Dietel, Ann. Mycol. 6: 229, 1908; Teng & Ou, Sinensia 8: 294, 1937; Teng, A Contribution to Our Knowledge of the Higher Fungi of China, p. 288, 1939; Wang, Index Uredinearum Sinensium, p. 8, 1951; Teng, Fungi of China, p. 362, 1963; Tai, Sylloge Fungorum Sinicorum, p. 366, 1979.

春孢子器生于叶下面，聚生于黄褐色圆形病斑上，杯形，直径 200～250μm，白色，边缘反卷，有缺刻；包被细胞不规则菱形，28～36×18～22μm，外壁有条纹，厚 5～7μm，内壁有密疣，厚 3～4μm；春孢子多角状球形或宽椭圆形，19～25×18～22μm，壁厚 1～1.5μm，近无色，表面密生细疣。

黄芩属 *Scutellaria* sp. 江苏：宜兴（Teng 1769，未见）。

分布：日本。中国；朝鲜半岛。

此菌为邓叔群和欧世璜（1937）所记载，邓叔群（1939，1963）、王云章（1951）和戴芳澜（1979）相继转载。原标本（Teng 1769）未见。此菌模式产自日本，朝鲜半岛也有，我国东部地区应有分布，在此列入供今后进一步考证。以上描述依照邓叔群和欧世璜（1937）。

木通科 Lardizabalaceae 植物上的种

牛母瓜春孢锈菌　图 39

Aecidium holboelliae Y.C. Wang & J.Y. Zhuang *in* Wang et al., Acta Mycol. Sin. 2: 7, 1983; Zhuang, Acta Mycol. Sin. 2: 157, 1983.

性孢子器未见。

春孢子器生于叶下面，在黑褐色略加厚的病斑上形成直径 2～5mm 或更大的圆群，也常在肿胀的叶脉上形成长达 10mm 或更长的长形群，短圆柱形，直径 200～250μm，高达 500μm，浅黄色或略白色，边缘直立，有缺刻；包被细胞不规则多角形或近菱形，

25～35×15～20μm，外壁光滑，厚 7.5～10μm，内壁有粗疣，厚 2.5～3μm；春孢子多角状近球形或椭圆形，18～23×17～20μm，壁厚约 1μm，无色，表面有密疣，具若干（5～10 个）直径 2.5～5μm 的折光颗粒。

　　五月瓜藤 Holboellia angustifolia Wall.（= Holboellia fargesii Réaub.) 福建：武夷山（41457 模式 typus）；四川：木里（64395，64396）。

　　鹰爪枫 Holboellia coriacea Diels 四川：峨眉山（02838）。

　　分布：中国南部。

　　此种与寄生在木通属 Akebia 植物上的 Aecidium akebiae Henn.近似，但其包被细胞狭窄，春孢子也较小（王云章等，1983）。

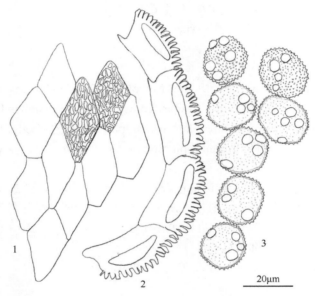

图 39　牛母瓜春孢锈菌 Aecidium holboelliae Y.C. Wang & J.Y. Zhuang（HMAS 41457, typus）
1. 春孢子器包被细胞及其内壁突起物或纹饰；2. 包被细胞纵切面；3. 春孢子

樟科 Lauraceae 植物上的种

樟春孢锈菌

Aecidium cinnamomi Racib., Parasitische Algen und Pilze Javas I., p. 27, 1900; Sawada, Descriptive Catalogue of Taiwan (Formosan) Fungi XI, p. 94, 1959; Tai, Sylloge Fungorum Sinicorum, p. 359, 1979.

　　春孢子器生于叶两面，多在叶下面，亦可生于幼枝，枝上可形成长达 1cm 的集群，叶上可形成长 1～5cm 的集群，有时布满全叶，杯形，直径 250～300μm，边缘反卷，白色；包被细胞不规则多角形（5～7 角）或近菱形，25～30×18～24μm，外壁有条纹厚达 7μm；春孢子球形、近球形、卵形或多角形，20～26×18～21μm，壁厚约 1.5μm，近无色，表面密生细疣。

清化肉桂（牡桂）*Cinnamomum loureirii* Nees 台湾：屏东（来义，23 IV 1931，K. Sawada，未见）。

分布：印度尼西亚。印度，中国台湾岛。

此菌原记载于印度尼西亚爪哇岛，生于锡兰肉桂 *Cinnamomum verum* J. Presl（= *C. zeylanicum* Blume）（Raciborski，1900a；Boedijn，1959）。Sawada（1959）在中国台湾屏东也采到，生于清化肉桂 *Cinnamomum loureirii* Nees。我们未研究中国台湾标本，以上特征描述录自 Sydow 和 Sydow（1924）。此菌在我国南部其他省区可能存在，它与 *Aecidium litseae-populifoliae* J.Y. Zhuang 是否同物尚不明确。

杨叶木姜子春孢锈菌 图 40

Aecidium litseae-populifoliae J.Y. Zhuang, Acta Mycol. Sin. 9: 193, 1990; Cao, Li & Zhuang, Mycosystema 19: 313, 2000.

Aecidium cinnamomi auct. non Raciborski: Zhuang & Wei, Mycosystema 7: 39, 1994; Zhang, Zhuang & Wei, Mycotaxon 61: 50, 1997.

性孢子器生于叶上面，聚生，近球形，有缘丝，直径(80～)100～180μm，蜜黄色。

春孢子器生于叶下面或叶柄黑褐色病斑上，聚生，形成直径 2～10mm 或更大的圆群，常引起叶组织或叶柄增厚肿胀，杯形，直径 200～300μm，白色，边缘直立或稍反卷，近全缘或有缺刻；包被细胞不规则多角形或近菱形，18～33×18～28μm，外壁有不甚明显的条纹，厚 7～10(～13)μm，内壁密生粗疣，厚 2.5～4μm；春孢子多角状近球形，20～25(～28)×17～23μm，壁厚约 1μm，无色，表面密生细疣，具 3～8 个或更多直径 3～5μm 的折光颗粒。

三桠乌药 *Lindera obtusiloba* Blume 湖北：神农架（57353，57354，57355，57356，57357）；四川：大巴山（58521），二郎山（58638）；甘肃：天水（25306，58512，58519，58543）。

山鸡椒 *Litsea cubeba* (Lour.) Pers. 四川：二郎山（47877），卧龙（44505，44506，44507）。

杨叶木姜子 *Litsea populifolia* (Hemsl.) Gamble 四川：峨眉山（15261，58230 模式 typus）。

木姜子 *Litsea pungens* Hemsl. 重庆：巫溪（71005，71006）；陕西：宁陕（NWFC-TR0177，西北农林科技大学），太白山（NWFC-TR0043，西北农林科技大学）。

绢毛木姜子 *Litsea sericea* (Nees) Hook. f. 西藏：吉隆（67811，67812，67813，67814）。

分布：中国西南。

庄剑云和魏淑霞（1994）报道在西藏吉隆的绢毛木姜子 *Litsea sericea* (Nees) Hook. f. 上的菌的春孢子较大，22～28×20～23μm。产自日本、菲律宾和中国南部的 *Monosporidium machili* (Henn.) T. Sato（Hiratsuka et al.，1992）是一个具内循环（endocyclic）生活史的种，其冬孢子堆与杯形春孢子器（aecidioid aecium）相似，冬孢子串生，形似春孢子，但孢子萌发时不产生营养菌丝，而是产生担子和担孢子。该种春孢子器状冬孢子堆在寄主表面常无限扩展，均匀连片散布并占据叶大部或全叶，亦生于叶柄或茎上，造成植物器官变形。*Aecidium litseae-populifoliae* 的春孢子器在叶上似乎是局部聚生，不像 *M. machili* 那样连片均匀散生，其春孢子具明显的折光颗粒（庄剑云，1990）。

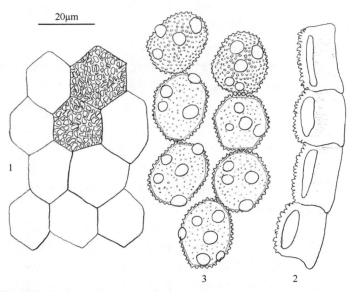

图 40　杨叶木姜子春孢锈菌 *Aecidium litseae-populifoliae* J.Y. Zhuang（HMAS 58230, typus）
1. 春孢子器包被细胞及其内壁突起物或纹饰；2. 包被细胞纵切面；3. 春孢子

新木姜子春孢锈菌　图 41

Aecidium neolitseae Y.C. Wang & J.Y. Zhuang *in* Wang et al., Acta Mycol. Sin. 2: 8, 1983; Acta Mycol. Sin. 2: 157, 1983; Zhuang & Wei *in* W.Y. Zhuang, Higher Fungi of Tropical China, p. 353, 2001.

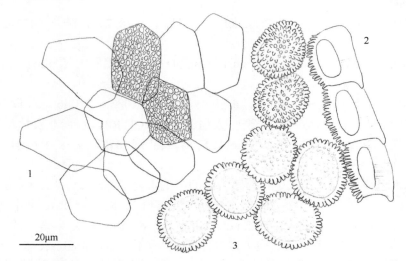

图 41　新木姜子春孢锈菌 *Aecidium neolitseae* Y.C. Wang & J.Y. Zhuang（HMAS 41459, typus）
1. 春孢子器包被细胞及其内壁突起物或纹饰；2. 包被细胞纵切面；3. 春孢子

性孢子器生于叶两面，较疏松聚生在直径达 3mm 褪色的病斑上，蜂蜜色，后变黑色，直径 200～250μm。

春孢子器生于叶下面，聚生成直径达 3mm 的环形群，近柱状杯形或短柱形，直径约 200μm，长 200～300μm，浅黄色，边缘直立，全缘；包被细胞稍松联结，无定形，多为菱形、近三角形或不规则多角形，18～40×13～30μm，外壁有条纹，厚 5～7.5μm，内壁有粗疣，厚 2～2.5μm；春孢子近球形或宽椭圆形，17～23×15～18μm，壁厚 1.5～2.5μm，无色，表面密生粗疣。

鸭公树 *Neolitsea chuii* Merr. 广东：封开（81273）。

簇叶新木姜子 *Neolitsea confertifolia* (Hemsl.) Merr. 福建：南靖（41459 模式 typus）。分布：中国南部。

本种与 *Aecidium litseae-populifoliae* J.Y. Zhuang 的不同在于它的春孢子器呈短柱状，包被细胞较大且联结不紧密，春孢子较小，壁较厚，具粗疣（王云章等，1983）。

豆科 Leguminosae 植物上的种

安宁春孢锈菌　图 42

Aecidium anningense F.L. Tai, Farlowia 3: 131, 1947; Wang, Index Uredinearum Sinensium, p. 1, 1951; Tai, Sylloge Fungorum Sinicorum, p. 357, 1979.

性孢子器未见。

春孢子器生于叶两面、叶柄和茎上，不规则大群连片聚生，常引起寄主罹病部位变形，短圆柱形，直径 150～250μm，白色，边缘有缺刻，不反卷；包被细胞紧密联结，略呈覆瓦状排列，近菱形或不规则多角形，20～43(～50)×12～30μm，外壁近光滑或有不甚明显的条纹，厚 5～8μm，内壁密生粗疣，厚 2～3μm；春孢子多角状近球形、椭圆形、矩圆形、卵形或无定形，20～30×13～20（～22）μm，壁厚 1.5～2μm，无色，表面多疣。

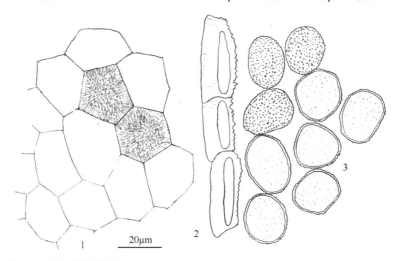

20μm

图 42　安宁春孢锈菌 *Aecidium anningense* F.L. Tai（HMAS 00334, typus）
1. 春孢子器包被细胞及其内壁突起物或纹饰；2. 包被细胞纵切面；3. 春孢子

白刺花 *Sophora davidii* (Franch.) Skeels (= *S. viciifolia* Hance) 云南：安宁（00334 模式 typus）。

分布：中国西南。

日本产的翅荚香槐 *Cladrastis platycarpa* (Maxim.) Makino (= *Sophora platycarpa* Maxim.)上的槐春孢锈菌 *Aecidium sophorae* Kusano 近似此菌，但其春孢子有些呈近纺锤形，长度可达 45μm（Hiratsuka et al.，1992）。

百合科 Liliaceae 植物上的种

知母春孢锈菌　图 43

Aecidium anemarrhenae Z.H. Zhou & Z.Q. Liu, Acta Phytopathol. Sin. 12: 37, 1982; Liu & Sun *in* Li, Fungal Flora of Jilin Province, 1: 81, 1991.

性孢子器生于花序和蒴果上，聚生，红褐色，近圆锥形，直径 125～200μm。

春孢子器生于花序和蒴果上，形成黄色无定形病斑，常引起寄主病部肿胀变形，聚生，包被深陷于寄主组织中，杯形，直径 200～300μm，白色，边缘不反卷或稍反卷，有缺刻；包被细胞紧密联结，不规则长多角形、长方形、近菱形或无定形，25～45×10～23μm，外壁有条纹，厚 7.5～10(～12)μm，内壁有密疣，厚 3～5μm；春孢子近球形、椭圆形、卵形或矩圆形，20～30×17～23μm，壁厚 1～1.5(～2)μm，淡黄褐色，表面密生细疣，芽孔较明显，7～12 个散生。

知母 *Anemarrhena asphodeloides* Bunge 吉林：白城（杨信东 022，锈菌 80097，模式 typus，吉林农业大学菌物研究所；HMAS 240541，240542）。

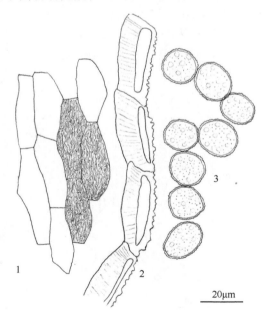

图 43　知母春孢锈菌 *Aecidium anemarrhenae* Z.H. Zhou & Z.Q. Liu（HMAS 240541）

1. 春孢子器包被细胞及其内壁突起物或纹饰；2. 包被细胞纵切面；3. 春孢子

分布：中国东北。

此菌目前仅见于吉林白城，推测我国北部知母产区都有分布（周宗璜和刘振钦，1982）。其重要特征是春孢子黄褐色，具 7～12 个较明显的散生芽孔。

桑科 Moraceae 植物上的种

桑春孢锈菌　图 44

Aecidium mori Barclay, J. Asiat. Soc. Bengal, Pt. 2, Nat. Hist. 60: 226, 1891; Sawada, Descriptive Catalogue of the Formosan Fungi IV, p. 77, 1928; Hiratsuka & Hashioka, Trans. Tottori Soc. Agric. Sci. 4: 164, 1933; Liou & Wang, Contr. Inst. Bot. Natl. Acad. Peiping 3: 362, 1935; Tai, Sci. Rep. Natl. Tsing Hua Univ., Ser. B, Biol. Sci. 2: 300, 1936-1937; Teng, A Contribution to Our Knowledge of the Higher Fungi of China, p. 283, 1939; Tai, Farlowia 3: 130, 1947; Wang, Index Uredinearum Sinensium, p. 6, 1951; Teng, Fungi of China, p. 359, 1963; Tai, Sylloge Fungorum Sinicorum, p. 364, 1979; Wang & Zang, Fungi of Xizang (Tibet), p. 56, 1983; Guo, Fungi and Lichens of Shennongjia, p. 151, 1989; Zang, Li & Xi, Fungi of Hengduan Mountains, p. 115, 1996; Wei & Zhuang *in* Mao & Zhuang, Fungi of the Qinling Mountains, p. 26, 1997; Zhuang & Wei, Mycotaxon 72: 377, 1999; Cao, Li & Zhuang, Mycosystema 19: 313, 2000; Zhuang & Wei *in* W.Y. Zhuang, Higher Fungi of Tropical China, p. 353, 2001; Zhuang & Wei *in* W.Y. Zhuang, Fungi of Northwestern China, p. 235, 2005.

春孢子器生于叶两面、叶柄或嫩茎，多在叶下面，常在叶脉上聚生，有时可形成长达 10mm 以上的大群，深陷于寄主组织中，直径 150～200μm，橙黄色或橙褐色；包被发育不全，包被细胞不规则多角形，有的多少呈椭圆形或矩圆形，松散联结，易分离，15～30×10～20μm，内壁有细疣；春孢子多角状近球形或椭圆形，（12～)15～20×(10～)12～18μm，壁厚约 1μm，近无色，表面具或多或少直径 1～3μm（大多小于 2μm）的疣或折光颗粒。

　　桑 *Morus alba* L. 北京：房山（55598）；浙江：海宁（08691），杭州（14258，17175），吴兴（14257）；安徽：芜湖（18838）；广西：宁明（25222，25223），上思（56074），邕宁（56078）；四川：都江堰（247460），西昌（242149），越西（242203）；云南：澄江（00308），昆明（00307，03921），蒙自（00309），文山（25318，25319，25323），云龙（240710，240711，240735）。

　　鸡桑 *Morus australis* Poir. 台湾：台北（02518，05070，11807）；四川：青川（64185），汶川（44374，50496）；贵州：安顺（246150，246151，246152），荔波（245324，245325），绥阳（246163，246178，246188，246197，246208）；西藏：墨脱（46979，246230）；陕西：宁陕（NWFC-TR1320，西北农林科技大学），太白山（66404）；甘肃：成县（NWFC-TR1322，西北农林科技大学）。

　　蒙桑 *Morus mongolica* (Bureau) C.K. Schneid. 北京：八大处（56257），房山（08689，08690，64094），西山（08265，08502，08503，34893，37252，37549），香山（56015，

56218，56931，64190，64192，79154）；河北：雾灵山（25321）；内蒙古：敖汉旗（247618）；河南：焦作（246223，246224），洛宁（25320，34892）；湖北：神农架（55336）；四川：汶山（44374）；陕西：留坝（56364）。

分布：印度。印度尼西亚，日本，中国。

此菌极常见，为桑的重要病害。Miyake（1914）记载小构树 *Broussonetia kazinoki* Siebold & Zucc.上也有，未见标本，存疑。

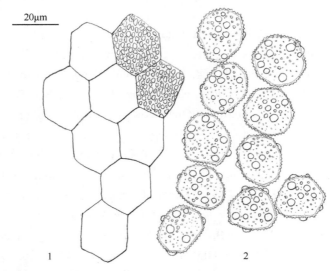

图 44　桑春孢锈菌 *Aecidium mori* Barclay（HMAS 240735）

1. 春孢子器包被细胞及其内壁突起物或纹饰；2. 春孢子

木犀科 Oleaceae 植物上的种

小叶白蜡树春孢锈菌　图 45

Aecidium fraxini-bungeanae Dietel, Bot. Jahrb. Syst. 32: 630, 1903; Liou & Wang, Contr. Inst. Bot. Natl. Acad. Peiping 3: 361, 1935; Tai, Sci. Rep. Natl. Tsing Hua Univ., Ser. B, Biol. Sci. 2: 299, 1936-1937; Teng & Ou, Sinensia 8: 293, 1937; Teng, A Contribution to Our Knowledge of the Higher Fungi of China, p. 287, 1939; Tai, Farlowia 3: 131, 1947; Wang, Index Uredinearum Sinensium, p. 4, 1951; Teng, Fungi of China, p. 361, 1963; Tai, Sylloge Fungorum Sinicorum, p. 361, 1979; Zhuang, Acta Mycol. Sin. 2: 157, 1983; Guo, Fungi and Lichens of Shennongjia, p. 149, 1989.

性孢子器生于叶上面，聚生，直径 100～200μm，蜜黄色或淡褐色。

春孢子器生于叶下面，常形成直径 2～10mm 或更大的集群，在中脉和叶柄上常引起组织肿胀，短圆柱形或杯形，直径 200～250μm，白色，边缘稍直立，有细缺刻；包被细胞不规则多角形或菱形，22～40×15～25μm，外壁光滑，厚 5～7μm，内壁密生粗疣，厚 2.5～4μm；春孢子多角状近球形或椭圆形，20～28×17～25μm，壁厚 1～1.5μm，近无色，表面密生细疣，具若干（5～10 个或更多）直径 3.5～6μm 的折光颗粒，极易脱落。

流苏树 *Chionanthus resutus* Lindl. & Paxton 江西：乐平（07201）。

梣 *Fraxinus chinensis* Roxb. 江苏：宝华山（11327，11328）；浙江：安吉（11325，113267），天目山（43095）；安徽：黄山（43094）；四川：峨眉山（02818，15294），美姑（64230）。

苦枥木 *Fraxinus insularis* Hemsl. (= *Fraxinus retusa* Champ. ex Benth.) 福建：武夷山（41471），永泰（56092）；湖北：神农架（57419）。

大叶白蜡树 *Fraxinus rhynchophylla* Hance 浙江：天目山（08684）；安徽：黄山（89296，89299，89422，89423）。

白蜡树属 *Fraxinus* sp. 广西：凌云（V 1933，S.Y. Cheo 2179，2304，PUR）。

分布：日本。中国。

模式寄主为小叶梣 *Fraxinus bungeana* DC. (Dietel, 1903)。此植物我国有分布，但其上未见此菌。

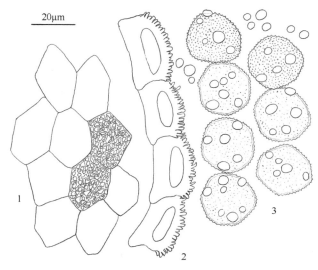

图 45 小叶白蜡树春孢锈菌 *Aecidium fraxini-bungeanae* Dietel（HMAS 89423）
1. 春孢子器包被细胞及其内壁突起物或纹饰；2. 包被细胞纵切面；3. 春孢子

女贞春孢锈菌 图 46

Aecidium klugkistianum Dietel, Hedwigia 37: 212, 1898; Sydow, Ann. Mycol. 27: 420, 1929; Tai, Sci. Rep. Natl. Tsing Hua Univ., Ser. B, Biol. Sci. 2: 299, 1936-1937; Teng & Ou, Sinensia 8: 293, 1937; Teng, A Contribution to Our Knowledge of the Higher Fungi of China, p. 287, 1939; Tai, Farlowia 3: 132, 1947; Wang, Res. Bull. Agric. Res. Inst. North China 2: 25, 1950; Cummins, Mycologia 43: 96, 1951; Wang, Index Uredinearum Sinensium, p. 5, 1951; Teng, Fungi of China, p. 362, 1963; Tai, Sylloge Fungorum Sinicorum, p. 363, 1979; Cao, Li & Zhuang, Mycosystema 19: 313, 2000; Zhuang & Wei *in* W.Y. Zhuang, Higher Fungi of Tropical China, p. 352, 2001.

性孢子器生于叶上面，聚生在直径达 10mm 或更大的黄褐色圆形病斑上，直径 75～

150μm。

　　春孢子器生于叶下面或叶柄上，在叶上形成直径达 10mm 或更大的圆形或环形集群，杯形或短圆柱形，直径 200～300μm，白色，边缘直立或稍反卷，有缺刻；包被细胞不规则多角形、多角状近椭圆形或近四边形，20～32(～35)×15～25μm，外壁有条纹，厚 5～8μm，内壁有密疣，厚 2.5～4μm；春孢子多角状球形，18～25×15～23μm，壁厚 1～1.5(～2)μm，近无色，表面密生细疣。

　　女贞 *Ligustrum lucidum* Aiton 江苏：南京（06867，06868，11333，14255）；江西：赣州（55754）；云南：昆明（135112）。

　　尖叶女贞（蜡子树）*Ligustrum molliculum* Hance (= *L. acutissimum* Koehne = *L. ibota* Siebold) 安徽：青阳（S.Y. Cheo 1515，PUR）。

　　钝叶女贞（水蜡树）*Ligustrum obtusifolium* Siebold & Zucc. 陕西：石泉（NWFC-GR0340，西北农林科技大学），周至（NWFC-TR0032，西北农林科技大学）。

　　小叶女贞 *Ligustrum quihoui* Carriere 江苏：宝华山（11334，11335）。

　　小蜡树 *Ligustrum sinense* Lour. 江西：赣县（56053）；湖北：武汉（90514，135111）；湖南：长沙（00746，00747）。

　　分布：日本。中国；朝鲜半岛。

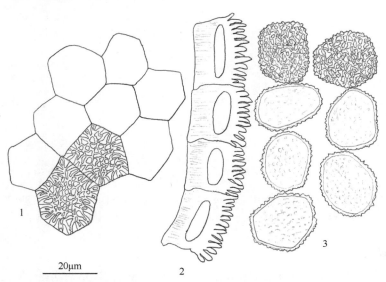

图 46　女贞春孢锈菌 *Aecidium klugkistianum* Dietel（HMAS 06867）

1. 春孢子器包被细胞及其内壁突起物或纹饰；2. 包被细胞纵切面；3. 春孢子

女贞生春孢锈菌　图 47

Aecidium ligustricola Cummins, Mycologia 43: 96, 1951; Wang, Index Uredinearum Sinensium, p. 5, 1951; Tai, Sylloge Fungorum Sinicorum, p. 363, 1979; Wei & Zhuang *in* Mao & Zhuang, Fungi of the Qinling Mountains, p. 26, 1997; Zhuang & Wei *in* W.Y. Zhuang, Fungi of Northwestern China, p. 234, 2005.

　　性孢子器生于叶上面表皮下，聚生，近球形，直径 100～150μm，有缘丝。

春孢子器生于叶下面,形成直径 5～10mm 或更大的圆群,稍聚生,杯形,直径 150～200μm,浅黄色,边缘直立或稍反卷;包被细胞不规则多角形或无定形,多少略呈矩圆形或卵形,紧密联结,覆瓦状排列,20～33×12～20μm,外壁有条纹,厚 5～7μm,内壁有迷宫状皱纹,厚 2.5～3μm;春孢子近球形或椭圆形,20～25×14～20μm,壁厚度不均匀,2～3μm,部分 3～8μm 或更厚,无色或浅黄色,表面有密疣。

女贞属 *Ligustrum* sp. 广西:凌云(12 VI 1933,S.Y. Cheo 2238,PUR,模式 typus);陕西:周至(56456)。

分布:中国。

本种春孢子壁厚度不均,有的部分明显增厚,有别于女贞属植物上的其他春孢锈菌。

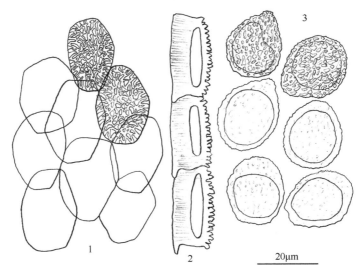

图 47　女贞生春孢锈菌 *Aecidium ligustricola* Cummins(S.Y. Cheo 2238,PUR, typus)
1. 春孢子器包被细胞及其内壁突起物或纹饰;2. 包被细胞纵切面;3. 春孢子

蓼科 Polygonaceae 植物上的种

虎杖春孢锈菌　图 48

Aecidium polygoni-cuspidati Dietel, Bot. Jahrb. Syst. 32: 629, 1903; Tai, Sci. Rep. Natl. Tsing Hua Univ., Ser. B, Biol. Sci. 2: 301, 1936-1937; Cummins, Mycologia 43: 96, 1951; Wang, Index Uredinearum Sinensium, p. 7, 1951; Tai, Sylloge Fungorum Sinicorum, p. 365, 1979; Zhuang & Wei *in* W.Y. Zhuang, Higher Fungi of Tropical China, p. 353, 2001.

性孢子器生于叶上面,聚生,黄褐色,直径 90～110μm。

春孢子器生于叶下面,聚生成直径 5～10mm 或更大的圆形或环带形大群,杯形,直径 200～250μm,白色,边缘稍反卷,有缺刻;包被细胞不规则多角形,18～28×15～20μm,外壁有条纹,厚 5～8μm,内壁有密疣,厚 2～3μm;春孢子多角状球形或椭圆形,15～20×14～18μm,壁厚 1～1.5μm,近无色,表面密生细疣,具若干(5～10 个或更多）直径 2～4μm 的折光颗粒。

虎杖 *Polygonum chinense* L. 海南：地点不详（58629），琼中（58630）。

蓼属 *Polygonum* sp. 广西：容县（VIII 1933，S.Y. Cheo 2414，PUR）。

分布：日本。中国。

此菌可能是芦苇属 *Phragmites* 上不雅柄锈菌 *Puccinia invenusta* Syd. & P. Syd.或芦苇柄锈菌 *P. phragmitis* (Schumach.) Körn.的春孢子阶段（Cummins，1971）。

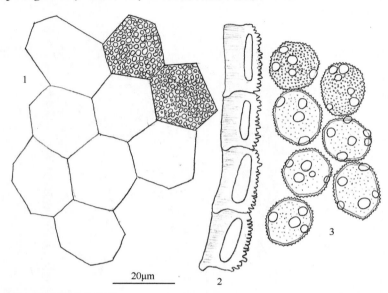

图 48　虎杖春孢锈菌 *Aecidium polygoni-cuspidati* Dietel（HMAS 58629）
1. 春孢子器包被细胞及其内壁突起物或纹饰；2. 包被细胞纵切面；3. 春孢子

毛茛科 Ranunculaceae 植物上的种

圆形春孢锈菌　图 49

Aecidium orbiculare Barclay, J. Asiat. Soc. Bengal, Pt. 2, Nat. Hist. 60: 227, 1891; Hiratsuka, Mem. Tottori Agric. Coll. 7: 69, 1943; Tai, Farlowia 3: 130, 1947; Wang, Index Uredinearum Sinensium, p. 6, 1951; Sawada, Descriptive Catalogue of Taiwan (Formosan) Fungi XI, p. 94, 1959; Tai, Sylloge Fungorum Sinicorum, p. 365, 1979.

性孢子器未见。

春孢子器生于叶下面，常拳卷状排列，有时也在叶柄或茎上密集成长形群，引起植物组织肿胀变形，短圆柱形，直径 250～300μm，白色，边缘反卷，有缺刻；包被细胞不规则多角形、近菱形或近长方形，18～28×12～23μm，外壁有细条纹，厚 5～8μm，内壁有粗疣，厚 2～2.5μm；春孢子多角状近球形、卵形、椭圆形或矩圆形，15～24×12～18μm，壁厚约 1μm，近无色，表面密布细疣。

钝萼铁线莲 *Clematis peterae* Hand.-Mazz. 云南：宣威（00391）。

分布：印度。中国西南。

此菌与常见的隐匿柄锈菌 *Puccinia recondita* Roberge ex Desm.的春孢子阶段 *Aecidium clematidis* DC.的不同在于后者的春孢子较大[18～28×14～24μm（Cummins，1971）；19～29×13～26μm（庄剑云等，1998）]。

Sawada（1959）记载中国台湾有分布,生于小蓑衣藤 *Clematis gouriana* Roxb. ex DC.、单叶铁线莲 *Clematis henryi* Oliv.、台湾丝瓜花 *Clematis morii* Hayata 等，未见标本。

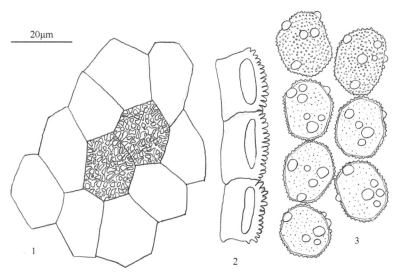

图 49　圆形春孢锈菌 *Aecidium orbiculare* Barclay（HMAS 00391）

1. 春孢子器包被细胞及其内壁突起物或纹饰；2. 包被细胞纵切面；3. 春孢子

芍药春孢锈菌　图 50

Aecidium paeoniae Kom. *in* Jaczewski, Komarov & Tranzschel, Fungi Ross. Exs. No. 177, 1898; Hedwigia 38: (55), 1899; Miura, Flora of Manchuria and East Mongolia 3: 386, 1928; Tai, Sci. Rep. Natl. Tsing Hua Univ., Ser. B, Biol. Sci. 2: 301, 1936-1937; Hiratsuka, Trans. Sapporo Nat. Hist. Soc. 16: 208, 1941; Wang, Index Uredinearum Sinensium, p. 6, 1951; Tai, Sylloge Fungorum Sinicorum, p. 365, 1979; Guo, Fungi and Lichens of Shennongjia, p. 151, 1989.

性孢子器未见。

春孢子器生于叶下面，形成直径达 1cm 或更大的紫色病斑，聚生，杯形，直径 200～300μm，白色，边缘有缺刻；包被细胞不规则多角形、近三角形、近四边形或无定形，18～25×15～18μm，外壁光滑，厚 4～7μm，内壁有密疣，厚 2.5～3μm；春孢子多角状球形、矩圆形或椭圆形，12～18×10～15μm，壁厚约 1μm，淡黄褐色或近无色，表面密生细疣。

毛叶草芍药 *Paeonia obovata* Maxim. var. *willotiae* (Stapf) Stern 湖北：神农架（57321）。

分布：俄罗斯远东地区。日本，中国。

模式寄主为芍药 *Paeonia lactiflora* Pall. (= *P. albiflora* Pall.)。模式标本[Fung. Ross.

Exs. No. 177 (LE 43739)]采自乌苏里斯克地区，接近我国绥芬河。据我们复测，该标本的春孢子器包被细胞大小为14～25×8～20μm，春孢子为11～17×8～15μm。

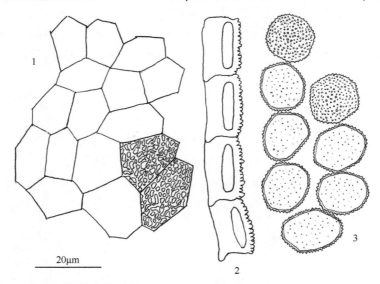

图 50 芍药春孢锈菌 *Aecidium paeoniae* Kom.（HMAS 57321）

1. 春孢子器包被细胞及其内壁突起物或纹饰；2. 包被细胞纵切面；3. 春孢子

白头翁春孢锈菌 图 51

Aecidium pulsatillae Tranzschel, Trudy Bot. Muz. Imp. Akad. Nauk 7: 115, 1909; Wang, Index Uredinearum Sinensium, p. 7, 1951; Tai, Sylloge Fungorum Sinicorum, p. 366, 1979; Zhuang, Acta Mycol. Sin. 8: 260, 1989; Zhuang & Wei *in* W.Y. Zhuang, Fungi of Northwestern China, p. 235, 2005; Xu, Zhao & Zhuang, Mycosystema 32(Suppl.): 172, 2013.

性孢子器生于叶两面，多在叶下面，聚生，淡褐色，直径 90～125μm。

春孢子器生于叶下面，小群聚生，常形成直径 2～3mm 的小圆群，疱囊状，直径 300～500μm，浅黄色，包被被裹在寄主组织形成的疱囊中，后裸出，边缘有缺刻；包被细胞紧密联结，不规则长多角形、长四边形或长圆形，25～50×10～20μm，外壁有条纹，厚 7～10μm，内壁密生迷宫形或条形粗疣，厚 2～3μm；春孢子近球形、矩圆形、卵形或椭圆形，18～28×16～23μm，壁厚 1.5～2μm，淡黄褐色，表面密生细疣，具 5～10 个不甚明显的散生芽孔。

掌叶白头翁 *Pulsatilla patens* (L.) Mill. var. *multifida* (Pritz.) S.H. Li & Y.H. Huang 内蒙古：科尔沁右翼前旗（索伦）（42805，42806）。

白头翁属 *Pulsatilla* sp. 新疆：塔城（52864）。

分布：俄罗斯远东地区。中亚地区；中国。

此菌分布于中亚至俄罗斯远东地区，模式产于西伯利亚的恰克图（Kyakhta），模式寄主为肾叶白头翁 *Pulsatilla patens* (L.) Mill.。与模式标本（LE 43751）比较，发现中国科学院菌物标本馆保存的许多被鉴定为 *Aecidium pulsatillae* Tranzschel 的标本均属误订，它们都可能是刺李疣双胞锈菌 *Tranzschelia pruni-spinosae* (Pers.) Dietel 的春孢子阶段。Tranzschel（1909）认为此菌很可能与针茅属 *Stipa* 上的锈菌有关系。后来 Tranzschel（1939）直接将此菌作为 *Puccinia stipina* Tranzschel [= *Puccinia stipae* Arthur var. *stipina* (Tranzschel) H.C. Greene & Cummins]的春孢子阶段，得到了 Ul'yanishchev（1978）的支持，但未见有关接种试验的报道。然而，Cummins（1971）则称 *Puccinia stipae* var. *stipina* 的春孢子阶段是 *Aecidium thymi* Fuckel，生于多种唇形科 Labiatae 植物。*A. pulsatillae* 与 *A. thymi* 是否同物尚不清楚，此菌暂保留，有待考证。

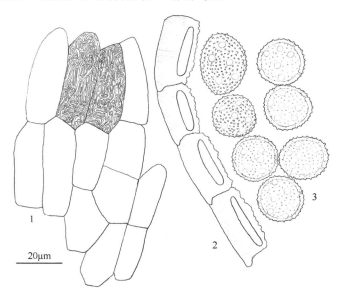

图 51　白头翁春孢锈菌 *Aecidium pulsatillae* Tranzschel（HMAS 42806）
1. 春孢子器包被细胞及其内壁突起物或纹饰；2. 包被细胞纵切面；3. 春孢子

坛状春孢锈菌　图 52

Aecidium urceolatum Cooke, Grevillea 7: 61, 1878; Petrak, Meddel. Göteborgs Bot. Trädg. 17: 118, 1947; Wang, Index Uredinearum Sinensium, p. 9, 1951; Balfour-Browne, Bull. Brit. Mus. (Nat. Hist.) Bot. Ser. 1(7): 204, 1955; Tai, Sylloge Fungorum Sinicorum, p. 368, 1979.

性孢子器未见。

春孢子器生于叶上面或茎上，常引起寄主病部肿胀变形，密集，圆柱形，长达 1mm，直径 250～300μm，白色，边缘直立或稍反卷，有缺刻；包被细胞联结紧密，不规则多角形、近菱形或无定形，20～32×14～20μm，外壁有条纹，厚 6～10μm，内壁密生粗疣，厚 3～4μm；春孢子近球形或宽椭圆形，20～25×16～23μm，壁厚约 1μm，近无色，表面密生细疣。

亚欧唐松草 *Thalictrum minus* L. 西藏：地点不详（"Kongbo, Sang, Tsangpo valley"，可能在米林县派镇）（F. Ludlow, G. Sherriff & G. Tailor 4991, K）。

分布：印度东部。中国西南。

Petrak（1947）记载四川也有，标本（H. Smith 2692: 2）1922 年采自松潘，生于长柄唐松草 *Thalictrum przewalskii* Maxim.，未见。此菌极似禾本科植物的隐匿柄锈菌 *Puccinia recondita* Roberge ex Desm.在唐松草属植物上的春孢子阶段，因其春孢子略小，暂按前人意见予以保留。模式产自印度东部 *Thalictrum* sp.上（Cooke，1878；Sydow and Sydow，1924）。

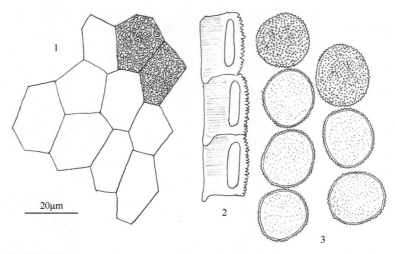

图 52　坛状春孢锈菌 *Aecidium urceolatum* Cooke（F. Ludlow, G. Sherriff & G. Tailor 4991, K）
1. 春孢子器包被细胞及其内壁突起物或纹饰；2. 包被细胞纵切面；3. 春孢子

鼠李科 Rhamnaceae 植物上的种

雀梅藤春孢锈菌　图 53

Aecidium sageretiae Henn., Monsunia 1: 4, 1899; Tai, Sci. Rep. Natl. Tsing Hua Univ., Ser. B, Biol. Sci. 2: 302, 1936-1937; Teng & Ou, Sinensia 8: 291, 1937; Teng, A Contribution to Our Knowledge of the Higher Fungi of China, p. 286, 1939; Wei & Hwang, Nanking J. 9: 345, 1941; Wang, Index Uredinearum Sinensium, p. 8, 1951; Teng, Fungi of China, p. 360, 1963; Tai, Sylloge Fungorum Sinicorum, p. 366, 1979.

性孢子器生于叶两面，多在叶上面，红褐色，近球形，直径 100～150μm。

春孢子器生于叶下面，稀在叶上面，密集生于略不规则直径 1～5mm 稍增厚的叶斑上，亦可生于叶柄或茎上，杯形或短圆柱形，直径 200～250μm，边缘直立或稍反卷，有缺刻，白色；包被细胞不规则多角形、菱形、四边形、近卵形或矩圆形，18～35×12～25μm，外壁有条纹，厚 7～10μm，内壁有疣，厚 2.5～3μm；春孢子多角状近球形，15～23(～25)×13～19μm，壁厚 1.5～2(～2.5)μm，近无色，表面密生细疣。

刺藤子 *Sageretia melliana* Hand.-Mazz. 安徽：黄山（CUP-CH-000997）；福建：武夷山（55510）。

雀梅藤 *Sageretia thea* (Osbeck) M.C. Johnst. 江苏：南京（02568，11351），宜兴（CUP-CH-000998 美国康奈尔大学植物病理学系）；浙江：安吉（CUP-CH-001782，

HMAS 11349，11352）。

雀梅藤属 *Sagaretia* sp. 浙江：宁波（1887 年 5 月，O. Warburg 采，模式，未见）。
分布：中国南部。

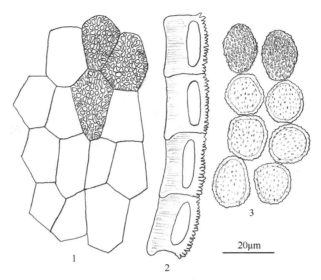

图 53　雀梅藤春孢锈菌 *Aecidium sageretiae* Henn.（CUP-CH-000998）
1. 春孢子器包被细胞及其内壁突起物或纹饰；2. 包被细胞纵切面；3. 春孢子

蔷薇科 Rosaceae 植物上的种

石楠春孢锈菌　图 54

Aecidium pourthiaeae P. Syd. & Syd., Mem. Herb. Boissier 1900(4): 3, 1900; Hiratsuka & Hashioka, Bot. Mag. Tokyo 51: 46, 1937; Sawada, Descriptive Catalogue of the Formosan Fungi VII, p. 64, 1942; Sawada, Descriptive Catalogue of the Formosan Fungi IX, p. 128, 1943.

Gymnosporangium japonicum auct. non P. Syd.: Tai, Sylloge Fungorum Sinicorum, p. 481, 1979. pro parte

Roestelia pourthiaeae (P. Syd. & Syd.) F. Kern, A Revised Taxonomic Account of *Gymnosporangium*, p. 90, 1973.

性孢子器未见。

春孢子器生于叶下面或幼枝上，单生或小群聚生，在枝条上常形成长达 10mm 或更长的大群并引起组织微胀变厚，杯形，直径 200～250μm，淡黄色，边缘稍反卷，有缺刻；包被细胞不规则多角形、近菱形或长方形，有的多少呈椭圆形或矩圆形，紧密联结，18～28×15～20μm，外壁有条纹，厚 4～7.5μm，内壁有密疣，厚 2～2.5μm；春孢子多角状近球形或椭圆形，17～23(～25)×15～20μm，壁厚约 1.5μm，表面密生细疣，近无色，具若干（3～10 个或更多）直径 2.5～4(～5)μm 的折光颗粒，极易掉落。

褐毛石楠 *Photinia hirsuta* Hand.-Mazz. 湖南：南岳（00310）。

分布：日本。中国南部。

Hiratsuka 和 Hashioka（1937）、Sawada（1942，1943c）记载此菌在中国台湾也有，生于台湾石楠 *Photinia lucida* (Decne.) C.K. Schneid.（= *P. taiwanensis* Hayata），标本未见。

Kern（1973）将此菌归入角春孢锈菌属 *Roestelia*。其杯形春孢子器（aecidioid aecium）与角春孢锈菌属的毛型春孢子器（roestelioid aecium）迥然不同，而其微观特征如包被细胞和春孢子形态与角春孢锈菌属的也明显不同，我们认为将它置于春孢锈菌属更合理。

Sato 和 Sato（1981）通过接种试验和细胞学观察证明此菌可产生春孢子器状夏孢子堆（aecidioid uredinia），重复侵染寄主植物。

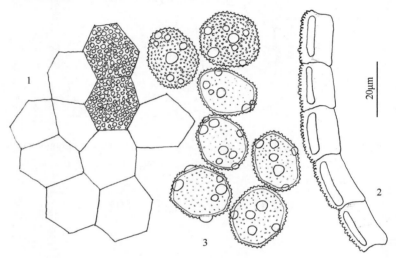

图 54 石楠春孢锈菌 *Aecidium pourthiaeae* P. Syd. & Syd.（HMAS 00310）
1. 春孢子器包被细胞及其内壁突起物或纹饰；2. 包被细胞纵切面；3. 春孢子

石斑木春孢锈菌 图 55

Aecidium rhaphiolepidis Syd., Ann. Mycol. 20: 61, 1922; Tai, Sci. Rep. Natl. Tsing Hua Univ., Ser. B, Biol. Sci. 2: 301, 1936-1937; Wang, Index Uredinearum Sinensium, p. 7, 1951; Tai, Sylloge Fungorum Sinicorum, p. 366, 1979; Zhuang, Acta Mycol. Sin. 2: 157, 1983; Zhuang & Wei *in* W.Y. Zhuang, Higher Fungi of Tropical China, p. 353, 2001.

性孢子器生于叶上面，黑褐色，直径 100～120μm。

春孢子器生于叶下面，常在叶脉上形成，着生于稍增厚的叶斑上，稍密聚生成直径 1～3mm 的圆形小群，杯形，直径 200～250μm，白色，边缘反卷，有缺刻；包被细胞不规则多角形，紧密联结，22～30×16～25μm，外壁有细纹，厚 4～6μm，内壁有疣，厚 2～2.5μm；春孢子多角状球形或宽椭圆形，17～23×15～18μm，壁约 1μm 厚，近无色，表面密生细疣，具若干（5～10 个或更多）直径 2.5～5μm 的折光颗粒，极易掉落。

石斑木 *Raphiolepis indica* (L.) Lindl. 福建：永泰（33353）；广东：罗浮山（10 VIII 1917，E.D. Merrill，No. 11138 模式 typus，未见）。

分布：中国南部。日本。

模式采自广东罗浮山，未能研究。Sato 和 Sato（1981）通过接种试验和细胞学观察证明此菌可产生春孢子器状夏孢子堆（aecidioid uredinia），重复侵染寄主植物。

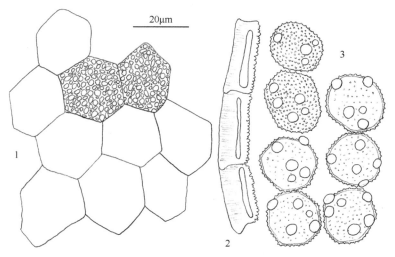

图 55　石斑木春孢锈菌 *Aecidium rhaphiolepidis* Syd.（HMAS 33353）
1. 春孢子器包被细胞及其内壁突起物或纹饰；2. 包被细胞纵切面；3. 春孢子

文山春孢锈菌　图 56

Aecidium wenshanense (F.L. Tai) J.Y. Zhuang & S.X. Wei, Mycosystema 35: 1470, 2016.

Gymnosporangium wenshanense F.L. Tai, Farlowia 3: 108, 1947.

Roestelia wenshanensis (F.L. Tai) F. Kern, A Revised Taxonomic Account of *Gymnosporangium*, p. 91, 1973; Wang & Guo, Acta Mycol. Sin. 4: 33, 1985; Zhuang & Wei *in* W.Y. Zhuang, Higher Fungi of Tropical China, p. 378, 2001.

Roestelia wenshanensis (F.L. Tai) F.L. Tai, Sylloge Fungorum Sinicorum, p. 705, 1979.

性孢子器主要生于叶上面，聚生，直径 125～200μm。

春孢子器生于叶两面，大多在叶下面，聚生，常引起叶组织变厚或肿胀，杯形或长 1～1.5(～2)mm 的圆柱形，新鲜时橙黄色，直径 200～250μm，边缘直立，有细缺刻；包被细胞不规则多角形、菱形或四方形，20～35(～40)×15～30μm，外壁近光滑或有不明显的细条纹，厚 7～10μm，内壁密生粗疣，厚 4～5μm；春孢子多角状近球形，23～28(～30)×18～25μm，壁厚 2～3μm，表面密生细疣，无色，新鲜时内容物橙黄色，具若干（5～8 个或更多）直径 3～5μm 的折光颗粒，极易掉落。芽孔不清楚。

椭圆叶石楠 *Photinia beckii* C.K. Schneid. 云南：昆明（246771，246774）。

贵州石楠 *Photinia bodinieri* H. Lév. 云南：文山（00363 模式 typus）。

分布：中国西南。

此菌与 *Aecidium pourthiaeae* P. Syd. & Syd. [≡ *Roestelia pourthiaeae* (P. Syd. & Syd.) F. Kern]的区别在于其包被细胞和春孢子较大且其壁较厚。蔷薇科苹果亚科（Maloideae）梨果植物上春孢子阶段的锈菌通常都被归入角春孢锈菌属 *Roestelia*，但我们认为此菌的杯形春孢子器（aecidioid aecium）与 *Roestelia* 毛型春孢子器（roestelioid aecium）迥然不同，其包被细胞与春孢子也不具备 *Roestelia* 所具有的典型特征，因此予以改组。模式寄主原被误订为石楠 *Photinia serrulata* Lindl.，现予订正。

赵玉美和周彤燊（2017，个人通讯）通过接种试验和细胞学观察证明此菌可产生春孢子器状夏孢子堆（aecidioid uredinia），重复侵染寄主植物。

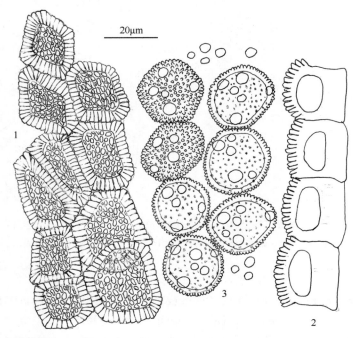

图 56　文山春孢锈菌 *Aecidium wenshanense* (F.L. Tai) J.Y. Zhuang & S.X. Wei（HMAS 00363, typus）

1. 春孢子器包被细胞及其内壁突起物或纹饰；2. 包被细胞纵切面；3. 春孢子

茜草科 Rubiaceae 植物上的种

茜草春孢锈菌　图 57

Aecidium rubiae Dietel, Bot. Jahrb. Syst. 34: 590, 1905; Liou & Wang, Contr. Inst. Bot. Natl. Acad. Peiping 3: 451, 1935; Hiratsuka, Trans. Sapporo Nat. Hist. Soc. 16: 208, 1941; Ito, Mycological Flora of Japan 2(3): 380, 1950; Wang, Index Uredinearum Sinensium, p. 8, 1951; Teng, Fungi of China, p. 362, 1963; Tai, Sylloge Fungorum Sinicorum, p. 366, 1979; Liu, Li & Du, J. Shanxi Univ. 1981(3): 52, 1981; Zhang, Zhuang & Wei, Mycotaxon 61: 52, 1997; Zhuang & Wang, J. Fungal Res. 4(3): 1, 2006.

性孢子器生于叶上面，蜜黄色，直径 90～125μm。

春孢子器生于叶下面，聚生成直径 2～5mm 或更大的环状群，杯形，直径 200～250μm，白色，边缘直立或稍反卷，全缘或有细缺刻；包被细胞不规则长矩形或无定形，25～43×12～18μm，外壁有细条纹，厚 5～8μm，内壁密生不规则条状网纹，厚 2～2.5μm；

春孢子近球形或广椭圆形，18～25×17～22μm，壁厚1.5～2(～3)μm，芽孔处可达4μm厚，淡黄褐色，表面密生细疣。芽孔5～8个，不明显。

茜草 *Rubia cordifolia* L. 北京：百花山（22103，34897），上方山（08698），西山（08696）；山西：汾阳（36981），关帝山（36980）；甘肃：榆中（140313）。

茜草属 *Rubia* sp. 四川：大巴山（34896）。

分布：日本。中国。

Sydow 和 Sydow（1924）描述包被细胞外壁甚厚（8～10μm），我国标本的外壁厚5～8μm。

此菌包被细胞内壁密生不规则条状网纹，孢子有色，可见不甚明显的芽孔，易于识别。

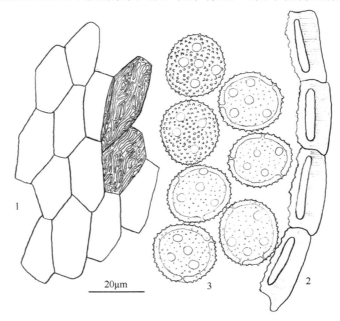

图57　茜草春孢锈菌 *Aecidium rubiae* Dietel（HMAS 22103）
1. 春孢子器包被细胞及其内壁突起物或纹饰；2. 包被细胞纵切面；3. 春孢子

芸香科 Rutaceae 植物上的种

吴茱萸春孢锈菌　图58

Aecidium evodiae J.Y. Zhuang, Acta Mycol. Sin. 9: 193, 1990; Cao, Li & Zhuang, Mycosystema 19: 313, 2000; Zhuang & Wei *in* W.Y. Zhuang, Fungi of Northwestern China, p. 234, 2005.

性孢子器生于叶上面，在病斑中央稍聚生，近球形，有缘丝，直径125～150μm，蜜黄色。

春孢子器生于叶下面，在黄褐色病斑上密集成直径达5mm或更大的圆群，杯形，直径300～400μm，白色，边缘稍反卷，有缺刻；包被细胞正面观不规则菱形、长方形、三角形或无定形，40～63×20～30μm，外壁有条纹，厚 7～10μm，内壁密生粗疣，厚2.5～4μm；春孢子近球形或椭圆形，25～40×23～33μm，壁约 1μm 厚或不及，无色，表面密生细疣。

臭檀吴茱萸 *Evodia daniellii* (A.W. Been.) Hemsl. ex Forbes & Hemsl. 湖北：神农架（57388）。

密序吴茱萸 *Evodia henryi* Dode [= *E. daniellii* (A.W. Benn.) Hemsl. ex Forbes & Hemsl. var. *henryi* (Dode) C.C. Huang] 陕西：佛坪（NWFC-TR00910，西北农林科技大学），天台山（NWFC-TR00911，西北农林科技大学）。

吴茱萸 *Evodia rutaecarpa* (Juss.) Benth. 江西：武功山（58231 模式 typus）。

分布：中国南部。

本种春孢子很大，与已知的芸香科植物上的其他春孢锈菌不同。吴茱萸属 *Evodia* 植物上未见有其他春孢锈菌（庄剑云，1990）。

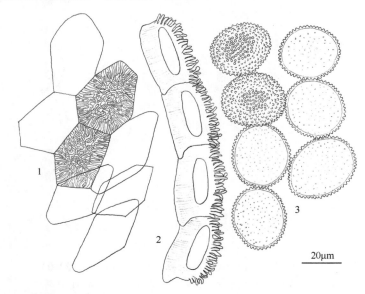

图 58　吴茱萸春孢锈菌 *Aecidium evodiae* J.Y. Zhuang（HMAS 58231, typus）

1. 春孢子器包被细胞及其内壁突起物或纹饰；2. 包被细胞纵切面；3. 春孢子

青花椒春孢锈菌　图 59

Aecidium zanthoxyli-schinifolii Dietel, Bot. Jahrb. Syst. 34: 589, 1905; Teng & Ou, Sinensia 8: 290, 1937; Teng, A Contribution to Our Knowledge of the Higher Fungi of China, p. 285, 1939; Wang, Index Uredinearum Sinensium, p. 9, 1951; Teng, Fungi of China, p. 360, 1963; Tai, Sylloge Fungorum Sinicorum, p. 368, 1979; Cao, Li & Zhuang, Mycosystema 19: 314, 2000; Zhuang & Wei *in* W.Y. Zhuang, Higher Fungi of Tropical China, p. 353, 2001; Zhuang & Wei *in* W.Y. Zhuang, Fungi of Northwestern China, p. 236, 2005.

性孢子器生于叶上面，聚生，蜜褐色，直径 90～125μm。

春孢子器生于叶下面，聚生成直径可达 10mm 或更大的圆群，杯形，直径 180～240μm，浅黄色或白色，边缘反卷，近全缘；包被细胞松散联结，较易分离，不规则多角形、四方形或近矩圆形，20～38×15～25μm，外壁光滑，厚 5～7μm，内壁密生粗疣，厚 3～4μm；春孢子近球形、椭圆形或矩圆形，20～30×17～23μm，壁厚 1.5～2(～3)μm，无色，表面密生粗疣。

竹叶花椒 *Zanthoxylum armatum* DC. (= *Z. alatum* Roxb. = *Zanthoxylum planispinum* Siebold & Zucc.) 四川：摩天岭（64107）；云南：马关（25328）。

花椒 *Zanthoxylum bungeanum* Maxim. 甘肃：武都（NWFC-ZD004，西北农林科技大学）。

狭叶花椒 *Zanthoxylum stenophyllum* Hemsl. 陕西：佛坪（NWFC-TR0088，西北农林科技大学）。

分布：日本。中国。

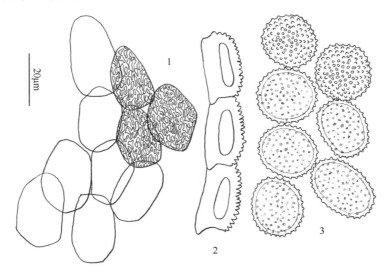

图 59　青花椒春孢锈菌 *Aecidium zanthoxyli-schinifolii* Dietel（HMAS 25328）
1. 春孢子器包被细胞及其内壁突起物或纹饰；2. 包被细胞纵切面；3. 春孢子

清风藤科 Sabiaceae 植物上的种

硬刺泡花树春孢锈菌　图 60

Aecidium meliosmae-pungentis Henn. & Shirai, Bot. Jahrb. Syst. 28: 265, 1900; Wei & Hwang, Nanking J. 9: 345, 1941; Tai, Sylloge Fungorum Sinicorum, p. 364, 1979.

春孢子器生于叶两面或叶柄上，多在叶下面，特别在叶脉上形成长条形（长达 10mm 或更长）集群，可引起寄主组织轻微变形肿胀，杯形，直径 250～400μm，白色，边缘稍反卷，有缺刻；包被易碎裂，包被细胞联结不紧密，易分离，不规则长条形，多少呈长菱形、近长方形、长椭圆形或无定形，22～60×12～28μm，内壁密生粗疣；春孢子近球形、椭圆形、卵形、长椭圆形或长卵形，23～40×16～25μm，壁厚 1.5～2μm，无色，表面密布无定形粗疣。

细花泡花树 *Meliosma parviflora* Lecomte 浙江：湖州（11339）。

分布：日本。中国。

此菌在模式产地日本生于笔罗子 *Meliosma rigida* Siebold & Zucc.（= *M. pungens* Walp.)和多花泡花树 *Meliosma myriantha* Siebold & Zucc.。Kakishima 等（1983）将此菌作为自主寄生的（autoecious）泡花树层锈菌 *Phakopsora meliosmae* Kusano 的春孢子阶段。然而，Kakishima 等（1983）描述的春孢子器为长圆柱形，形似角春孢锈菌 *Roestelia* 的春孢子器。Pota 等（2013）认为 *Aecidium meliosmae-pungentis* Henn. & Shirai 不是 *Phakopsora meliosmae* Kusano 的春孢子阶段，可能是葡萄科植物上一种未被描述的转主寄生层锈菌的春孢子阶段。

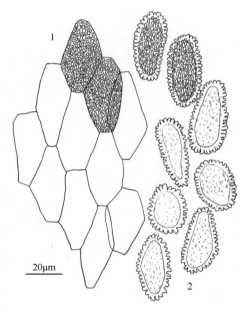

图 60　硬刺泡花树春孢锈菌 *Aecidium meliosmae-pungentis* Henn. & Shirai（HMAS 11339）
1. 春孢子器包被细胞及其内壁突起物或纹饰；2. 春孢子

玄参科 Scrophulariaceae 植物上的种

芯芭春孢锈菌　图 61

Aecidium cymbariae T.Z. Liu & J.Y. Zhuang, Mycosystema 37: 686, 2018.

性孢子器叶两面生，与春孢子器混生，球形，直径 50～90μm，蜜黄色至黄褐色。

春孢子器叶两面生，圆柱形，高达 1mm，直径 130～235μm，新鲜时橘黄色；包被细胞不规则多角形，17.5～35×15～22.5μm，正面观侧壁厚 2～4μm，外壁光滑，内壁具细疣，无色；春孢子角球形、卵形或椭圆形，15.5～25×14～20μm，壁厚不及 1μm，无色，表面密生细疣，新鲜时内含物橘黄色，具若干折光颗粒。

达乌里芯芭 *Cymbaria dahurica* L. 内蒙古：科尔沁右翼前旗（CFSZ 9127 主模式

holotypus，赤峰学院 ＝HMAS 247615 等模式 isotypus）。

分布：中国北部。

芯芭属 *Cymbaria* 植物仅知 4 种，分布于俄罗斯欧洲部分南部、中亚、蒙古国至俄罗斯远东地区（Wielgorskaya，1995），其上的春孢锈菌在该地区有关文献中未见记载（Tranzschel，1939；Nevodovski，1956；Kuprevich and Ul'yanishchev，1975；Teterevnikova-Babayan，1977；Ul'yanishchev，1978；Puntsag，1979；Ul'yanishchev et al.，1985；Ramazanova et al.，1986；Korbonskaja，1986；Azbukina，2005）。我们认为此是春孢锈菌在芯芭属 *Cymbaria* 植物上的首次报道。此菌可能是某种柄锈菌属 *Puccinia* 的春孢子阶段（刘铁志和庄剑云，2018）。

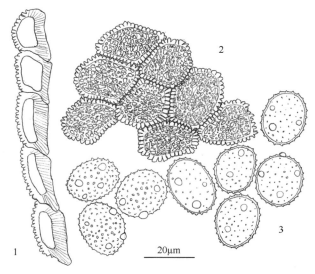

图 61　芯芭春孢锈菌 *Aecidium cymbariae* T.Z. Liu & J.Y. Zhuang（HMAS 247615, isotypus）
1. 包被细胞纵切面；2. 春孢子器包被细胞及其内壁突起物或纹饰；3. 春孢子

西伯利亚婆婆纳春孢锈菌　图 62

Aecidium veronicae-sibiricae P. Syd. & Syd., Monographia Uredinearum 4: 105, 1923; Wei & Zhuang *in* Mao & Zhuang, Fungi of the Qinling Mountains, p. 27, 1997; Cao, Li & Zhuang, Mycosystema 19: 314, 2000; Zhuang & Wei *in* W.Y. Zhuang, Fungi of Northwestern China, p. 235, 2005.

春孢子器生于叶下面，聚生成直径 2～10mm 或更大的圆群或环状群，杯形，直径 200～250μm，白色，边缘反卷，有缺刻；包被细胞覆瓦状排列，无定形，有些稍呈椭圆形、卵形或矩圆形，20～45×15～30(～35)μm，外壁近光滑或有不明显细条纹，厚 5～9μm，内壁有密疣，厚 3～4μm；春孢子多角状近球形或宽椭圆形，20～28×18～25μm，壁厚约 1μm，无色，表面密生细疣。

草本威灵仙 *Veronicastrum sibiricum* (L.) Pennell 陕西：太白山（55582）。

分布：俄罗斯远东地区。日本，中国。

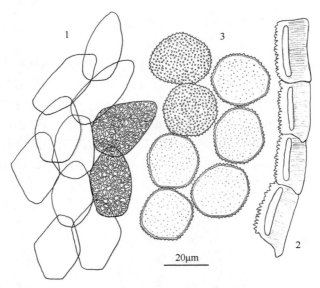

图62　西伯利亚婆婆纳春孢锈菌 *Aecidium veronicae-sibiricae* P. Syd. & Syd. （HMAS 55582）

1. 春孢子器包被细胞及其内壁突起物或纹饰；2. 包被细胞纵切面；3. 春孢子

苦木科 Simaroubaceae 植物上的种

臭椿春孢锈菌　图 63

Aecidium ailanthi J.Y. Zhuang, Acta Mycol. Sin. 9: 191, 1990; Wei & Zhuang *in* Mao &
Zhuang, Fungi of the Qinling Mountains, p. 24, 1997; Zhang, Zhuang & Wei,
Mycotaxon 61: 50, 1997; Cao, Li & Zhuang, Mycosystema 19: 313, 2000; Zhuang &
Wei *in* W.Y. Zhuang, Fungi of Northwestern China, p. 234, 2005.

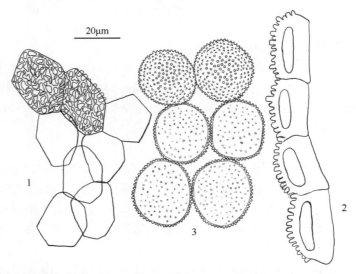

图63　臭椿春孢锈菌 *Aecidium ailanthi* J.Y. Zhuang （HMAS 58226, holotypus）

1. 春孢子器包被细胞及其内壁突起物或纹饰；2. 包被细胞纵切面；3. 春孢子

性孢子器生于叶上面，聚生，近球形，直径(75～)100～150μm，具缘丝，蜜黄色。

春孢子器生于叶下面，形成直径 2～8mm 的圆群，密集，杯形，直径 300～400μm，边缘直立近全缘，淡黄色；包被细胞不规则多角形或矩形，30～40×18～30μm，外壁近光滑，厚 7～10μm，内壁密生粗疣，厚 2.5～5μm；春孢子多角状球形或椭圆形，22～30×17～25μm，壁厚约 1μm，无色，表面密生细疣。

臭椿 *Ailanthus altissima* (Mill.) Swingle 陕西：华县（58225），太白山（58226 主模式 holotypus，58227）。

刺臭椿 *Ailanthus vilmoriniana* Dode 重庆：巫溪（70984，71318）。

苦树 *Picrasma quassioides* (D. Don) A.W. Benn. 重庆：巫溪（71004，71320）。

分布：中国。

臭椿属 *Ailanthus* 植物广泛分布于亚洲和大洋洲，但此菌迄今为止仅知分布于我国（庄剑云，1990）。

省沽油科 Staphyleaceae 植物上的种

省沽油春孢锈菌

Aecidium staphyleae Miura, Flora of Manchuria and East Mongolia 3: 388, 1928; Wang, Index Uredinearum Sinensium, p. 9, 1951; Tai, Sylloge Fungorum Sinicorum, p. 368, 1979.

春孢子器生于叶下面，形成黄色或褐色直径 2～8mm 的圆形病斑，不规则散生，初期疱状，开裂后呈杯状；包被细胞矩圆形或多角圆形，约 36×23μm，壁的一边（5～6μm）较其他部分厚；春孢子球形或宽椭圆形，21～25×16～19μm。

省沽油 *Staphylea bumalda* DC. 辽宁：草河口（4 VII 1918，M. Miura，未见），祁家堡（27 V 1920，K. Kondo，未见），摩天岭（28 V 1920，K. Kondo，未见），通子峪（1 VII 1918，M. Miura，未见）。

分布：中国东北。

寄主植物分布于我国东北。我们尚未在原产地采得标本，亦未见模式，此种有待考证。以上描述译自 Miura（1928）。郭林（1989）有关此菌在神农架的记录是基于寄主被错误鉴定的标本，该标本（HMAS 57388）寄主植物是臭檀吴茱萸 *Evodia daniellii* (A.W. Been.) Hemsl. ex Forbes & Hemsl.而非野鸦椿 *Euscaphis japonica* (Thunb.) Dippel，该菌实为 *Aecidium evodiae* J.Y. Zhuang。

瑞香科 Thymelaeaceae 植物上的种

荛花春孢锈菌　图 64

Aecidium wikstroemiae B. Li, Acta Mycol. Sin. Suppl. 1: 162, 1986; Zang, Li & Xi, Fungi of Hengduan Mountains, p. 116, 1996.

性孢子器生于叶两面，聚生，近球形，直径 95～105μm，蜜黄色。

春孢子器生于叶下面，聚生成直径 2～5mm 或更大的圆群，杯形，边缘反卷，有缺刻，白色；包被细胞不规则多角形、椭圆形或菱形，18～35×13～25μm，外壁有条纹，厚 7～10μm，内壁有密疣，厚 3～4μm；春孢子近球形或椭圆形，20～28×18～23μm，壁厚约 1μm 或不及，淡黄色或近无色，表面密生细疣。

狼毒 *Stellera chamaejasme* L. 云南：丽江（47860 模式 typus），小中甸（50006）。

分布：中国西南。

寄主植物被误订为了哥王 *Wikstroemia indica* (L.) C.A. Mey.，实为狼毒 *Stellera chamaejasme* L.。

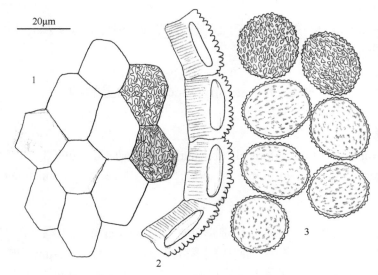

图 64　莞花春孢锈菌 *Aecidium wikstroemiae* B. Li（HMAS 47860, typus）
1. 春孢子器包被细胞及其内壁突起物或纹饰；2. 包被细胞纵切面；3. 春孢子

伞形科 Umbelliferae 植物上的种

藁本春孢锈菌　图 65

Aecidium ligustici Ellis & Everh., Bull. Torrey Bot. Club 11: 73, 1884; Zhuang & Wei, Mycosystema 35: 1469, 2016.

性孢子器生于叶上面，聚生，近球形，直径 100～120μm，蜜黄色。

春孢子器生于叶下面或茎上，在叶上形成直径 2～3mm 的圆形或环形小群，茎上呈条形集群，杯形，直径 200～250μm，淡黄色或近白色，边缘反卷，有缺刻；包被细胞多角状近椭圆形或近卵形，不规则覆瓦状排列，23～35(～38)×20～25(～28)μm，外壁有条纹，厚 4～6μm，内壁有粗疣，厚 3～4μm；春孢子多角状近球形、椭圆形、矩圆形或卵形，17～25(～28)×14～21μm，壁厚约 1.5μm，无色，表面密生细疣。

辽藁本 *Ligusticum jeholense* (Nakai & Kitag.) Nakai & Kitag. 河北：涞水（08688）。

分布：北美洲。俄罗斯远东地区，中国。

此菌在北美洲和俄罗斯远东地区仅知生于 *Ligusticum scoticum* L.。我们只有一份采自河北的标本可供研究，此标本与其他作者（Sydow and Sydow，1924；Arthur，1934；Azbukina，2005）描述的特征相符。此菌模式标本未能研究，但我们从美国哈佛大学获得了 R. Thaxter 在美国基特里（Kittery）采集并鉴定的一号标本副份（Reliq. Farlowianae No. 208，FH），经比较认为河北的标本与美国的标本形态相符。

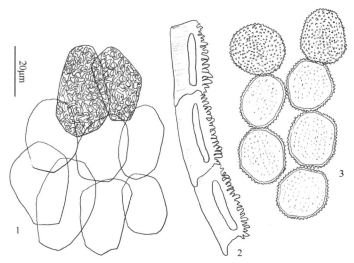

图 65 藁本春孢锈菌 *Aecidium ligustici* Ellis & Everh.（HMAS 08688）
1. 春孢子器包被细胞及其内壁突起物或纹饰；2. 包被细胞纵切面；3. 春孢子

荨麻科 Urticaceae 植物上的种

蝎子草春孢锈菌

Aecidium girardiniae Syd. & P. Syd., Ann. Mycol. 4: 441, 1906; Cummins, Mycologia 43: 96, 1951; Wang, Index Uredinearum Sinensium, p. 4, 1951; Tai, Sylloge Fungorum Sinicorum, p. 362, 1979.

性孢子器生于叶上面，聚生，直径 100～150μm，黑褐色。

春孢子器生于叶下面或茎上，脉上尤多，聚生，茎上有时形成长达 5cm 或更长的长形群，常引起寄主组织扭曲变形，杯形，直径 200～250μm，白色，边缘反卷，有缺刻；包被细胞不规则多角形或近四方形，17～25×15～23μm，外壁有条纹，厚 5～8μm，内壁有密疣，厚 3～5μm；春孢子多角状近球形，15～18×12～15μm，壁厚约 1μm，近无色，表面密生细疣。

蝎子草属 *Girardinia* sp. 广西：凌云（IV 1933，S.Y. Cheo 1954，PUR）。

分布：印度。中国。

此菌系 Cummins（1951）所记载。我们未见标本，在原采集地也未能再次采得，此种有待考证。以上描述译自 Sydow 和 Sydow（1924）原文。Cummins（1951）认为

此菌可能是 *Puccinia caricis* (Schumach.) J. Schröt. (= *P. caricis* Rebent. = *P. caricina* DC.) 的春孢子阶段。

艾麻春孢锈菌　图 66

Aecidium laporteae Henn., Bot. Jahrb. Syst. 37: 159, 1905; Guo, Fungi and Lichens of Shennongjia, p. 150, 1989; Zhuang, Acta Mycol. Sin. 5: 148, 1986; Cao et al., Mycosystema 19: 313, 2000.

性孢子器生于叶两面，聚生，直径 100～150μm，褐色，晚期变黑色。

春孢子器生于叶下面或茎上，叶上环状排列在直径 5～10mm 的黄褐色圆形病斑上，杯形，直径 200～250μm，白色，边缘反卷有缺刻；包被细胞近菱形、不规则四边形或无定形，17～25×13～18μm，外壁有细条纹，厚 4～5μm，内壁有密疣，厚 1.5～2.5μm；春孢子多角状近球形或椭圆形，15～19×12～17μm，壁厚约 1μm，近无色，表面密生细疣，具 5～10 个或更多直径 2～4μm 的折光颗粒。

珠芽艾麻 *Laportea bulbifera* (Siebold & Zucc.) Wedd. 西藏：岗日嘎布山（46914）。

艾麻 *Laportea macrostachya* (Maxim.) Ohwi 陕西：天台山（NWFC-GR0340，西北农林科技大学）。

艾麻属 *Laportea* sp. 湖北：神农架（57389）。

分布：日本。中国。

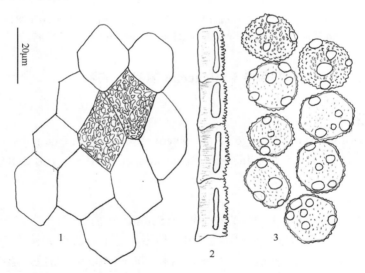

图 66　艾麻春孢锈菌 *Aecidium laporteae* Henn.（HMAS 46914）

1. 春孢子器包被细胞及其内壁突起物或纹饰；2. 包被细胞纵切面；3. 春孢子

马鞭草科 Verbenaceae 植物上的种

紫珠生春孢锈菌　图 67

Aecidium callicarpicola J.Y. Zhuang, Acta Mycol. Sin. 9: 192, 1990.

性孢子器生于叶上面，聚生，密集，近球形，直径 110～125μm，蜜黄色。

春孢子器生于叶下面或茎上，形成黑褐色界限不明显的病斑，叶脉上尤多，也生在茎上，常引起组织变形肿胀，密集，杯形或短柱形，直径 180～250μm，白色，边缘略反卷，有缺刻或近全缘；包被细胞紧密联结，正面观不规则六角形、四角形、近菱形或无定形，18～25×15～22μm，无色，外壁光滑，厚 7～10μm，内壁有密疣，厚 2.5～4μm；春孢子近球形或椭圆形，20～25×17～20μm，壁厚约 1μm 或不及，无色，表面密生细疣，具 5～7 个直径 2.5～5μm 的折光颗粒。

杜虹花 Callicarpa formosana Rolfe [= C. pedunculata R. Br.] 江西：大庾岭（58229 主模式 holotypus）。

老鸦糊 Callicarpa giraldii Hesse ex Rehder [C. bodinieri H. Lév. var. giraldii (Rehder) Rehder] 四川：峨眉山（58228）。

分布：中国南部。

本种与马鞭草科 Verbenaceae 植物上的其他春孢锈菌的不同在于其春孢子器小，春孢子表面具有大而明显的折光颗粒（庄剑云，1990）。

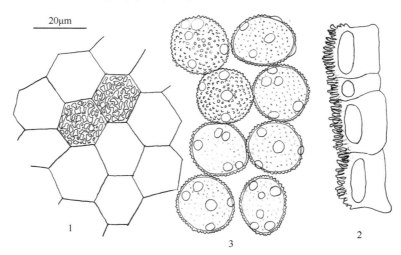

图 67　紫珠生春孢锈菌 Aecidium callicarpicola J.Y. Zhuang（HMAS 58229, holotypus）
1. 春孢子器包被细胞及其内壁突起物或纹饰；2. 包被细胞纵切面；3. 春孢子

锯齿叶赪桐春孢锈菌　图 68

Aecidium clerodendri-serrati J.Y. Zhuang, Acta Mycol. Sin. 5: 147, 1986; Zhuang & Wei
in W.Y. Zhuang, Higher Fungi of Tropical China, p. 352, 2001.

性孢子器未见。

春孢子器生于叶下面，散生或小环状聚生，深陷于寄主组织中，杯形，直径 200～600μm，白色，边缘直立，稍缺刻状或近全缘；包被细胞稍松散联结，正面观近菱形或矩圆形，28～43×18～23μm，外壁光滑，厚 3～4μm，内壁有密疣，厚 2.5～3.5μm；春孢子椭圆形、多角形、矩圆形、卵形、纺锤形或无定形，20～40×18～22μm，壁厚约 1μm 或不及，无色，表面密布细疣。

锯齿叶赪桐（三对节）*Clerodendrum serratum* (L.) Moon 西藏：墨脱（46967，46968 主模式 holotypus，46969）。

分布：中国西南。

本种与赪桐属（大青属）植物上的其他春孢锈菌 *Aecidium* spp.的不同在于其春孢子器深陷于寄主组织中，春孢子无定形，较大（庄剑云，1986）。

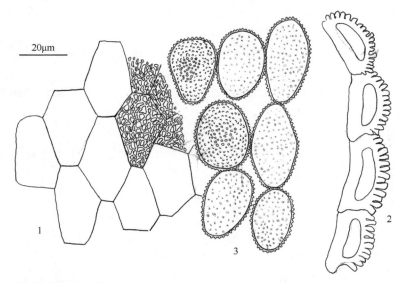

图 68　锯齿叶赪桐春孢锈菌 *Aecidium clerodendri-serrati* J.Y. Zhuang（HMAS 46968, holotypus）
1. 春孢子器包被细胞及其内壁突起物或纹饰；2. 包被细胞纵切面；3. 春孢子

附录(appendix)

腺梗菜春孢锈菌　图 69

Aecidium adenocauli Syd. & P. Syd., Ann. Mycol. 11: 111, 1913; Zhuang, Acta Mycol. Sin. 9: 191, 1990.

性孢子器生于叶上面，聚生，近球形，直径 150～200μm，具短缘丝，蜜黄色。

春孢子器生于叶下面，叶上形成直径 0.5～10mm 的黄色圆斑，聚生或环状排列，杯形，直径 200～250μm，边缘反卷，有缺刻，淡黄色；包被细胞覆瓦状叠生，紧密相连，不规则多角形或无定形，22～36×16～24μm，外壁有细条纹，厚 7～12μm，内壁有密疣，厚 2.5～4μm；春孢子多角状球形或椭圆形，15～20×12～15μm，壁厚约 1μm，近无色，表面密生细疣，具 2～8 个或更多直径 2.5～4μm 的折光颗粒。

和尚菜 *Adenocaulon himalaicum* Edgew. (= *A. adhaerescens* Maxim.) 黑龙江：尚志（41468）；吉林：长白山（58224），临江（22085，42801）。

分布：日本。中国东北；朝鲜半岛。

此菌的模式产地在日本岩手县，模式寄主为二色腺梗菜 *Adenocaulon bicolor* Hook.（Sydow and Sydow，1913b）。接种试验已证实此菌为 *Puccinia carici-adenocauli* Kakish., Yokoi & Y. Harada（Kakishima et al.，1999）的春孢子阶段，其夏孢子和冬孢子阶段生

于箱根薹草 *Carex hakonensis* Franch. & Sav.和大针薹草 *Carex uda* Maxim.。本书作者在我国的薹草属植物 *Carex* spp.上迄今为止尚未发现其夏孢子和冬孢子阶段，暂用无性型名称列出供参考。Azbukina（2005）在她的俄罗斯远东锈菌志中使用了 *Puccinia carici-adenocauli* 这个全型名称，据称在俄罗斯远东地区 *C. uda* 上已发现其夏孢子和冬孢子阶段。

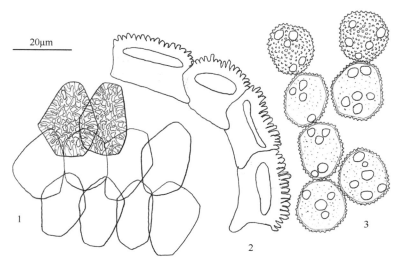

图 69　腺梗菜春孢锈菌 *Aecidium adenocauli* Syd. & P. Syd.（HMAS 22085）

1. 春孢子器包被细胞及其内壁突起物或纹饰；2. 包被细胞纵切面；3. 春孢子

木通春孢锈菌　图 70

Aecidium akebiae Henn., Hedwigia 39: (154), 1900; Liou & Wang, Contr. Inst. Bot. Natl. Acad. Peiping 3: 361, 1935; Tai, Sci. Rep. Natl. Tsing Hua Univ., Ser. B, Biol. Sci. 2: 297, 1936-1937; Teng & Ou, Sinensia 8: 289, 1937; Teng, A Contribution to Our Knowledge of the Higher Fungi of China, p. 284, 1939; Wei & Hwang, Nanking J. 9: 344, 1941; Wang, Index Uredinearum Sinensium, p. 1, 1951; Teng, Fungi of China, p. 359, 1963; Tai, Sylloge Fungorum Sinicorum, p. 357, 1979.

性孢子器生于叶上面，淡褐色，直径 80～100μm。

春孢子器生于叶下面，聚生，形成直径 1～3mm 的圆形或环形小群，叶脉上形成长达 10mm 或更长的大群，常引起寄主罹病部位变形肿胀，杯形或短圆柱形，直径 200～250μm，白色，边缘缺刻状；包被细胞不规则近菱形，25～38×15～25μm，外壁光滑，厚 5～8μm，内壁密生粗疣，厚 2.5～4μm；春孢子近球形或宽椭圆形，20～28×18～23μm，壁厚约 1μm，近无色，表面密生细疣，具 3～7 个或更多直径 3～5μm 的折光颗粒。

木通 *Akebia quinata* (Thunb.) Decne. 江苏：宝华山（11314）；浙江：杭州（34873），天目山（55034，58602），吴兴（14246）；安徽：黄山（43086）；湖北：钟祥（135163）。

白木通 *Akebia trifoliata* (Thunb.) Koidz. subsp. *australis* (Diels) T. Shimizu 浙江：天目山（55115，55130）；安徽：黄山（43087）；湖南：龙山（34874，34875）。

分布：日本，中国。

接种试验已证实在日本此菌为毛金竹 *Phyllostachys niger* (Lodd. ex Lindl.) Munro var. *henonis* (Bean) Stapf ex Rendle 上的船形柄锈菌 *Puccinia cymbiformis* F. He & Kakish.（He and Kakishima，1993）（= *P. nigroconoidea* auct. non I. Hino & Katum.）（Hino and Katumoto，1960；Hiratsuka and Kaneko，1977）的春孢子阶段。本书作者在我国的竹子上迄今为止尚未发现其冬孢子阶段，暂用无性型名称附记于此。

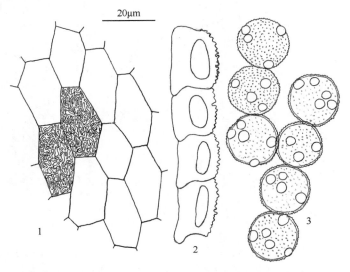

图 70　木通春孢锈菌 *Aecidium akebiae* Henn.（HMAS 34873）

1. 春孢子器包被细胞及其内壁突起物或纹饰；2. 包被细胞纵切面；3. 春孢子

威岩仙春孢锈菌　图 71

Aecidium caulophylli Kom. *in* Jaczewski, Komarov & Tranzschel, Fungi Ross. Exs. No. 176, 1898; Hedwigia 38: (55), 1899; Miura, Flora of Manchuria and East Mongolia 3: 386, 1928; Lin, Bull. Chin. Agric. Soc. 159: 30, 1937; Tai, Sci. Rep. Natl. Tsing Hua Univ., Ser. B, Biol. Sci. 2: 298, 1936-1937; Wang, Index Uredinearum Sinensium, p. 2, 1951; Tai, Sylloge Fungorum Sinicorum, p. 359, 1979; Guo, Fungi and Lichens of Shennongjia, p. 148, 1989.

性孢子器生于叶两面，聚生，直径 80～120μm，初蜜黄色，后变褐色。

春孢子器生于叶下面，形成直径可达 10mm 或更大的黄色圆形病斑，聚生，杯形，直径 250～300μm，白色，边缘直立或稍反卷，有细缺刻；包被细胞紧密联结，近菱形、近卵形、近椭圆形或无定形，22～33×18～25μm，外壁有条纹，厚 5～8μm，内壁有密疣，厚 2～3μm；春孢子近球形、卵形或椭圆形，20～33×18～25(～28)μm，壁厚约 1μm，无色，表面密生细疣。

威岩仙（类叶牡丹）*Caulophyllum robustum* Maxim. [= *Leontice robustum* (Maxim.) Diels] "东北"（地点不详，"东支铁道西部线バリム"，28 VII 1922, Skvortzov, sine num.，未见）（Miura，1928）；湖北：神农架（57428）。

分布：中国东北至华中。俄罗斯远东地区。

Azbukina（1951）通过接种试验证实此菌为 *Puccinia poae-sudeticae* Jørst. [= *P. poae-nemoralis* G.H. Otth = *P. brachypodii* G.H. Otth var. *poae-nemoralis* (G.H. Otth) Cummins]的春孢子阶段。她将威岩仙上的春孢子接种到粟草 *Milium effusum* L.，结果在粟草上产生了夏孢子堆和冬孢子堆，然而接种到早熟禾属 *Poa* sp.上则未见感染。Cummins（1971）称 *P. brachypodii* var. *poae-nemoralis* 没有严格的转主习性，在没有转主寄主的情况下仍能繁衍。我国黑龙江在粟草上已报道有 *P. brachypodii* var. *poae-nemoralis*（庄剑云等，1998），在威岩仙上也报道过 *Aecidium caulophylli* Kom.（Miura，1928）。Azbukina（1951）报道的这种转主现象在我国东北应该存在。

我国过去的文献中报道的 *Aecidium caulophylli* Kom.应作为 *Puccinia brachypodii* G.H. Otth var. *poae-nemoralis* (G.H. Otth) Cummins 的同物异名。现依据我国标本将此菌春孢子阶段的形态特征记述于此作为《中国真菌志 第十卷 锈菌目（一）》（庄剑云等，1998）关于 *Puccinia brachypodii* G.H. Otth var. *poae-nemoralis* (G.H. Otth) Cummins 的补述。

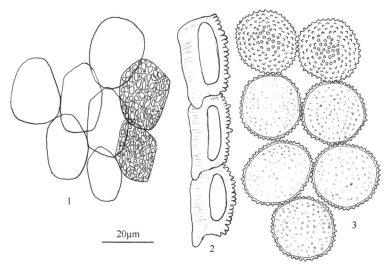

图71　威岩仙春孢锈菌 *Aecidium caulophylli* Kom.（HMAS 57428）

1. 春孢子器包被细胞及其内壁突起物或纹饰；2. 包被细胞纵切面；3. 春孢子

露珠草春孢锈菌　图72

Aecidium circaeae Ces. & Mont., Syll. Crypt., p. 312, 1856; Zang, Li & Xi, Fungi of Hengduan Mountains, p. 114, 1996; Zhuang & Wei, J. Jilin Agric. Univ. 24(2): 6, 2002.

性孢子器生于叶两面，小群聚生，直径 80～100μm，蜜黄色。

春孢子器生于叶下面，形成直径 5～10mm 或更大的大群，不规则散生或圈状聚生，杯形，直径 250～300μm，白色，边缘反卷，缺刻状；包被细胞紧密联结，略呈覆瓦状排列，不规则多角形、近卵形或椭圆形，18～28(～33)×15～20μm，外壁有细条纹，厚 5～8μm，内壁有密疣，厚 2～3μm；春孢子多角状近球形、椭圆形或卵形，14～18×12～15μm，壁厚约 1μm 或不及，无色，表面密布细疣，具若干（2～5 个或更多）直径 2～4μm 的折光颗粒。

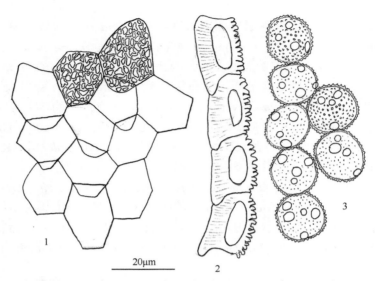

图 72　露珠草春孢锈菌 *Aecidium circaeae* Ces. & Mont.（HMAS 00634）

1. 春孢子器包被细胞及其内壁突起物或纹饰；2. 包被细胞纵切面；3. 春孢子

高山露珠草 *Circaea alpina* L. subsp. *imaicola* (Asch. & Magnus) Kitam. 云南：昆明（00634），中甸（47873）。

高寒露珠草 *Circaea alpina* L. subsp. *micrantha* (Skovortsov) Boufford 西藏：波密（77685）。

水珠草 *Circaea lutetiana* L. subsp. *quadrisulcata* (Maxim.) Asch. & Magnus [= *C. quadrisulcata* (Maxim.) Franch. & Sav.] 辽宁：草河口（42803）；黑龙江：呼玛（42802）。

分布：欧亚温带广布。

接种试验已证实此菌为薹草属植物 *Carex* spp.上的薹露珠草柄锈菌 *Puccinia circaeae-caricis* Hasler（Hasler，1930）[= *Puccinia caricina* DC. var. *circaeae-caricis* (Hasler) Hyl., Jørst. & Nannf.（Hylander et al.，1953；Azbukina，2005)]的春孢子阶段（Gäumann，1959）。戴芳澜（1947，1979）对采自昆明寄生于高山露珠草 *Circaea alpina* L. subsp. *imaicola* (Asch. & Magnus) Kitam. [原鉴定为 *Circaea imaicola* (Asch. & Magnus) Hand.-Mazz.]的标本使用了全型名称 *Puccinia circaeae-caricis*。鉴于在我国的薹草上迄今为止尚未发现其夏孢子和冬孢子阶段，暂用无性型名称附记于此。Gäumann（1959）列出的在欧洲的寄主有高山露珠草 *Circaea alpina* L.、全叶露珠草 *Circaea intermedia* Ehrh.、巴黎露珠草 *C. lutetiana* L.、深山露珠草 *C. caulescens* Nakai、谷蓼 *C. erubescens* Franch. & Sav.和太平洋露珠草 *C. pacifica* Asch. & Magnus。Harada（1977）在日本报道的清水峠薹草 *Carex shimidzensis* Franch.上的薹牛泷草柄锈菌 *Puccinia caricis-circaearum* Y. Harada，其春孢子阶段寄主为牛泷草 *Circaea cordata* Royle、谷蓼 *C. erubescens* Franch. & Sav.和南方露珠草 *C. mollis* Siebold & Zucc.。Kakishima 和 Sato（1983）在日本报道的繁叶薹草 *Carex foliosissima* Eastw.和低矮薹草 *C. humilis* Leyss.上的川上柄锈菌 *Puccinia kawakamiensis* Kakish. & S. Sato 的春孢子阶段也寄生于谷蓼 *C. erubescens* Franch. & Sav.。据 Harada（1977，1979）、Kakishima 和 Sato （1983）记载，*P. caricis-circaearum* 和 *P. kawakamiensis* 的春孢子大小都与 *P. circaeae-caricis* (=*Aecidium circaeae*)的差异不大，前者为 13～19×13～16μm，后者为

14.5～20×12.5～17μm。此三种薹草锈菌都以露珠草属植物为其春孢子阶段寄主，它们的春孢子之间的形态差异有待进一步研究。

万寿竹春孢锈菌　图 73

Aecidium dispori Dietel, Bot. Jahrb. Syst. 27: 571, 1899; Miura, Flora of Manchuria and East Mongolia 3: 385, 1928; Tai, Sci. Rep. Natl. Tsing Hua Univ., Ser. B, Biol. Sci. 2: 298, 1936-1937; Teng & Ou, Sinensia 8: 288, 1937; Teng, A Contribution to Our Knowledge of the Higher Fungi of China, p. 283, 1939; Tai, Farlowia 3: 130, 1947; Wang, Index Uredinearum Sinensium, p. 3, 1951; Qi, Bai & Zhu, Fungus Diseases of Cultivated Plants *in* Jilin Province, p. 324, 1966; Tai, Sylloge Fungorum Sinicorum, p. 360, 1979; Liu, Li & Du, J. Shanxi Univ. 1981(3): 52, 1981; Guo, Fungi and Lichens of Shennongjia, p. 148, 1989; Zang, Li & Xi, Fungi of Hengduan Mountains, p. 114, 1996; Zhang, Zhuang & Wei, Mycotaxon 61: 51, 1997; Zhuang & Wei *in* W.Y. Zhuang, Fungi of Northwestern China, p. 234, 2005.

性孢子器生于叶两面，稍聚生，直径 100～150μm，黄褐色。

春孢子器生于叶下面，形成直径可达 10mm 或更大的圆群，聚生，较松散，杯状，直径 250～300μm；包被细胞正不规则多角形、四方形、近卵形或近矩圆形，联结不紧密，易分离，18～30×15～23(～25)μm，外壁有条纹，厚 7～10μm，内壁有粗疣，厚 2～3μm；春孢子多角状近球形、近卵形或宽椭圆形，17～23×16～18(～20)μm，壁厚约 1μm 或不及，无色，表面密生细疣，具若干（5～10 个或更多）直径 1～4μm 的折光颗粒。

距花万寿竹 *Disporum calcaratum* D. Don 云南：大理（54151）。

万寿竹 *Disporum cantoniense* (Lour.) Merr. 湖北：神农架（57412，57431）；四川：都江堰（04443，15297）；重庆：巫溪（70929）。

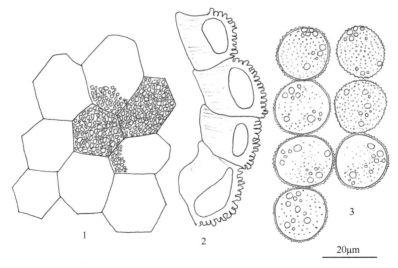

图 73　万寿竹春孢锈菌 *Aecidium dispori* Dietel（HMAS 54151）

1. 春孢子器包被细胞及其内壁突起物或纹饰；2. 包被细胞纵切面；3. 春孢子

单花万寿竹 *Disporum uniflorum* Baker　安徽：黄山（89292，89378）。

川上万寿竹 *Disporum kawakamii* Hayata　台湾：台北（30 VI 1936，Y. Hashioka，未见），新竹（12 VII 1935，Y. Hashioka，未见）。

分布：日本。中国。

接种试验已证实在日本此菌为圆锥薹草 *Carex conica* Boott、多叶长穗薹草 *Carex dolichostachya* Hayata subsp. *multifolia* (Ohwi) T. Koyama、宜兰宿柱薹草 *Carex pisiformis* Boott subsp. *alterniflora* (Franch.) T. koyama 和皱纹薹草 *Carex rugata* Ohwi 上的白孢柄锈菌 *Puccinia albispora* Y. Ono & Kakish.（Ono et al.，2001）的春孢子阶段。我国的薹草上迄今为止尚未发现此菌的夏孢子和冬孢子阶段，暂用无性型名称附记于此。

野胡麻春孢锈菌　图 74

Aecidium dodartiae Tranzschel, Conspectus Uredinalium URSS, p. 337, 1939; Tai, Sylloge Fungorum Sinicorum, p. 360, 1979; Zhuang & Wei *in* W.Y. Zhuang, Fungi of Northwestern China, p. 234, 2005; Xu, Zhao & Zhuang, Mycosystema 32(Suppl.): 172, 2013.

性孢子器未见。

春孢子器多生于茎上，聚生，杯状，直径200～250μm，白色，边缘反卷，有缺刻；包被细胞不规则多角形、长矩圆形、椭圆形、长卵形或不规则长条形，25～40(～48)×12～20μm，外壁厚6～10μm，有条纹，内壁密生粗疣，厚2～2.5μm，无色；春孢子近球形、卵形或椭圆形，22～33×17～23μm，壁厚 1.5～2.5(～3)μm，金黄色或淡肉桂褐色，表面密生细疣，芽孔5～10 个，散生，不甚明显。

野胡麻 *Dodartia orientalis* L. 新疆：塔城（34888，56223）。

分布：西亚至中亚。俄罗斯，中国西北。

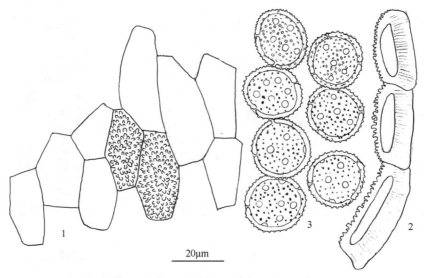

20μm

图 74　野胡麻春孢锈菌 *Aecidium dodartiae* Tranzschel（HMAS 56223）

1. 春孢子器包被细胞及其内壁突起物或纹饰；2. 包被细胞纵切面；3. 春孢子

Tranzschel（1939）和 Nevodovski（1956）认为此菌是 *Puccinia stipina* Tranzschel [≡*P. stipae* Arthur var. *stipina* (Tranzschel) H.C. Greene & Cummins（Greene and Cummins，1958；Cummins，1971）]的春孢子阶段。其春孢子较大，壁较厚，有色，芽孔隐约可见。新疆标本的特征与文献记载相符（Nevodovski，1956；Cummins，1971）。此菌在我国虽有过报道，但未见详细描述，附志于此作为《中国真菌志 第十卷 锈菌目（一）》（庄剑云等，1998）的补充记述。

胡颓子春孢锈菌　图 75

Aecidium elaeagni Dietel, Hedwigia 37: 212, 1898; Sawada, Descriptive Catalogue of the Formosan Fungi IV, p. 76, 1928; Liou & Wang, Contr. Inst. Bot. Natl. Acad. Peiping 3: 410, 1935; Liou & Wang, Contr. Inst. Bot. Natl. Acad. Peiping 3: 450, 1935; Hiratsuka & Hashioka, Bot. Mag. Tokyo 51: 45, 1937; Teng & Ou, Sinensia 8: 292, 1937; Teng, A Contribution to Our Knowledge of the Higher Fungi of China, p. 286, 1939; Hiratsuka, Mem. Tottori Agric. Coll. 7: 66, 1943; Tai, Farlowia 3: 131, 1947; Wang, Index Uredinearum Sinensium, p. 3, 1951; Teng, Fungi of China, p. 361, 1963; Tai, Sylloge Fungorum Sinicorum, p. 360, 1979; Liu, Li & Du, J. Shanxi Univ. 1981(3): 52, 1981; Zhuang, Acta Mycol. Sin. 2: 156, 1983; Zhuang, Acta Mycol. Sin. 5: 148, 1986; Guo, Fungi and Lichens of Shennongjia, p. 148, 1989; Zang, Li & Xi, Fungi of Hengduan Mountains, p. 114, 1996; Wei & Zhuang *in* Mao & Zhuang, Fungi of the Qinling Mountains, p. 25, 1997.

性孢子器生于叶上面，叶病部常变暗色或黄褐色，聚生，直径 80～120μm，黄褐色。

春孢子器生于叶下面，聚生于直径 2～10mm 的黄色或黄褐色圆形或无定形病斑上，常形成直径 1～5mm 或更大的集群，短圆柱形，直径 250～300μm，白色，边缘反卷，有缺刻；包被细胞不规则多角形，覆瓦状排列，20～40×18～28μm，外壁有条纹，厚 5～8μm，内壁密生粗疣，厚 2.5～4μm；春孢子多角状近球形、卵形或椭圆形，20～30×17～23μm，壁厚 1.5～2.5μm，顶壁不增厚或增厚达 5μm，有时增厚部位呈乳状突起，无色，表面密生细疣。

沙枣 *Elaeagnus angustifolia* L. 陕西：宁强（00327），太白山（56350）。

宜昌胡颓子 *Elaeagnus henryi* Warb. 江西：萍乡（14253）。

披针叶胡颓子 *Elaeagnus lanceolata* Warb. 湖北：神农架（55387，55388，55389，55442）；湖南：龙山（25514，55143）；重庆：大巴山（35515，35516）；四川：二郎山（64474），贡嘎山（47875）。

路氏胡颓子（鸡柏紫藤）*Elaeagnus loureirii* Champ. 福建：建阳（41469）。

大叶胡颓子 *Elaeagnus macrophylla* Thunb. 台湾：台北（05076，寄主被误订为 *E. oldhami* Maxim.）。

翅果胡颓子（翅果油树）*Elaeagnus mollis* Diels 山西：隰县（36702）。

胡颓子 *Elaeagnus pungens* Thunb. 江苏：宝华山（06882）；浙江：杭州（06874），

嘉兴（11320，14249），莫干山（14251），天目山（55691，55692，55693）；江西：庐山（14250）；陕西：镇巴（56369）。

牛奶子 *Elaeagnus umbellata* Thunb. 西藏：林芝（46813，46814）。

胡颓子属 *Elaeagnus* sp. 陕西：宁陕（56387）。

分布：日本。中国。

Kakishima 和 Sato（1982）通过接种试验证实此菌在日本为柔曲薹草 *Carex lenta* D. Don 上的绒状柄锈菌 *Puccinia velutina* Kakish. & S. Sato 的春孢子阶段。曹支敏和李振岐（1999）在秦岭的薹草属 *Carex* sp. 上报道过 *P. velutina*。但我们认为他们所描述的冬孢子顶壁很厚，不像是 *P. velutina* 的冬孢子，很可能是 *Puccinia caricina* DC. (= *P. caricis* Rebent.) 之误。鉴于 *P. velutina* 在薹草上的冬孢子阶段在我国至今尚无可靠记录，暂用无性型名称附记于此。

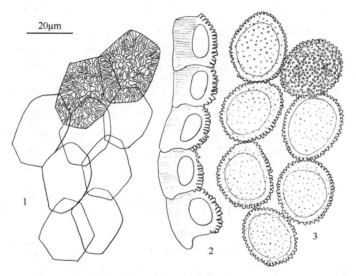

图 75　胡颓子春孢锈菌 *Aecidium elaeagni* Dietel（HMAS 55442）
1. 春孢子器包被细胞及其内壁突起物或纹饰；2. 包被细胞纵切面；3. 春孢子

牛奶子春孢锈菌　图 76

Aecidium elaeagni-umbellatae Dietel, Bot. Jahrb. Syst. 37: 107, 1905; Teng & Ou, Sinensia 8: 292, 1937; Teng, A Contribution to Our Knowledge of the Higher Fungi of China, p. 287, 1939; Hiratsuka, Mem. Tottori Agric. Coll. 7: 66, 1943; Wang, Index Uredinearum Sinensium, p. 3, 1951; Teng, Fungi of China, p. 361, 1963; Tai, Sylloge Fungorum Sinicorum, p. 360, 1979; Guo, Fungi and Lichens of Shennongjia, p. 149, 1989; Zang, Li & Xi, Fungi of Hengduan Mountains, p. 115, 1996; Wei & Zhuang *in* Mao & Zhuang, Fungi of the Qinling Mountains, p. 25, 1997; Zhang, Zhuang & Wei, Mycotaxon 61: 51, 1997; Cao, Li & Zhuang, Mycosystema 19: 313, 2000; Zhuang & Wei *in* W.Y. Zhuang, Fungi of Northwestern China, p. 234, 2005.

性孢子器生于叶上面，聚生于直径 2～10mm 或更大的黑褐色圆形或无定形病斑上，直径 80～120μm，黄褐色，干时变黑褐色。

春孢子器生于叶下面，不规则聚生，圆柱形，长达 1mm，直径 200～250(～300)μm，白色；包被细胞正面观不规则多角形或近方形，28～50(～60)×20～35(～38)μm，外壁有条纹，厚 5～10μm，内壁有密疣，厚 3～4μm；春孢子多角状近球形、椭圆形、近卵形或长椭圆形，25～43×20～30(～35)μm，壁厚 1.5～2.5μm，顶壁不增厚或略增厚，达 5(～6)μm，近无色，表面有密疣，疣直径大多不及 1μm。

长柄胡颓子 *Elaeagnus delavayi* Lecomte　云南：玉龙雪山（64473）。

披针叶胡颓子 *Elaeagnus lanceolata* Warb.　重庆：巫溪（70994）；四川：汶川（44372）。

大叶胡颓子 *Elaeagnus macrophylla* Thunb.　陕西：太白山（24392）。

牛奶子 *Elaeagnus umbellata* Thunb.　河南：洛宁（25310）；湖北：神农架（55440，55441）；重庆：巫溪（70992，70993，70994）；四川：青川（64467），卧龙（44372，64469）；云南：玉龙雪山（64464，67033）；西藏：加拉白垒峰（46813，46814）；陕西：留坝（56091），太白（56350），太白山（24392，64465，64466，64468）。

胡颓子属 *Elaeagnus* sp.　云南：丽江（4 VIII 1956，任玮 302，西南林业大学）。

分布：日本。中国。

Okane 和 Kakishima（1992）通过接种试验证明此菌在日本为多叶长穗薹草 *Carex dolichostachya* Hayata subsp. *multifolia* (Ohwi) T. Koyama 上的黑线柄锈菌 *Puccinia nigrolinearis* Okane & Kakish.的春孢子阶段。*P. nigrolinearis* 在我国尚无记录，暂用无性型名称附记于此。本种春孢子较大，有别于 *Aecidium elaeagni* Dietel。

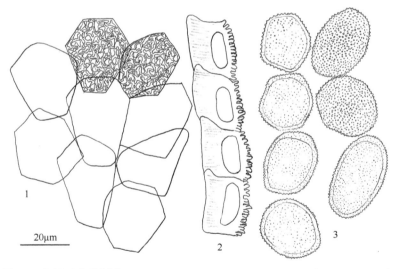

图 76　牛奶子春孢锈菌 *Aecidium elaeagni-umbellatae* Dietel（HMAS 25310）
1. 春孢子器包被细胞及其内壁突起物或纹饰；2. 包被细胞纵切面；3. 春孢子

大戟春孢锈菌　图 77

Aecidium euphorbiae J.F. Gmel. *in* Persoon, Synopsis Methodica Fungorum., p. 211, 1801; Liou & Wang, Contr. Inst. Bot. Natl. Acad. Peiping 3: 361, 1935; Liou & Wang, Contr. Inst. Bot. Natl. Acad. Peiping 3: 450, 1935; Tai, Sci. Rep. Natl. Tsing Hua Univ., Ser. B,

Biol. Sci. 2: 298, 1936-1937; Wang, Index Uredinearum Sinensium, p. 3, 1951; Tai, Sylloge Fungorum Sinicorum, p. 360, 1979; Zhuang, Acta Mycol. Sin. 5: 148, 1986.

Aecidium tithymali auct. non Arthur: Tai, Sylloge Fungorum Sinicorum, p. 368, 1979.

性孢子器生于叶下面表皮下，与春孢子器混生，近球形，直径(70～)90～160(～180)μm，蜜黄色。

春孢子器生于叶下面，密集，常布满叶大部或全叶，杯形，直径 200～300μm，白色或淡黄色，边缘稍反卷，有缺刻；包被细胞不规则多角形，18～33×12～23(～30)μm，外壁有条纹，厚 6～10μm，内壁有密疣，厚 2.5～3μm；春孢子多角状近球形、椭圆形或无定形，16～23(～25)×15～18(～20)μm，壁厚不及 1μm，无色，表面密生细疣。

乳浆大戟 *Euphorbia esula* L. (= *E. lunulata* Bunge) 北京：南口（34885），天坛（08677），西山（08678）；河北：蔚县（08680）；内蒙古：西乌珠穆沁旗（64142）。

泽漆 *Euphorbia helioscopia* L. 青海：湟源（34887）。

地锦 *Euphorbia humifusa* Willd. 内蒙古：地名不详（"绥远"）（24394）。

甘遂 *Euphorbia kansui* T.N. Liou ex S.B. Ho 陕西：武功（22070，22071，22072，56354）。

甘青大戟 *Euphorbia micractina* Boiss. 陕西：潼关（08683）；宁夏：贺兰山（58528）；新疆：霍城（34886），昭苏（34916）。

京大戟 *Euphorbia pekinensis* Rupr. 北京：西山（08679，08682，12997），颐和园（24393）；山东：牟平（08681，22073）；陕西：华山（22074），武功（56325），周至（22075）。

鸡肠狼毒 *Euphorbia prolifera* Buch.-Ham. ex D. Don 云南：昆明（34257）。

大果大戟 *Euphorbia stracheyi* Boiss. 西藏：南迦巴瓦峰（46870）。

分布：世界广布。

大戟属植物 *Euphorbia* spp.上生成的春孢子器在以往的我国文献中（见上述引文）均被鉴定为 *Aecidium euphorbiae* J.F. Gmel.。此菌常造成寄主植物系统性侵染，病株变矮，叶畸形变小，春孢子器常密布全株叶片。在欧洲，Jordi（1903，1904）、Bubák（1904）、Treboux（1912）等通过接种试验证明柏大戟 *Euphorbia cyparissias* L.是黄芪属 *Astragalus* 和棘豆属 *Oxytropis* 植物上的斑点单胞锈菌 *Uromyces punctatus* J. Schröt.的春孢子阶段寄主。Kobel（1921）、Guyot（1937）以及 Guyot 和 Massenot（1953）的接种试验证实 *E. cyparissias* 也是毒豆属 *Laburnum* 植物上的毒豆单胞锈菌 *Uromyces laburni* (DC.) G.H. Otth 的春孢子阶段寄主。接种试验还证实了苜蓿属 *Medicago* 植物上的条纹单胞锈菌 *Uromyces striatus* J. Schröt.的春孢子阶段寄主也是 *E. cyparissias*（Guyot and Massenot，1953）。由于相同的春孢子阶段寄主及形态近似的春孢子、夏孢子和冬孢子，Wilson 和 Henderson（1966）将 *U. laburni*、*U. punctatus*、*U. striatus* 和 *U. pisi* 一起置于 *U. pisi* 集合名（collective name）下。我们检查了采自我国各地不同寄主种上的标本，除了春孢子器大小略有差异，其他宏观和微观特征看不出明显差异。我国大戟属植物上的春孢锈菌也可能是属于单胞锈菌属某个种的春孢子阶段，是否隶属于 *U. pisi* 这个集合种，因从未进行接种试验，尚难确定。必须指出，大戟属植物上还有形态上酷似春孢锈菌

Aecidium 而实际上是具内循环生活史（endocyclic）的内锈菌 *Endophyllum*，已知有分布于欧洲的林生大戟内锈菌 *Endophyllum euphorbiae-silvaticae* (DC.) G. Winter（1881）、分布于法国南部和北非的尖叶大戟内锈菌 *E. euphorbiae-characiatis* T.N. Liou（1929）和分布于法国南部的尼斯大戟内锈菌 *E. euphorbiae-nicaeensis* T.N. Liou 三个种，在亚洲从未报道过。在我国的大戟属植物上是否也存在内锈菌属 *Endophyllum* 的种，需进行新鲜标本孢子萌发试验才能确认。我们暂用 *Aecidium euphorbiae* J.F. Gmel.这个广义的无性型名称附志于此供参考，其有性阶段的归属有待进行接种试验和萌发试验才能确定。

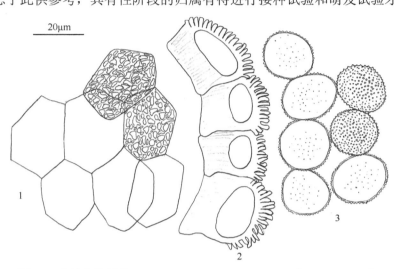

图 77　大戟春孢锈菌 *Aecidium euphorbiae* J.F. Gmel.（HMAS 24393）
1. 春孢子器包被细胞及其内壁突起物或纹饰；2. 包被细胞纵切面；3. 春孢子

茴香春孢锈菌　图 78

Aecidium foeniculi Castagne, Observations sur quelques plantes acotylédonées de la famille des Uredinées I., p. 32, 1842.

Aecidium ferulae Montagne, Ann. Sci. Nat. Bot. Sér. 2, 10: 279, 1838.

Aecidium sarcinatum auct. non Lindroth: Zhuang & Wei *in* W.Y. Zhuang, Fungi of Northwestern China, p. 235, 2005; Xu, Zhao & Zhuang, Mycosystema 32(Suppl.): 172, 2013.

性孢子器生于叶上面，聚生，直径 90～150μm，蜜黄色。

春孢子器生于叶两面，多在叶下面，聚生成长度不等的长形群，密集，疱状，后期圆孔状开裂，直径 300～500μm，包被短，极易破碎；包被细胞不规则长形、多角形或无定形，35～70×25～40μm，外壁光滑，厚 7～10μm，内壁密生粗疣或条状脊纹，厚 3～5μm；春孢子多角状近球形或椭圆形，30～38×25～30μm，壁厚 2.5～5μm，芽孔处增厚，淡黄褐色，表面密生细疣，具 3～6 个不明显的芽孔。

准噶尔阿魏 *Ferula songorica* Pall. ex Schult. 新疆：塔城（79331）。

分布：南欧。北非，中亚。

此菌为禾单胞锈菌 *Uromyces graminis* (Niessl) Dietel 的春孢子阶段，其夏孢子和冬孢子阶段生于禾本科臭草属植物 *Melica* spp.，在我国至今尚无记载。哈萨克斯坦有分布，春孢子阶段生于阿拉套阿魏 *Ferula alatavica* Korovin，夏孢子和冬孢子阶段生于丝毛臭草 *Melica ciliata* L.（Nevodovski，1956）。我们仅在新疆的准噶尔阿魏 *Ferula songorica* Pall. ex Schult.上发现其春孢子阶段，暂用无性型名称附记于此。

此菌尚可寄生于柴胡属 *Bupleurum*、芫荽属 *Coriandrum*、胡萝卜属 *Daucus*、茴香属 *Foeniculum*、西风芹属 *Seseli*、窃衣属 *Torilis* 等伞形科 Umbelliferae 植物（Gäumann，1959；Cummins，1971）。

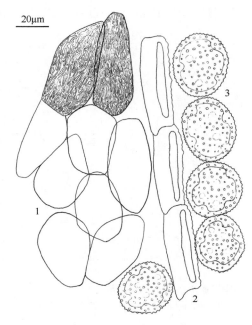

图 78　茴香春孢锈菌 *Aecidium foeniculi* Castagne（HMAS 79331）
1. 春孢子器包被细胞及其内壁突起物或纹饰；2. 包被细胞纵切面；3. 春孢子

异味春孢锈菌

Aecidium foetidum Dietel, Bot. Jahrb. Syst. 28: 289, 1900; Sawada, Descriptive Catalogue of the Formosan Fungi IV, p. 77, 1928; Sawada, Descriptive Catalogue of the Formosan Fungi V, p. 54, 1931; Hiratsuka & Hashioka, Bot. Mag. Tokyo 48: 240, 1934; Hiratsuka, Mem. Tottori Agric. Coll. 7: 67, 1943; Tai, Farlowia 3: 132, 1947; Cummins, Mycologia 43: 97, 1951; Wang, Index Uredinearum Sinensium, p. 4, 1951; Tai, Sylloge Fungorum Sinicorum, p. 361, 1979.

性孢子器生于叶两面，多在叶下面，稍聚生，常均匀布满叶大部或全叶，埋生于寄主表皮下，烧瓶形，初蜜黄色，后变淡褐色，直径 130～180μm。

春孢子器多生于叶下面，也偶见于叶上面，稍聚生，杯形，直径 250～300μm，白色，边缘反卷缺刻状；包被细胞联结不紧密，近菱形，20～28×18～22μm，外壁有条纹，厚 5～7μm，内壁有密疣，厚 3～4μm；春孢子多角状球形或椭圆形，18～25×17～20μm，壁厚约 1.5μm，近无色，表面密生细疣。

匍茎通泉草 *Mazus miquelii* Makino（= *M. stolonifer* Makino）台湾：台北（IV 1932，Y. Hashioka，未见）。

通泉草属 *Mazus* sp. 广西：凌云（V 1933，S.Y. Cheo 1670，PUR，未见）。

分布：日本。中国。

Kakishima 和 Sato（1989）通过接种试验证明此菌为夏柄锈菌 *Puccinia aestivalis* Dietel 的春孢子阶段。*P. aestivalis* 在我国已有记载，寄生于矛叶荩草 *Arthraxon lanceolatus* (Roxb.) Hochst.（Cummins，1951）、荩草 *Arthraxon hispidus* (Thunb.) Makino 和竹叶茅 *Microstegium nudum* (Trin.) A. Camus（庄剑云等，1998）。我国过去的文献中报道的 *Aecidium foetidum* Dietel 应作为 *P. aestivalis* 的同物异名。标本未见，附记于此作为《中国真菌志 第十卷 锈菌目（一）》（庄剑云等，1998）的补述，抄录 Sydow 和 Sydow（1924）的描述供参考。

金缕梅春孢锈菌　图 79

Aecidium hamamelidis Dietel, Bot. Jahrb. Syst. 27: 571, 1899; Liou & Wang, Contr. Inst. Bot. Natl. Acad. Peiping 3: 362, 1935; Liou & Wang, Contr. Inst. Bot. Natl. Acad. Peiping 3: 410, 1935; Tai, Sylloge Fungorum Sinicorum, p. 362, 1979; Guo, Fungi and Lichens of Shennongjia, p. 150, 1989.

性孢子器未见。

春孢子器生于叶下面，聚生，常形成直径 2～5mm 或更大的圆群，短圆柱形，直径 200～250μm，白色，边缘直立，有缺刻；包被细胞近菱形，23～38×18～25μm，外壁有条纹，厚 5～8μm，内壁有粗疣，厚 2.5～3μm；春孢子多角状近球形或宽椭圆形，20～27×17～23μm，壁厚 1～1.5μm，无色，表面有密疣，具若干（3～10 或更多）直径 4～6μm 的折光颗粒。

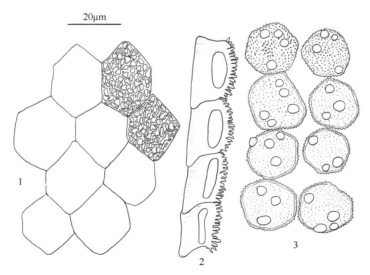

图 79　金缕梅春孢锈菌 *Aecidium hamamelidis* Dietel（HMAS 43096）

1. 春孢子器包被细胞及其内壁突起物或纹饰；2. 包被细胞纵切面；3. 春孢子

金缕梅 *Hamamelis mollis* Oliv. 浙江：天目山（43096）。

分布：日本。中国。

此春孢锈菌为赤竹属 *Sasa* 上的僧帽状柄锈菌 *Puccinia mitriformis* S. Ito 的春孢子阶段。僧帽状柄锈菌在我国已有记载，但标本（BPI 2415，美国农业部国家菌物标本馆）产地记录不详，可能采自浙江或江苏。*Aecidium hamamelidis* Dietel 在我国文献也有过报道（Liou and Wang，1935a，1935b；Tai，1979；Guo，1989），依据的标本采自浙江天目山（08685）、安徽黄山（08686）和湖北神农架（57352）的中华蜡瓣花 *Corylopsis sinensis* Hemsl.和红药蜡瓣花 *Corylopsis veitchiana* Bean 上。我们检查了这些标本，它们的包被细胞和春孢子大小与金缕梅属 *Hamamelis* 上的差异不大，但春孢子顶壁甚厚，可达 10μm 厚，显然不是 *A. hamamelidis*，可能是赤竹生柄锈菌 *Puccinia sasicola* Hara ex Hino & Katum.的春孢子阶段，此锈菌目前仅见于日本，我国未曾记载，推测有分布。现将 *Aecidium hamamelidis* Dietel 的特征描述附记于此作为《中国真菌志 第十卷 锈菌目（一）》（庄剑云等，1998）的补述。

绣球生春孢锈菌　图 80

Aecidium hydrangiicola Henn., Bot. Jahrb. Syst. 28: 264, 1900; Hiratsuka & Hashioka, Bot. Mag. Tokyo 51: 45, 1937; Teng, A Contribution to Our Knowledge of the Higher Fungi of China, p. 285, 1939; Sawada, Descriptive Catalogue of the Formosan Fungi VII, p. 63, 1942; Wang, Index Uredinearum Sinensium, p. 4, 1951; Teng, Fungi of China, p. 360, 1963; Tai, Sylloge Fungorum Sinicorum, p. 362, 1979; Zhuang, Acta Mycol. Sin. 2: 157, 1983; Guo, Fungi and Lichens of Shennongjia, p. 150, 1989; Zang, Li & Xi, Fungi of Hengduan Mountains, p. 115, 1996.

Aecidium hydrangeae auct. non Pat.: Liou & Wang, Contr. Inst. Bot. Natl. Acad. Peiping 3: 362, 1935; Teng & Ou, Sinensia 8: 289, 1937; Teng, A Contribution to Our Knowledge of the Higher Fungi of China, p. 284, 1939; Wang, Index Uredinearum Sinensium, p. 4, 1951; Teng, Fungi of China, p. 359, 1963; Tai, Sylloge Fungorum Sinicorum, p. 362, 1979; Zhang, Zhuang & Wei, Mycotaxon 61: 51, 1997.

性孢子器生于叶两面，聚生在圆形直径 2～5mm 的褐色病斑上，蜜黄色或褐色，烧瓶状，直径 100～130μm。

春孢子器生于叶下面或叶柄上，稍聚生，常形成直径 2～5mm 的集群，杯形，直径 150～200μm，浅黄色或略白色，边缘稍反卷，有缺刻；包被细胞不规则多角形，20～33(～37) ×15～28μm，外壁近光滑或有不甚明显的条纹，厚 5～8μm，内壁密生粗疣，厚 2～3μm；春孢子多角状近球形或宽椭圆形，23～32×20～28μm，壁厚约 1μm 或不及，淡黄色或近无色，表面有密疣，有若干（3～8 或更多）直径 4～7μm 的折光颗粒。

窄瓣绣球 *Hydrangea angustipetala* Hayata 台湾：阿里山（02521）。

东陵绣球 *Hydrangea bretschneideri* Dippel 湖北：神农架（57429）。

中国绣球 *Hydrangea chinensis* Maxim. (= *H. umbellata* Rehder) 浙江：天目山（08687，43097，43099，43100，43101）；安徽：黄山（43102，43103，56090，89303）；

福建：武夷山（41472）；江西：庐山（33350，172360），武功山（56065）。

西南绣球 *Hydrangea davidii* Franch. 四川：二郎山（47876）；贵州：雷山（245299，245300，245310），绥阳（246159，246206）。

长叶绣球 *Hydrangea longifolia* Hayata 台湾：阿里山(6 VII 1933，Y. Hashioka，未见)。

长柄绣球 *Hydrangea longipes* Franch. 湖北：神农架（57393，57423，57424，57425，57427）；重庆：巫溪（70923，70924，70926）。

圆锥绣球 *Hydrangea paniculata* Siebold 重庆：巫溪（70925）。

大枝绣球 *Hydrangea rosthornii* Diels 湖北：神农架（57226，57229，57230，57231，57232）。

伞形绣球 *Hydrangea umbellata* Rehder 福建：武夷山（41472）。

绣球属 *Hydrangea* sp. 四川：泸定（47876）。

分布：日本。中国。

Kakishima 和 Sato（1981）在日本通过接种试验认为此菌是北方华箬竹 *Sasamorpha borealis* (Hackel) Nakai 上的北方华箬竹柄锈菌 *Puccinia suzutake* Kakish. & S. Sato 的春孢子阶段。由于此菌的夏孢子和冬孢子阶段在我国竹子上至今尚无记载，暂用无性型名称附记于此。

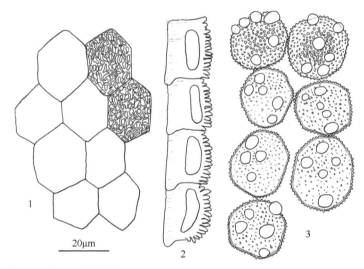

图 80　绣球生春孢锈菌 *Aecidium hydrangiicola* Henn.（HMAS 57229）
1. 春孢子器包被细胞及其内壁突起物或纹饰；2. 包被细胞纵切面；3. 春孢子

橐吾春孢锈菌　图 81

Aecidium ligulariae Thüm., Nuovo Giorn. Bot. Ital. 12: 196, 1880; Wang, Contr. Inst. Bot. Natl. Acad. Peiping 6: 232, 1949; Zhuang & Wei *in* W.Y. Zhuang, Fungi of Northwestern China, p. 234, 2005.

性孢子器生于叶两面，聚生，近球形，直径 90～125μm，蜜黄色。

春孢子器生于叶下面，生于黄色或紫红色圆形病斑上，形成直径 3～10mm 或更大的圆群，杯形，直径 250～300μm，白色，边缘反卷，有缺刻；包被细胞不规则多角形，18～40×15～25μm，外壁有条纹，厚 7.5～12.5μm，内壁有密疣，厚 2.5～4μm；春孢子多角状球形或椭圆形，18～25×15～20μm，壁厚约 1μm 或不及，无色，表面密生细疣，具 5～10 个直径 2～4μm 的折光颗粒。

齿叶橐吾 *Ligularia dentata* (A. Gray) Hara 北京：百花山（25315）。

大叶橐吾 *Ligularia macrophylla* (Ledeb.) DC. 新疆：和静（25316）。

西伯利亚橐吾 *Ligularia sibirica* (L.) Cass. 北京：百花山（25312）；河北：雾灵山（50559）；河南：洛宁（25311）。

离舌橐吾 *Ligularia veitchiana* (Hemsl.) Greenm. 陕西：太白山（22084，95257）

橐吾属 *Ligularia* sp. 吉林：安图（50560）；陕西：南五台山（22082，22083），太白山（50561）；青海：湟源（50562）；新疆：塔城（50564）。

分布：欧洲。俄罗斯西伯利亚，中国北部。

此菌是 *Puccinia eriophori* Thüm.的春孢子阶段（Tranzschel，1907a）。橐吾属 *Ligularia* 植物上的春孢子器在我国北方十分常见，戴芳澜（1979）、庄剑云（1988）等都把它们鉴定为 *Puccinia eriophori* Thüm.（Syn. *Aecidium ligulariae* Thüm.）。尽管 *P. eriophori* 的寄主羊胡子草属植物 *Eriophorum* spp.（莎草科 Cyperaceae）在我国北方分布甚广，但其上的夏孢子和冬孢子阶段至今未有记录。由于国产橐吾属植物上的春孢子器和春孢子的形态特征与 *Aecidium ligulariae* Thüm.的几无区别（Sydow and Sydow，1924），我们暂用 *A. ligulariae* 这个无性型名称，其准确性有待进一步确认。

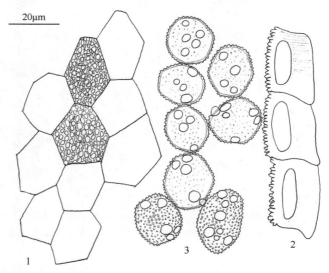

图 81　橐吾春孢锈菌 *Aecidium ligulariae* Thüm.（HMAS 25315）

1. 春孢子器包被细胞及其内壁突起物或纹饰；2. 包被细胞纵切面；3. 春孢子

白刺春孢锈菌　图 82

Aecidium nitrariae Pat., Bull. Soc. Myol. Fr. 15: 57, 1899; Xu, Zhao & Zhuang, Mycosystema 32(Suppl.): 172, 2013.

性孢子器未见。

春孢子器生于叶两面，多在叶下面，常密集成片，多时布满全叶，圆柱形，长 0.5～1mm，直径 300～400μm，白色，边缘直立，缺刻状；包被细胞紧密联结，不规则多角形，20～33(～35)×15～23(～25)μm，外壁有细纹，厚 7～15μm，内壁有密疣，厚 2～3μm；春孢子多角状球形，15～23×12～20μm，壁约 1μm 厚，近无色，表面密布细疣。

小果白刺 *Nitraria sibirica* Pall. 新疆：巩留（HMAAC 02321 新疆农业大学 = HMAS 246793）。

分布：北非。里海地区；中国西北。

此菌是 *Puccinia aeluropodis* Ricker 的春孢子阶段（Tranzschel，1926），附志于此作为《中国真菌志 第十卷 锈菌目（一）》（庄剑云等，1998）的补充记载。

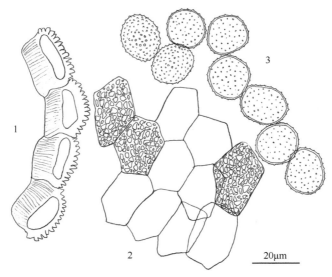

图 82　白刺春孢锈菌 *Aecidium nitrariae* Pat.（HMAAC 02321）
1. 春孢子器包被细胞及其内壁突起物或纹饰；2. 包被细胞纵切面；3. 春孢子

山梅花春孢锈菌　图 83

Aecidium philadelphi Dietel, Ann. Mycol. 12: 85, 1914; Guo, Fungi and Lichens of Shennongjia, p. 152, 1989; Zhang, Zhuang & Wei, Mycotaxon 61: 51, 1997; Zhuang & Wei *in* W.Y. Zhuang, Fungi of Northwestern China, p. 235, 2005.

性孢子器未见。

春孢子器生于叶下面，形成直径 2～8mm 或更大、无明显界限、有时互相连合的黄色或褐色圆形病斑，聚生或稍散生，短圆柱形，直径 130～150μm，白色；包被细胞不规则多角形、近菱形或近四方形，20～33×18～25μm，外壁厚 5～8μm，有细条纹或近光滑，内壁厚 2.5～4μm，有密疣；春孢子多角状近球形或椭圆形，23～30×20～25(～28)μm，壁 1～1.5μm 厚，近无色，表面密布细疣，具 5～10 个或更多直径 3.5～7.5μm 的折光颗粒。

山梅花 *Philadelphus incanus* Koehne 湖北：神农架（57219，57220，57224，57225）；

重庆：巫溪（71236）；陕西：镇坪（71237）。

绢毛山梅花 *Philadelphus sericanthus* Koehne　重庆：巫溪（70967，70968）。

分布：日本。中国。

何方等（1989）在日本通过接种试验认为此菌是北方华箬竹 *Sasamorpha borealis* (Hackel) Nakai 上的日川柄锈菌 *Puccinia hikawaensis* Hirats. f. & Uchida（Uchida，1965）的春孢子阶段。由于 *P. hikawaensis* 夏孢子和冬孢子阶段在我国竹子上至今尚未发现，暂用此无性型名称附记于此。

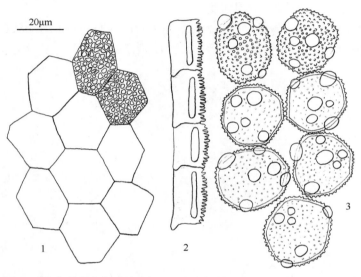

图 83　山梅花春孢锈菌 *Aecidium philadelphi* Dietel（HMAS 57224）
1. 春孢子器包被细胞及其内壁突起物或纹饰；2. 包被细胞纵切面；3. 春孢子

接骨木春孢锈菌　图 84

Aecidium sambuci Schwein., Schriften Naturf. Ges. Leipzig 1: 67, 1822; Miura, Flora of Manchuria and East Mongolia 3: 389, 1928; Liou & Wang, Contr. Inst. Bot. Natl. Acad. Peiping 3: 362, 1935.

性孢子器生于叶上面或茎上，聚生，近球形，直径 80～120μm，蜜黄色或黄褐色。

春孢子器生于叶下面，形成大小不等的直径可达 10mm 或更大的圆形、环形或同心圆集群，在叶脉或茎上形成长度不等的长形群，常引起寄主组织肥大变形，杯形，直径 200～300μm，白色，边缘反卷，有缺刻；包被细胞不规则多角形，20～33×12～25μm，外壁近光滑或有不明显的细纹，厚 7～10(～12)μm，内壁有密疣，厚 3～5μm；春孢子多角状近球形，直径 15～18×12～15μm，壁约 1μm 厚或不及，近无色或淡黄色，表面密生细疣，具若干（5～10 个或更多）直径 2.5～5μm 的折光颗粒，极易掉落。

贴生接骨木（血满草）*Sambucus adnata* Wall. ex DC. 重庆：巫溪（71233）；四川：峨眉山（02836），卧龙（48509）；云南：中甸（48508）；西藏：波密（46826）；青海：循化（172343，172344）。

毛接骨木 *Sambucus buergeriana* Blume 吉林：临江（42913）。

接骨木 *Sambucus williamsii* Hance　北京：百花山（25453，25454，55126，55478，55662，55686）；河北：小五台山（25455），蔚县（08699）；辽宁：临江（58507）；四川：峨眉山（56194）。

分布：北美洲。俄罗斯远东地区，中国。

Arthur（1902，1903，1934）通过接种试验首次证实 *Sambucus canadensis* L.和 *S. pubens* Michx.上的 *Aecidium sambuci* Schwein.是生于薹草属植物 *Carex* spp.上的 *Puccinia bolleyana* Sacc.（1891）的春孢子阶段。接骨木属 *Sambucus* 植物上的春孢子器在我国十分常见，戴芳澜（1979）、王云章和臧穆（1983）、庄剑云（1986，1988）等都把它们鉴定为 *P. bolleyana*。然而，*P. bolleyana* 在我国的薹草上从未发现过。Azbukina（2005）将俄罗斯远东地区欧洲接骨木 *Sambucus racemosa* L.和朝鲜接骨木 *S. coreana* (Nakai) Kom. & Aliss.上的春孢锈菌也鉴定为 *P. bolleyana*，但在薹草上的夏孢子和冬孢子阶段也无记录。我们怀疑东亚产的接骨木属植物上的春孢锈菌可能与北美洲的 *A. sambuci* 并非同物，或可能是具内循环生活史的内锈菌属 *Endophyllum* 的一种。我们检查了美国产的加拿大接骨木 *Sambucus canadensis* L.上的三份标本（Indiana, 8 VI 1899, J.C. Arthur, PUR; Massachusetts, VII 1911, A.P.D. Piguet, FH; Indiana, 18 VII 1934, O.A. Plunkett, UC），并与国产标本进行了比较，在形态特征上看不出明显区别。暂用 *A. sambuci* 这个无性型名称附录于此，尚需进一步确认其归属。

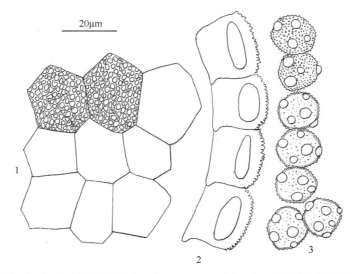

图 84　接骨木春孢锈菌 *Aecidium sambuci* Schwein.（HMAS 55686）

1. 春孢子器包被细胞及其内壁突起物或纹饰；2. 包被细胞纵切面；3. 春孢子

天葵春孢锈菌　图 85

Aecidium semiaquilegiae Dietel, Ann. Mycol. 5: 77, 1907; Tai, Sylloge Fungorum Sinicorum, p. 367, 1979.

性孢子器生于叶下面，聚生，常均匀不规则扩展，直径 100～120μm，蜜黄色。

春孢子器生于叶下面，密集，多时布满叶大部，杯形，直径 200～300μm，白色，边缘反卷，有缺刻；包被细胞不规则多角形、不规则四边形或无定形，20～25(～33)×10～20(～23)μm，外壁有条纹，厚 7～10μm，内壁有密疣，厚 2～3μm；春孢子近球形、椭圆形、矩圆形或卵形，15～23(～25)×12～18μm，壁约 1μm 厚，无色，表面密生细疣。

天葵 *Semiaquilegia adoxoides* (DC.) Makino (≡ *Isopyrum adoxoides* DC.) 浙江：杭州（11332，22077，22078）。

分布：日本。中国，俄罗斯远东地区。

此菌是桃 *Amygdalus persica* L.上的桃白双胞锈菌 *Leucotelium pruni-persicae* (Hori) Tranzschel 的春孢子阶段。上述引证的中国科学院菌物标本馆（HMAS）保藏的标本均曾被误订为 *Aecidium isopyri* J. Schröt.。由于 *L. pruni-persicae* 的春孢子阶段在我国文献中未曾被描述过，现予记述作为《中国真菌志 第四十一卷 锈菌目（四）》（庄剑云等，2012）补遗。

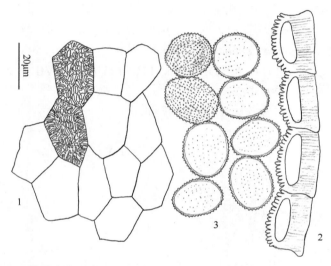

图 85　天葵春孢锈菌 *Aecidium semiaquilegiae* Dietel（HMAS 22078）

1. 春孢子器包被细胞及其内壁突起物或纹饰；2. 包被细胞纵切面；3. 春孢子

山西春孢锈菌

Aecidium shansiense Petr., Meddel. Göteborgs Bot. Trädg. 17: 117, 1947; Wang, Index Uredinearum Sinensium, p. 8, 1951; Tai, Sylloge Fungorum Sinicorum, p. 367, 1979.

春孢子器生于叶下面，形成直径 8～12mm 的圆形或椭圆形病斑，有时病斑长形或无定形，长达 2cm，不规则聚生，圆柱形，直径 150～250μm，长 1～2.5mm，顶部开口边缘碎裂，白色或黄白色；包被细胞四角形、五角形或六角形，直径 20～25μm，内壁有密疣，无色；春孢子广卵形、宽椭圆形、近球形或无定形，17～22×15～20μm，无色或淡黄色，表面密生细疣。

费菜 *Sedum aizoon* L. 山西：垣曲（H. Smith 6582: 2，未见），运城（H. Smith 6111: 2，未见）。

分布：中国。

此菌是 Petrak（1947）所描述，生于费菜（土三七）*Sedum aizoon* L.，标本未见。从原描述看，酷似禾本科隐子草属植物 *Cleistogenes* spp.上的南方柄锈菌 *Puccinia australis* Körn.在景天属植物上的春孢子器和春孢子。Petrak（1947）在讨论中将此菌与 *Aecidium sedi-aizoontis* Tranzschel（*Puccinia stipae-sibiricae* S. Ito 的春孢子阶段）进行了比较，但未提及 *P. australia*。我们认为此菌是 *P. australia* 的春孢子阶段。模式未见，附录于此留待考证。以上描述摘译自 Petrak（1947）。

艾纳香内锈菌　图 86

Endophyllum blumeae (Henn.) F. Stevens & Mendiola, Philipp. Agric. 20: 5, 1931.

Aecidium blumeae Henn., Hedwigia 47: 252, 1908; Sawada, Descriptive Catalogue of the Formosan Fungi IV, p. 76, 1928; Hiratsuka & Hashioka, Bot. Mag. Tokyo 48: 239, 1934; Hiratsuka, Mem. Tottori Agric. Coll. 7: 65, 1943; Sawada, Descriptive Catalogue of the Formosan Fungi IX, p. 120, 1943; Wang, Index Uredinearum Sinensium, p. 2, 1951; Tai, Sylloge Fungorum Sinicorum, p. 358, 1979; Zhuang & Wei *in* W.Y. Zhuang, Higher Fungi of Tropical China, p. 352, 2001.

性孢子器生于叶上面，聚生，直径 80～100μm，蜜黄色。

冬孢子堆为春孢子器状，生于叶下面，形成直径 2～5mm 或更大黄白色的圆形病斑，聚生，包被杯形，边缘流苏状撕裂，白色或淡黄色，直径 200～250μm；包被细胞不规则多角形，覆瓦状排列，15～28×15～22μm，无色，外壁光滑，厚 5～7.5μm，内壁有密疣，厚 2～2.5μm；冬孢子似春孢子，多角状近球形或椭圆形，14～20×12～16μm，壁约 1μm 厚，近无色，表面密生细疣。

艾纳香 *Blumea balsamifera* (L.) DC. 台湾：高雄（04952，05077）；贵州：册亨（50566，50567）。

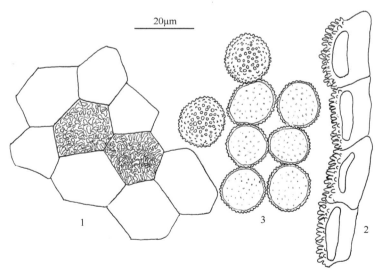

图 86　艾纳香内锈菌 *Endophyllum blumeae* (Henn.) F. Stevens & Mendiola（HMAS 04952）

1. 春孢子器状包被细胞及其内壁突起物或纹饰；2. 包被细胞纵切面；3. 春孢子状冬孢子

分布：菲律宾。马来西亚（加里曼丹岛北部），巴布亚新几内亚，中国南部。

Stevens 和 Mendiola（1931）通过孢子的萌发试验证实此菌具内循环（endocyclic）生活史，其冬孢子堆与春孢锈菌属 *Aecidium* 的杯形春孢子器相似，但孢子萌发产生担子和担孢子，遂将原名称 *Aecidium blumeae* Henn.改组为 *Endophyllum blumeae* (Henn.) F. Stevens & Mendiola。巴布亚新几内亚产的巴布亚春孢锈菌 *Aecidium papuanum* Cummins（1941）寄生于艾纳香属的毛毡草 *Blumea hieraciifolia* (D. Don) DC.，可引起寄主植物的系统性（systemic）感染，罹病叶片狭小变形，春孢子萌发直接产生侵染菌丝，与本种有本质区别。

Endophyllum blumeae 在我国以往的文献中（见上列文献）均以 *Aecidium blumeae* 的名称记载，现予改订，附记于此作为《中国真菌志 第四十一卷 锈菌目（四）》（庄剑云等，2012）补遗。

春孢锈菌属可疑或错误记录（doubtful or mistaken records）

疮痂春孢锈菌
Aecidium abscedens Arthur

本种原先仅报道于波多黎各的 *Randia aculeata* L.上（Arthur，1915b）。Leather 和 Hor（1969）将中国香港的寄生于山石榴 *Randia spinosa* (Thunb.) Poir.上的标本鉴定为本种，后庄剑云和魏淑霞（2001）据此转载。此为本种在亚洲的唯一记录。亚洲热带产的寄生于多种山黄皮属 *Randia*（=*Griffithia*，茜草科）植物的 *Endophyllum griffithiae* (Henn.) Racib.与本种在外形上很相似，但它是个具内循环（endocyclic，endo-form）生活史的种。我们怀疑 Leather 和 Hor（1969）报道的 *Aecidium abscedens* 实际上可能是 *Endophyllum griffithiae*，故不列入本志。

沙参春孢锈菌
Aecidium adenophorae Jacz.

朱凤美（1927）曾在江苏和江西的 *Adenophora* sp.上报道过此菌，后戴芳澜（1936-1937，1979）和王云章（1951）转载，但无标本依据。中国科学院菌物标本馆（HMAS）保存的其他地区沙参属植物 *Adenophora* spp.上被鉴定为 *Aecidium adenophorae* Jacz.的所有标本均被误订，实为 *Aecidium adenophorae-verticillatae* Syd. & P. Syd.。*A. adenophorae* 模式产地在俄罗斯远东地区，其包被细胞长矩圆形，45～55×16～20μm，春孢子 18～26×17～22μm（Jaczewski，1900）。此菌在我国东北可能有分布，鉴于目前无标本为据，暂不列入本志。

意大利鼠李春孢锈菌
Aecidium alaterni Maire

此菌为 Miyake（1914）和刘波等（1981）所报道，戴芳澜（1936-1937，1979）和

王云章（1951）转载。中国科学院菌物标本馆保存的产自山西生于鼠李属 *Rhamnus* 植物被定名为 *Aecidium alaterni* 的两号标本经复查均属误订，实为冠柄锈菌 *Puccinia coronata* Corda 的春孢子阶段（*Aecidium rhamni* Pers.）。*A. alaterni* 原产于阿尔及利亚，寄生于意大利鼠李 *Rhamnus alaternus* L.（Maire，1900；Sydow and Sydow，1924），在亚洲无其他记录，其在我国的分布存疑。我们未见此菌模式，但根据特征描述推测，它可能与 *Aecidium rhamni* 同物。

杭子梢春孢锈菌

Aecidium campylotropidis F.L. Tai

此菌是戴芳澜（1947）根据采自云南昆明的多花杭子梢 *Campylotropis polyantha* (Franch.) Schindl.上的标本（01041，模式）所描述。据原描述，其春孢子器短圆柱形，直径 130～200μm；近菱形或矩圆形，16～23×16～19μm，外壁厚 3～4μm，内壁密生粗疣，厚 1.5～2μm；春孢子近球形或角球形，18～20×16～18μm，壁约 1μm 厚，无色，表面密生小疣。经复查模式标本，我们认为此菌是 *Uromyces lespedezae-procumbentis* (Schwein.) M.A. Curtis 的春孢子阶段。

菊科春孢锈菌

Aecidium compositarum Mart.

此菌是 Miyake（1914）所记载，标本采自河北遵化县戟叶蟹甲草（山尖子）*Cacalia hastata* L.上。我们推测它是宽叶薹草柄锈菌 *Puccinia caricis-siderostictae* Dietel 的春孢子阶段。中国科学院菌物标本馆（HMAS）仅保存采自北京北海公园和钓鱼台的苦荬菜 *Ixeris denticulata* (Houtt.) Stebb.上的两号标本，经复查实为低滩苦荬菜柄锈菌 *Puccinia lactucae-debilis* Dietel 的春孢子阶段。*A. compositarum* Mart.名下已被一些作者增设多达 20 个变种，如 var. *ambrosiae* Burrill、var. *bellidis* Durieu & Mont.、var. *bibentis* Burrill、var. *eupatorii* Burrill、var. *helianthi* Burrill、var. *lactucae* Burrill、var. *myriactidis* Barclay、var. *petasitis* P. Syd. & Syd.、var. *silphii* Burrill、var. *sonchi* P. Karst.、var. *xanthii* Ellis 等，它们属于菊科 Compositae、莎草科 Cyperaceae、禾本科 Gramineae、灯心草科 Juncaceae 等科植物上柄锈菌属 *Puccinia* 某些种的春孢子阶段，个别是灯心草科 Juncaceae 植物上单胞锈菌属的春孢子阶段（如 var. *silphii* 是 *Uromyces silphii* Arthur 的春孢子阶段）（Saccardo，1888；Sydow and Sydow，1924；Arthur，1934）。*A. compositarum* 属广义（*sensu lato*）名称，其具体的有性型归属难于判定。

格氏春孢锈菌

Aecidium graebnerianum Henn.

此菌为 Ito（1950）所记载，标本（1923 年 7 月，兴安岭）为 Miura（1928）所采，寄主为手参[*Gymnadenia conopsea* (L.) R. Br. = *Orchis conopsea* L.]。该标本原先被 Miura（1928）鉴定为 *Puccinia orchidearum-phalaridis* Kleb.，Ito（1950）改订为 *Aecidium graebnerianum* Henn.，戴芳澜（1979）转载。标本未见，其在我国的分布无法确认。

　　Puccinia orchidearum-phalaridis 已被一些作者（Wilson and Henderson，1966；Cummins，1971；Hiratsuka et al.，1992；庄剑云等，1998；Azbukina，2005）作为 *Puccinia sessilis* W.G. Schneid. ex J. Schröt.的同物异名。此菌广布于北温带，夏孢子和冬孢子阶段生于禾本科的虉草 *Phalaris arundinacea* L.，春孢子阶段生于手参属 *Gymnadenia*、对叶兰属 *Listera*、红门兰属 *Orchis*、舌唇兰属 *Platanthera* 等兰科 Orchidaceae 植物，亦生于多种天南星科 Araceae、鸢尾科 Iridaceae 和百合科 Liliaceae 植物。*Aecidium graebnerianum* 则是 *Puccinia praegracilis* Arthur 的春孢子阶段，其夏孢子和冬孢子阶段生于剪股颖属 *Agrostis*、茅香属 *Hierochloe*、发草属 *Deschampsia* 等禾本科植物，春孢子阶段生于玉凤花属 *Habenaria*、红门兰属 *Orchis*、凹舌兰属 *Coeloglossum*、掌根兰属 *Dactylorhiza*、舌唇兰属 *Platanthera* 等兰科植物（Cummins，1971）。*P. praegracilis* 主产于北美洲，俄罗斯堪察加半岛也有分布（Jørstad，1934；Azbukina，2005）。

扁果草春孢锈菌
Aecidium isopyri J. Schröt.

　　此菌是戴芳澜（1936-1937）首次记载，后魏景超和黄淑炜（1941）、王云章（1951）、戴芳澜（1979）等相继转载。所依据的标本为魏景超 1930 年在杭州所采（U.N. 2960 =HMAS 11332），经复查该标本实为 *Aecidium semiaquilegiae* Dietel，即桃 *Amygdalus persica* L.上的 *Leucotelium pruni-persicae* (Hori) Tranzschel 的春孢子阶段，现予订正。

　　Aecidium isopyri J. Schröt.分布于欧洲和北美洲，生于唐松草叶扁果草 *Isopyrum thalictroides* L.，亚洲尚无其他记录（Sydow and Sydow，1924）。

爵床春孢锈菌
Aecidium justiciae Henn.

　　此菌是邓叔群和欧世璜（1937）所记载，标本（S.C. Teng No. 1360 = CUP-CH 980，美国康奈尔大学）采自浙江天目山，寄主植物被鉴定为 *Justicia* sp.。该属植物的国产种现已分别转移至爵床属 *Rostellularia*、杜根藤属 *Calophanoides*、驳骨草属 *Gendarussa*、野靛棵属 *Mananthes* 等，故该属在中国不产。邓叔群的标本的寄主植物因缺生殖器官，无法判定其归属，此菌也难于鉴定。

　　Aecidium justiciae Henn.（1907）仅产于非洲中部（模式产地在刚果），亚洲无其他记录，其在我国的分布存疑。

大孢春孢锈菌
Aecidium megasporum Sawada

　　此菌是 Sawada（1943c）所描述，无拉丁文特征简介，属不合格发表。标本采自中国台湾高雄（26 IV 1931，K. Sawada），未见。由于寄主植物不明（Asclepiadaceae？），此菌无法确认，待考。

泡花树春孢锈菌

Aecidium meliosmae Keissl.

此菌为 Keissler（1923）所报道，标本采集地不详（in silva jugi Tsatmukngao prope oppidum Lienping），可能是广东连平县附近，寄生于山青木 *Meliosma kirkii* Hemsl. & E.H. Wilson。根据原描述，其春孢子器包被细胞（直径约 30μm）和春孢子（40×30μm）都很大，"壁很厚，尤其在顶部"。此菌略似 *Aecidium meliosmae-pungentis* Henn. & Shirai，因未见标本，难于确认。

Aecidium meliosmae Keissl. (non *Aecidium meliosmae* Dietel 1900, as '*meliosmatis*')是个晚出同名（homonym），为不合法名称（nom. illegit.）。

木犀春孢锈菌

Aecidium osmanthi Syd., P. Syd. & E.J. Butler

此菌为魏景超和黄淑炜（1941）、戴芳澜（1947）所记载，生于桂花 *Osmanthus fragrans* (Thunb.) Lour.。经复查原标本（金陵大学真菌标本室 U.N. 4271 = HMAS 14260；清华大学植物病理系 8440 = HMAS 04440）发现实为菲利桂基孔单胞锈菌 *Zaghouania phillyreae* Pat.的春孢子阶段，现予订正。

我们未能研究产于印度的 *Aecidium osmanthi* Syd., P. Syd. & E.J. Butler 的模式标本，但根据原描述（Sydow et al.，1907；Sydow and Sydow，1924）推测此菌可能是 *Zaghouania phillyreae* Pat.的春孢子阶段。

盐地前胡春孢锈菌

Aecidium salinum Lindr.

此菌是庄剑云和魏淑霞（2005）及庄剑云和王生荣（2006）所记载，标本采自甘肃文县（79330），寄主被鉴定为前胡 *Peucedanum* sp.。经复查原标本，发现寄主植物鉴定有误，但未能更正。其春孢子较小（17～20×14～18μm），不同于 *Aecidium salinum* Lindr. 的春孢子（18～27×15～24μm）（Sydow and Sydow，1924）。此是错误记录，有待订正。

Aecidium salinum Lindr.首次记载于俄罗斯西西伯利亚的托木斯克（Tomsk），寄生于盐地前胡 *Peucedanum salinum* Pall. ex Spreng.。

菝葜春孢锈菌

Aecidium smilacis-chinae Sawada

此菌是 Sawada（1943a）用日文描述，属不合格发表。我们未见中国台湾的标本（菝葜 *Smilax china* L.，台北，6 IV 1908，Y. Fujikuro；12 IV 1908，R. Suzuki；台中，28 III 1928，K. Sawada；新竹，27 IV 1930，K. Sawada）。中国科学院菌物标本馆（HMAS）

保存的生于菝葜 Smilax china L.被鉴定为此菌的标本仅有采自浙江天目山（43115）和湖北钟祥（134863）的两号，但标本已溃败，无法鉴定。此菌可能是禾本科植物柄锈菌属 Puccinia 某个种的春孢子阶段，其转主寄生关系有待进行接种试验证实。在此摘译 Sawada（1943a）的原描述供参考：性孢子器小扁球状，孔口略突起，直径 104～157μm，高 112～130μm。春孢子器生于叶下面，聚生于直径 5～20mm 或更大的圆形暗色病斑上，杯形，直径 200～300μm，高 210～326μm；包被细胞不规则多角形，18～25×15～18μm，壁 4μm 厚，密生细疣；春孢子球形或卵球形，19～26×18～26μm，壁 1.5～2μm 厚，无色或淡色，表面密生细疣。

美国产的青篱竹 Arundinaria tecta (Walt.) Muhl.上的青篱竹柄锈菌 Puccinia arundinariae Schwein.和长叶沙茅 Calamovilfa longifolia (Hook.) Scribn.上的遍生柄锈菌 Puccinia amphigena Dietel 都以菝葜属植物 Smilax spp.作为春孢子阶段寄主。此两种禾本科植物锈菌在我国均无分布（Cummins，1971）。

多变大戟春孢锈菌
Aecidium tithymali Arthur

此菌仅知分布于北美洲。臧穆等（1996）有关此菌的记载是根据采自四川阿坝的一份寄主植物被误订为 Euphorbia sp.的标本。我们未能确认此植物。此记录排除。

梵天花春孢锈菌
Aecidium urenae Sawada

此菌是 Sawada（1943d）所描述，标本（6 X 1908，R. Suzuki）采自中国台湾高雄，寄生于绒毛肖梵天花 Urena lobata L. var. tomentosa Miq.。因无拉丁文特征简介，属不合格发表。标本未见，亦无其他记录，此菌存疑，现摘译原描述留待考证：春孢子器生于叶下面，常形成直径 2～4mm 的孢器群，杯形，直径 215～245μm，高 245μm，橙黄色；包被细胞多角状卵形或多角状椭圆形，21～35×15～18μm，壁有密疣；春孢子球形、多角状球形或多角状椭圆形，19～20×16～18μm，壁薄，淡色，表面密生细疣。

裸孢锈菌属 *Caeoma* Link

Mag. Ges. Naturf. Freunde 3:5, 1809.

春孢子器无包被，裸露；春孢子单胞，串生，具间生细胞（intercalary cell），侧丝有或无；典型的春孢子表面布满疣突，疣的大小、形状因种而异，孢子萌发产生侵染菌丝。

模式种：*Caeoma saxifragarum* Link（补选模式 lectotype，Clemens and Shear，1931）。

= *Melampsora vernalis* G. Winter（春孢子阶段）

模式产地：欧洲。

此式样属产生无包被的裸春孢子器（caeomoid aecium），多为裸双胞锈菌属

Gymnoconia、多胞锈菌属 *Phragmidium*、拟多胞锈菌属 *Xenodochus*、栅锈菌属 *Melampsora* 等属的春孢子阶段。栅锈菌属在球果植物上的春孢子器有时尚可见到发育不良的包被。Léveillé（1847）将具周生侧丝的种划归 *Lecythea* 属。Cummins 和 Hiratsuka（2003）以产于智利的寄生于智利南洋杉 *Araucaria araucana* (Molina) K. Koch 上的 *Caeoma sanctae-crucis* Espinosa（*Mikronegeria fagi* Dietel & Neger 的春孢子阶段）为模式另建新属 *Petersonia*。此属近似于 *Caeoma*，但串生的孢子无间生细胞。Thirumalachar 等（1966）建立的 *Elateraecium* 近似于 *Petersonia*，其串生孢子亦无间生细胞，但其无包被的春孢子器中布满特有的弹丝状（elaterlike）菌丝；模式 *Elateraecium salacicola* Thirum., F. Kern & B.V. Patil 产自印度，生于五层龙 *Salacia prinoides* DC.（翅子藤科 Hippocrateaceae），我国可能有分布。

此属已知 200 余种，本卷记载 5 种。

周氏裸孢锈菌

Caeoma cheoanum Cummins, Mycologia 43: 95, 1951; Wang, Index Uredinearum Sinensium, p. 10, 1951; Tai, Sylloge Fungorum Sinicorum, p. 391, 1979.

性孢子器生于叶上面，埋生于寄主表皮下，直径 210～300μm，高 100～200μm，无侧丝。

春孢子器生于叶下面或茎上表皮下，直径可达 8mm 或更大，浅黄色；春孢子椭圆形、矩圆形或不规则，25～52×18～27μm，壁厚 3～4μm，无色或淡黄色，表面有疣，芽孔不明显，可能 3～5 个腰上生。

悬钩子属 *Rubus* sp. 广西：岑王老山（凌云）（7 IV 1933，S.Y. Cheo 1824，模式 typus，未见）。

分布：中国南部。

此菌的主要特征是其孢子很大，壁厚，间生细胞明显。根据其寄主推测此菌可能属于多胞锈菌属 *Phragmidium* 或其他近似属，然而其性孢子器生于寄主表皮下，又非这些属的典型特征。模式标本未能研究，我们在模式产地广西岑王老山也未复得此菌标本。此菌暂予保留，以上描述译自 Cummins（1951）。

绿绒蒿裸孢锈菌　图 87

Caeoma meconopsis B. Li, Acta Mycol. Sin. Suppl. 1: 163, 1986; Zang, Li & Xi, Fungi of Hengduan Mountains, p. 116, 1996.

性孢子器生于叶两面，埋生于寄主表皮下，散生或聚生，宽 130～160μm，高 70～120μm，褐色，无侧丝。

春孢子器生于叶下面，聚生，圆形，直径 0.3～0.6mm，常互相连合，黄色，粉状；春孢子串生，近球形或宽椭圆形，16～23×15～20μm，壁约 1μm 厚，淡黄色，表面有疣，芽孔不明显。

全缘叶绿绒蒿 *Meconopsis integrifolia* (Maxim.) Franch. 四川：松潘（47862 模式

typus）。

分布：中国西南。

绿绒蒿属 *Meconopsis*（罂粟科 Papaveraceae）上未见有其他裸孢锈菌。本种可能是栅锈菌属 *Melampsora* 某个种的春孢子阶段。杨树上的 *Melampsora magnusiana* G.H. Wagner ex Kleb. 的春孢子阶段寄生于罂粟科的大花白屈菜 *Chelidonium majus* L. var. *grandiflorum* DC.，但其春孢子较小（14～23×12～20μm；Ito，1938）（李滨，1986；臧穆等，1996）。

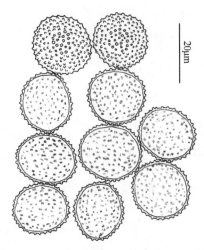

20μm

图 87　绿绒蒿裸孢锈菌 *Caeoma meconopsis* B. Li 的春孢子（HMAS 47862, typus）

戴氏裸孢锈菌　图 88

Caeoma taianum J.Y. Zhuang & S.X. Wei, Mycosystema 35: 1471, 2016.

性孢子器生于叶上面。聚生于 2～5mm 宽的圆形或无定形病斑中央，暗褐色，直径 175～230μm。

春孢子器生于叶下面，裸春孢子器型，无包被，聚生于 2～5mm 宽的圆形或无定形黄色或黄褐色病斑，植物罹病部位不变形，无侧丝，略粉状，干时坚实，密集，常互相连合，裸露，垫状，橙色，干时略淡白色或淡黄色，单个春孢子器直径 1～2mm；春孢子串生，形状多变，近球形、卵形、椭圆形、矩圆形或无定形，有时呈长卵形或矩圆状棍棒形，18～43(～50) ×13～23μm，壁厚 1.5～2(～2.5)μm，无色，表面密生粗疣，芽孔不明显。

木香花 *Rosa banksiae* W.T. Aiton　云南：昆明（00624 主模式 holotypus；00635，01730，04010，04011，10506）；云南：大理（90882）。

白木香 *Rosa banksiae* var. *normalis* Regel　云南：华宁（03684）。

分布：中国西南。

此菌在云南普遍发生。戴芳澜（1947）和任玮（1956）将它误订为沃氏裸孢锈菌 *Caeoma warburgianum* Henn. [≡ *Kuehneola warburgiana* (Henn.) Y. Ono；Ono，2012]，其实它与后者差异甚大。其春孢子器生于叶上，不引起病叶变形；其春孢子形状多变，有的呈长卵形或矩圆状棍棒形，长度可达 50μm，顶壁不增厚，表面密生粗疣，而后者的春孢子器生于茎上，常引起植物罹病部位变形扭曲或呈丛枝状，春孢子通常不及 35μm 长（Sydow and Sydow，1924），有时顶端呈短尖（稀长渐尖），顶壁常增厚，表面具细疣。此菌可能是多胞锈菌属 *Phragmidium* 某个种的春孢子阶段，但由于其春孢子很长，形状多变，表面的疣较粗大，与过去描述过的蔷薇属植物 *Rosa* spp.上的多胞锈菌的种都不同。

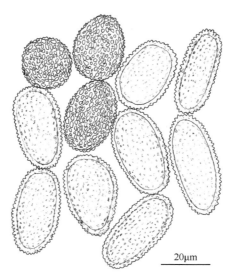

20μm

图 88　戴氏裸孢锈菌 *Caeoma taianum* J.Y. Zhuang & S.X. Wei 的春孢子（HMAS 00624, holotypus）

附录（appendix）

鹿藿裸孢锈菌

Caeoma rhynchosiae Sawada, Descriptive Catalogue of the Formosan Fungi IX, p. 118, 1943. (nom. nudum)

此菌是 Sawada（1943c）根据台湾小鹿藿 *Rhynchosia minima* (L.) DC.上的标本描述。原描述为日文，属不合格发表。标本（台东，30 IV 1909，K. Sawada）未见，亦未见其他记录，存疑，现摘译原描述供考证：春孢子器生于叶两面、叶柄或茎上，直径 0.2～0.5mm，黄褐色；春孢子串生，宽椭圆形或椭圆形，孢子二型：小型孢子 15～19×13～17μm，大型孢子 23～27×20～23μm，壁极薄，淡色，表面几近光滑。

沃氏无眠多胞锈菌　图 89

Kuehneola warburgiana (Henn.) Y. Ono, Mycotaxon 121: 208, 2012.

Caeoma warburgianum Henn., Monsunia 1: 4, 1899 (ubi errore *C. warburgiana* dictum); Tai, Sci. Rep. Natl. Tsing Hua Univ., Ser. B, Biol. Sci. 2: 307, 1936-1937; Wang, Index Uredinearum Sinensium, p. 10, 1951; Tai, Sylloge Fungorum Sinicorum, p. 391, 1979. pro parte

Caeoma rosae-bracteatae Sawada, Descriptive Catalogue of the Formosan Fungi IX, p. 131, 1943. (nom. nudum)

性孢子器生于茎上，聚生，直径 150～200μm，蜜黄色。

春孢子器生于茎上，裸露，沿茎呈长度不等的长条形，多时绕茎连合达数厘米长，常致使幼茎扭曲变形，新鲜时橙黄色，干时淡黄色或苍白色，粉状；春孢子串生，形状多变，近球形、椭圆形、倒卵形、长矩圆形或长卵形，顶端圆、钝或具短尖，稀长渐尖，18～32×(10～)12～18μm，壁厚约 1μm，顶端增厚 2～5(～7.5)μm，无色，表面密布细疣，芽孔不明显。

冬孢子堆生于叶下面，白色，绒状；冬孢子 2～4 个细胞连生，具短柄，细胞卵形、椭圆形或宽椭圆形，21～34×10～17μm，壁厚不及 1μm，无色，立即萌发，担子外生。

硕苞蔷薇 *Rosa bracteata* Wendl. 福建：武夷山（41476，41477，41478），厦门（41475）；台湾：新竹（11810）。

蔷薇属 *Rosa* sp. 浙江：宁波（Des. 1887，O. Warburg，补选模式 lectotypus，柏林植物园标本馆，B）。

分布：中国。琉球群岛。

Hennings（1899）在发表 *Caeoma warburgianum* Henn. 时忽略了标本中的冬孢子。Ono（2012）在采自浙江宁波的原标本（补选模式）中发现了冬孢子，遂将此菌改组为 *Kuehneola warburgiana* (Henn.) Y. Ono。Ono（2012）在采自琉球群岛硕苞蔷薇 *Rosa bracteata* Wendl.上的标本中发现了夏孢子和冬孢子堆的周生侧丝并描述如下。

夏孢子堆生于叶下面，散生或稍聚生，新鲜时橙黄色，裸露，粉状；夏孢子单生于短柄上，椭圆形、宽椭圆形、倒卵形或梨形，18～25×11～16μm，壁厚约 1μm 或不及，无色，表面密布细刺，芽孔不明显。冬孢子堆侧丝周生，不规则圆柱形，或多或少向内弯曲，顶壁和背壁增厚，长 25～30μm，宽 6～9μm，无色。

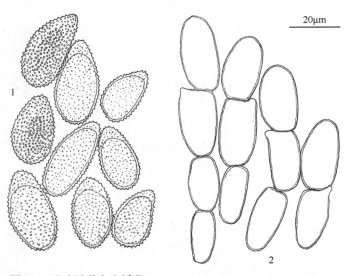

图 89 沃氏无眠多胞锈菌 *Kuehneola warburgiana* (Henn.) Y. Ono
1. 春孢子（HMAS 41475）；2. 冬孢子（Des. 1887, O. Warburg, lectotypus, B）

除了模式标本，在我国其他地区采得的标本均未发现夏孢子和冬孢子。模式标本未研究，附图中春孢子根据采自厦门的标本绘制，冬孢子根据 Ono（2012）的显微照片按春孢子图的比例临绘。

被孢锈菌属 *Peridermium* (Link) J.C. Schmidt & Kunze

Deutschlands Schwämme, p. 141, 1817. (nom. conserv.)

Peridermium Link, Mag. Ges. Naturl. Freunde 7: 29, 1816 (proposed as a subgenus of *Hypodermium* Link).

春孢子器包被发达，叶上生的常呈舌状或管状，枝干上生的常呈疱状或扁平，顶端开裂或周裂（circumscissile）；包被细胞单层或数层；春孢子串生，具间生细胞（intercalary cell），典型的春孢子表面布满疣突。

模式：*Peridermium elatinum* (Alb. & Schwein.) J.C. Schmidt & Kunze
　　 ≡ *Aecidium elatinum* Alb. & Schwein.
　　 = *Melampsorella caryophyllacearum* J. Schröt.（春孢子阶段）
模式产地：欧洲。

此式样属产生有被春孢子器（peridermioid aecium），多为隐孢锈菌属 *Calyptospora*、金锈菌属 *Chrysomyxa*、鞘锈菌属 *Coleosporium*、柱锈菌属 *Cronartium*、明痂锈菌属 *Hyalopsora*、小栅锈菌属 *Melampsorella*、长栅锈菌属 *Melampsoridium*、迈氏锈菌属 *Milesina*、膨痂锈菌属 *Pucciniastrum*、盖痂锈菌属 *Thekopsora*、拟夏孢锈菌属 *Uredinopsis* 等属的春孢子阶段。通常生于裸子植物 Gymnospermae。

此属有 20～30 种，本卷记载 7 种。

镰孢被孢锈菌　图 90

Peridermium falciforme J.Y. Zhuang & S.X. Wei, Mycosystema 35: 1473, 2016.

性孢子器生于叶下面，离生并排列成行，近黑色，直径 60～100μm。

春孢子器生于叶下面，疱状，长 1～2mm，高 0.6～1mm，在叶中脉两侧平行紧密排列，白色或淡黄色，顶端不规则开裂。包被细胞形状不规则，不规则长多角形、长六角形、菱形、不规则椭圆形等，长 30～75μm，宽(10～)18～25(～33)μm，外壁有条纹，厚 7～10μm，内壁有粗疣，厚 2～2.5μm；春孢子单胞，纺锤形、镰刀形或无定形，略弯曲或近直，两端短尖或渐尖，有时一端钝另一端尖或具弯尾，(35～)40～68(～75)×(12～)15～18(～20)μm，无色，表面密布无定形粗疣，疣高 2～2.5μm。

丽江云杉 *Picea likiangensis* (Franch.) E. Pritz. 云南：中甸（183389，模式 typus）。

分布：中国西南。

此菌与我国西南地区云杉上的中国被孢锈菌 *Peridermium sinense* Y.C. Wang & L.

Guo 和云杉被孢锈菌 *Peridermium yunshae* Y.C. Wang & L. Guo（王云章等，1980）近似，但前者的春孢子近球形或宽椭圆形，壁很厚（4～7.5μm），而后者的春孢子较短小（23～43×13～25μm）。同寄主植物上尚有丽江被孢锈菌 *Peridermium likiangense* B. Li（1986），其春孢子近球形或椭圆形，很小，17～22×14～20μm，显然不同于此菌。此菌可能是金锈菌属 *Chrysomyxa* 某个种的春孢子阶段，有待通过接种试验确认。

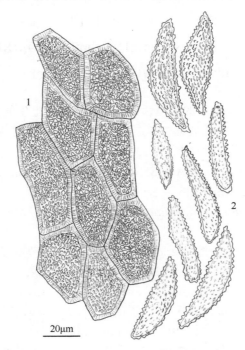

20μm

图 90　镰孢被孢锈菌 *Peridermium falciforme* J.Y. Zhuang & S.X. Wei（HMAS 183389, typus）

1. 春孢子器包被细胞及其内壁突起物或纹饰；2. 春孢子

云南油杉被孢锈菌　图 91

Peridermium keteleeriae-evelynianae T.S. Zhou & Y.H. Chen, Acta Mycol. Sin. 13: 88, 1994.

　　春孢子器生于枝条上，密集，病部呈扁球形肿大，在寄主表皮破裂脱落处外露，短柱形，直径 1～2mm，高通常不及 3mm，包被膜质，白色，不规则开裂；包被细胞形状不规则，多为不规则多角形或多角状近球形，45～100×25～60μm，无色，侧壁厚 7～13μm，外壁光滑，内壁密布细疣；春孢子多角状近球形、宽椭圆形、卵形、长卵形或无定形，55～100×35～68μm，壁厚度不匀，厚 5～15μm，浅黄褐色，表面密布近锥状或钝刺状细疣，芽孔不明显。

　　云南油杉 *Keteleeria evelyniana* Mast. 云南：昆明（5 XII 1991，陈玉惠，HSFC 15308，主模式 holotypus，西南林业大学真菌标本室；HMAS 246769 等模式 isotypus）。

　　分布：中国西南。

　　本种春孢子器出现在秋末冬初，寄主上的病瘿呈扁球形，不同于 *Peridermium*

kunmingense W. Jen 引起的纺锤形病瘿。其春孢子比 *Peridermium kunmingense* 的大得多，孢壁甚厚。电镜下观察孢子表面疣突呈钝刺状，高 1.2～2.3μm，底径 1.3～1.8μm，疣体自上而下有数条不规则纵向脊纹，顶部光滑，"脊"表面光滑（周彤燊和陈玉惠，1994）。

据周彤燊（2016，个人通讯）描述，病瘿新鲜时常渗出蜜滴，蜜滴中有性孢子。性孢子器 2 型，子实层平展，性孢子杆状，20～26×2～3μm。

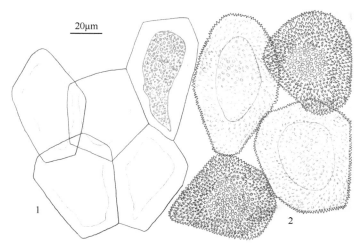

图 91　云南油杉被孢锈菌 *Peridermium keteleeriae-evelynianae* T.S. Zhou & Y.H. Chen（HSFC 15308，holotypus）

1. 春孢子器包被细胞及其内壁突起物或纹饰；2. 春孢子

昆明被孢锈菌　图 92

Peridermium kunmingense W. Jen, J. Yunnan Univ. (Nat. Sci.) 1956(2): 157, 158, 1956; Tai, Sylloge Fungorum Sinicorum, p. 556, 1979.

春孢子器生于枝条上，病部呈纺锤形肿大，密集，圆柱形，长 1～3mm，宽 1～2mm，橙黄色，不规则开裂。包被细胞不规则多角形或近菱形，45～100×25～57μm，侧壁 5～7(～9)μm 厚，外壁疏生细疣或近光滑，内壁密生不明显的极细的无定形疣或网状脊；春孢子近椭圆形、矩圆形或近卵形，(35～)40～63×30～45μm，近无色或淡黄褐色，表面密布不规则的疣突，壁连同疣突厚 4～6.5μm。

云南油杉 *Keteleeria evelyniana* Mast. 云南：安宁（40558），昆明（23 V 1954，W. Jen 147，模式 typus，西南林业大学；45876，45877，54003，246770）。

分布：中国西南。

据周彤燊和陈玉惠（1994）报道，电镜下观察本种孢子表面疣突呈锥状或钝刺状，高(2～)3～4μm，底径 2～2.8μm，疣体自上而下有数条不规则纵向脊纹，顶部粗糙，似由许多无定形细瘤堆积，"脊"表面不规则起伏，显粗糙（周彤燊和陈玉惠，1994）。

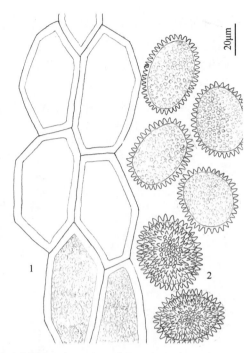

图92 昆明被孢锈菌 *Peridermium kunmingense* W. Jen（W. Jen 147, typus）

1. 春孢子器包被细胞及其内壁突起物或纹饰；2. 春孢子

丽江被孢锈菌 图 93

Peridermium likiangense B. Li, Acta Mycol. Sin. Suppl. 1: 162, 1986; Zang, Li & Xi, Fungi of Hengduan Mountains, p. 117, 1996 (as '*likiangensis*').

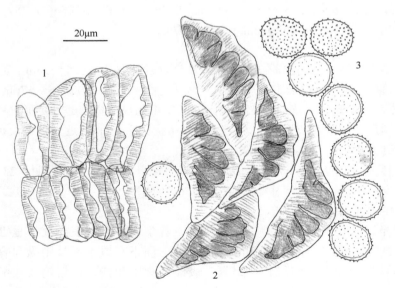

图 93 丽江被孢锈菌 *Peridermium likiangense* B. Li（HMAS 47861, typus）

1. 春孢子器包被细胞表面观；2. 包被细胞侧面观；3. 春孢子

性孢子器生于叶两面，聚生，极多，埋生于寄主表皮下，锥形，宽 150～165μm，高 90～100μm，蜜黄色。

春孢子器生于叶上面，半球形或扁球形，宽 0.5～1mm，高 0.2～0.3mm，白色，顶部开裂；包被细胞数层叠生，表面观不规则长条形或蠕虫形，极易分离，侧面观呈不规则刀形或斧形，48～70×20～28μm，具细条纹，有 5～8 条横向或斜向粗褶纹，褶纹间似凹陷，表面观胞壁不规则波状增厚（2～7μm）；春孢子近球形或椭圆形，17～23×13～20μm，壁厚 1～1.5μm，淡黄色或近无色，表面密生细疣或钝刺。

丽江云杉 *Picea likiangensis* (Franch.) E. Pritz. 云南：丽江（47861 模式 typus）。

分布：中国西南。

本种包被细胞表面观呈条形或蠕虫形，侧面观呈近刀形或斧形，有褶皱和细条纹，外观奇特，不同于云杉属 *Picea* 植物上其他被孢锈菌（李滨，1986；臧穆等，1996）。

中国被孢锈菌　图 94

Peridermium sinense Y.C. Wang & L. Guo *in* Wang et al., Acta Microbiol. Sin. 20: 22, 1980 (as '*sinenses*'); Wang & Zang, Fungi of Xizang (Tibet), p. 58, 1983.

性孢子器未见。

春孢子器生于当年生针叶两面，多在叶上面，长形隆起，常互相连合，长 0.6～1mm，白色，纵向开裂；包被细胞不规则长多角形，35～88×20～40μm，外壁有细线纹，厚 10～13μm，内壁极薄，光滑；春孢子近球形、宽椭圆形或卵形，30～58×28～55μm，壁厚 5～7.5μm，无色，新鲜时内容物橘黄色，表面密生短粗疣。

川西云杉 *Picea likiangensis* (Franch.) E. Pritz. var. *rubescens* Rehder & E.H. Wilson [= *P. likiangensis* (Franch.) E. Pritz. var. *balfouriana* (Rehder & E.H. Wilson) Hillier ex Slavin ≡ *P. balfouriana* Rehder & Wilson] 四川：金川（37741）；西藏：类乌齐（38659 模式 typus）。

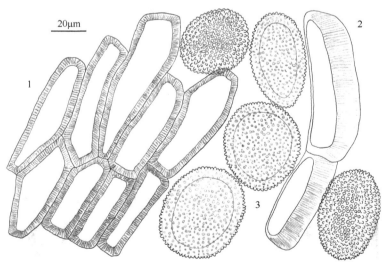

图 94　中国被孢锈菌 *Peridermium sinense* Y.C. Wang & L. Guo（HMAS 38659, typus）

1. 春孢子器包被细胞；2. 包被细胞纵切面；3. 春孢子

紫果云杉 *Picea purpurea* Mast. 四川：地点不详（"红卫局 501 场"，金川？）（38665）。

分布：中国西南。

本种的春孢子很大，堪比 *Chrysomyxa ledicola* Lagerh.的春孢子，但其春孢子壁远比后者的厚（王云章等，1980）。模式寄主被误订为麦吊云杉 *Picea brachytyla* (Franch.) E. Pritz.，现予订正。

采自四川紫果云杉 *Picea purpurea* Mast.上的标本的春孢子较小，Crane（2003，个人通讯）认为可能是不同的种，但据我们检查，其最大春孢子直径仍可达 50μm，其他特征无异。

云杉被孢锈菌　图 95

Peridermium yunshae Y.C. Wang & L. Guo *in* Wang et al., Acta Microbiol. Sin. 20: 22, 1980; Wang & Zang, Fungi of Xizang (Tibet), p. 58, 1983.

性孢子器生于叶两面，多在叶下面，密集，系统发生，略呈圆锥形，直径 70～100μm，黄褐色。

春孢子器生于叶上面，沿叶面纵向排列，半球形或半椭球形，疱状，长约 1mm 或不及，浅黄褐色，顶部开裂；罹病幼枝常呈帚状丛生；包被细胞无定形，30～58×18～30μm，侧壁厚 2～3μm，疏生细疣或近光滑，无色；春孢子近球形、椭圆形、卵形、长卵形或长椭圆形，23～43×(13～)15～25μm，壁厚约 1μm 或不及，近无色，表面有柱状密疣，疣高 1～2μm。

喜马拉雅云杉 *Picea spinulosa* (Griff.) Henry　西藏：亚东（38660 模式 typus）。

分布：中国西南。

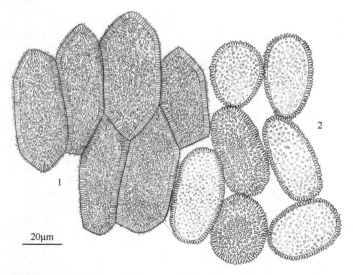

图 95　云杉被孢锈菌 *Peridermium yunshae* Y.C. Wang & L. Guo (HMAS 38660, typus)
1. 春孢子器包被细胞及其内壁突起物或纹饰；2. 春孢子

根据描述比较，此菌与印度东喜马拉雅地区长叶云杉 *Picea smithiana* (Wall.) Boiss. [= *P. morinda* (Loudon) Link]上的 *Peridermium piceae* (Barclay) Sacc.几无区别，疑是同

物。我们未能与 *P. piceae* 的模式作比较，此菌暂予保留。此菌引起云杉"丛枝病"（王云章等，1980）；与 *Peridermium sinense* Y.C. Wang & L. Guo 的区别在于它的春孢子宽度较窄，形状多变，壁薄。

附录(appendix)

麻黄被孢锈菌

Peridermium ephedrae Cooke, Indian Forester 3: 95, 1877; Wang & Zang, Fungi of Xizang (Tibet), p. 58, 1983.

性孢子器生于茎上，明显，极多，不规则聚生，埋生于寄主角质层下，宽 75～130μm，高 50～70μm，初蜜黄色，后变金褐色。

春孢子器生于茎上，菌丝多年生，散生，罹病部位略肿胀变形，圆柱形，宽 0.5～1mm，高 1.5～2.5mm，顶部开裂，边缘撕裂状；包被细胞紧密联结，35～50×20～25μm，外壁光滑，厚 2～3μm，内壁有密疣，厚 4～5μm；春孢子近球形、椭圆形或无定形，19～26×15～20μm，壁厚 1～1.5μm，近无色，表面密生细疣。

中麻黄 *Ephedra intermedia* Schrenk & C.A. Mey. 西藏：吉隆（宗毓臣 42，谌谟美 吉-75，谌谟美 吉-88，未见）。

分布：印度。中国（西藏），美国。

此菌是王云章和臧穆（1983）所记载，标本采自西藏吉隆，可能是谌谟美鉴定。中国科学院菌物标本馆（HMAS）没有保存该标本，在谌谟美原工作单位中国林业科学研究院林业研究所也未能找到该标本。此菌原产于印度，生于中麻黄 *Ephedra intermedia* Schrenk & C.A. Mey.和山岭麻黄 *E. gerardiana* Wall. ex C.A. Mey. (= *E. vulgaris* Rich.)上（Cooke，1877；Sydow et al.，1906；Hafeez Khan，1928；Butler and Bisby，1931；Anonymous，1950）；北美洲也有（Sydow and Sydow，1924；Arthur，1934）。中国西藏很可能有分布，待证。特征描述译自 Sydow 和 Sydow（1924）。

被孢锈菌属可疑或错误记录（doubtful or mistaken records）

短被孢锈菌

Peridermium brevius (Barclay) Sacc.

此名称是谌谟美（1982）所记载，所引标本采自西藏吉隆的乔松 *Pinus griffithii* McClell.上。我们未见该标本。该菌生于印度东北部的欧洲云杉 *Picea abies* (L.) H. Karst.，是否可侵染乔松，存疑。

帕氏被孢锈菌

Peridermium parksianum Faull

此菌是曹支敏和李振岐（1999）及曹支敏等（2000）所记载，标本（NWFC-TR0191，西北农林科技大学）采自陕西宁陕，生于青扦 *Picea wilsonii* Mast.。其春孢子为长披针形或狭长圆形，55～85(～98)×9～18μm，两端尖，两端壁 10～20μm 厚（曹支敏和李振岐，1999）。从春孢子外形及大小看基本符合 *Peridermium parksianum* Faull 的特征，但由于孢子两端壁明显增厚，显然与 *P. parksianum* 不同。此菌可能是一个未被描述的种，需进一步研究确认。

松被孢锈菌
Peridermium pini (Willd.) Lév.
Lycoperdon pini Willd.

此菌是 Patouillard（1907）所记载，戴芳澜（1936-1937，1979）和王云章（1951）相继转载。标本为 P.J. Cavalerie 于 1894 年在贵州所采，地点不详，生于松属 *Pinus* sp.。标本未见，寄主植物亦不明确，无从稽考，暂不列入本志。此菌具内循环（endocyclic）生活史，萌发时产生担子和担孢子，单主寄生于松属 *Pinus* 植物，分布于欧洲。Hiratsuka（1969）将它改隶为 *Endocronartium pini* (Pers.) Y. Hirats.。

角春孢锈菌属 *Roestelia* Rebent.

Prodromus florae Neomarchicae, p. 350, 1804.

春孢子器包被发达，角状或毛状（长管状或长圆柱状），通常称为毛型春孢子器（roestelioid aecium），成熟时整体纵向撕裂，少数种不撕裂；包被细胞通常长而狭；春孢子串生，具间生细胞（intercalary cell），春孢子通常有色（污黄色、黄褐色或肉桂褐色），表面布满细疣。

模式：*Roestelia cancellata* Rebent.
= *Gymnosporangium fuscum* R. Hedw. apud DC.（春孢子阶段）
模式产地：欧洲。

此式样属为胶锈菌属 *Gymnosporangium* 典型的春孢子阶段，主要生于蔷薇科 Rosaceae 苹果亚科 Maloideae 梨果植物。个别种的春孢子器为杯形春孢子器（aecidioid aecium），与毛型春孢子器迥然不同，有些作者也将它们归入角春孢锈菌属 *Roestelia*，但也有些作者将它们归入春孢锈菌属 *Aecidium*；一些柄锈菌属 *Puccinia* 的种的春孢子阶段产生类似本属的长圆柱形或长管形的春孢子器，但通常不作为本式样属对待。

坎宁安角春孢锈菌　图 96
Roestelia cunninghamiana (Barclay) F. Kern, A Revised Taxonomic Account of *Gymnosporangium*, p. 84, 1973; Zhuang, Acta Mycol. Sin. 5: 150, 1986.
Aecidium cunninghamianum Barclay, J. Asiat. Soc. Bengal, Pt.2, Nat. Hist. 60: 224, 1891; Hiratsuka & Hashioka, Bot. Mag. Tokyo 51: 45, 1937; Sawada, Descriptive Catalogue of the Formosan Fungi VII, p. 63, 1942; Hiratsuka, Mem. Tottori Agric. Coll. 7: 66,

1943; Wang, Index Uredinearum Sinensium, p. 3, 1951; Tai, Sylloge Fungorum Sinicorum, p. 359, 1979.

性孢子器生于叶上面，聚生，黑色，直径不及 100μm。

春孢子器生于叶下面，圆柱形，淡褐色或近白色，长 3～5mm，晚期撕裂；包被细胞近菱形或纺锤形，狭长，55～105×18～30μm，内壁和侧壁密生长短不一、不规则的钝刺状突起；春孢子近球形或卵形，25～28×23～25μm，壁厚约 2μm，表面密布细疣，黄褐色，芽孔 8～10 个或更多，散生。

密毛灰栒子 Cotoneaster acutifolius Turcz. var. *villosulus* Rehder & E.H. Wilson 西藏：易贡（45244）。

木帚栒子 Cotoneaster dielsianus Pritz. 西藏：易贡（45245）。

小叶栒子 Cotoneaster microphyllus Wall. ex Lindl. 西藏：易贡（45246）。

分布：印度。中国南部。

产于喜马拉雅山区栒子上的坎宁安胶锈菌 Gymnosporangium cunninghamianum Barclay 的春孢子阶段与此菌不同，其春孢子器的包被细胞密生粗皱纹状的脊状突起（Barclay，1890；Sydow and Sydow，1915；Kern，1973；庄剑云等，2012）。Hiratsuka 和 Hashioka（1937）报道中国台湾也有，生于磨里山栒子 Cotoneaster morrisonensis Hayata，标本采自新竹（15 VII 1935，Y. Hashioka No. 905，标本未见）。

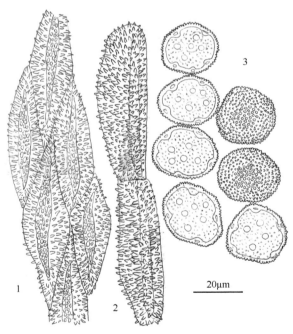

图 96　坎宁安角春孢锈菌 *Roestelia cunninghamiana* (Barclay) F. Kern（HMAS 45246）

1. 春孢子器包被细胞及其内壁突起物或纹饰；2. 包被细胞纵切面；3. 春孢子

刺孢角春孢锈菌　图 97

Roestelia echinulata Seung K. Lee & Kakish., Mycoscience 40: 438, 1999.

性孢子器生于叶上面，聚生，埋生于寄主表皮下，近球形。

春孢子器生于叶下面，稀在叶上面，聚生，常引起叶组织瘤状肿大，长圆柱形（毛状），长 4～5mm，灰白色，顶部开裂但包被柱体不裂，直径 250～350μm；包被细胞不规则长菱形或多角形，38～120×20～45μm，无色，外壁近光滑，侧壁有粗纹，内壁疏生刺状突起；春孢子近球形或宽椭圆形，25～36×22～32μm，壁厚 1～2.5μm，表面有刺，淡黄褐色，芽孔 8～10 个或更多，散生。

灰叶花楸 *Sorbus pallescens* Rehder 西藏：林芝（246790），墨脱（45208 主模式 holotypus；247308，247309）。

分布：中国西南。

电镜下观察本种孢子表面的刺体有若干或多个平行环纹，顶部略尖；包被细胞内壁疏生高低不一的近圆柱状的刺，刺顶尖或钝，侧壁纹饰为不规则的有时互相连合的条状突起（Lee et al.，1999）。

Lee 等（1999）除指定西藏墨脱的 *Sorbus pallescens* Rehder（原被误订为圆果花楸 *Sorbus globosa* Te T. Yü & H.T. Tsai）上的标本为主模式外，同时列出了西藏吉隆白叶花楸 *Sorbus cuspidata* (Spach) Hedl.上的两号标本（67336，67338）以及西藏墨脱（45209）和云南大理（00362）*Sorbus* sp.上的标本为副模。我们对主模和副模作了对比，发现有形态差异。副模上的春孢子器均为角状而非典型的毛状，侧面撕裂（lacerate），包被细胞纹饰也不尽相同，我们认为并非同物，尚需进一步研究，暂不引列。

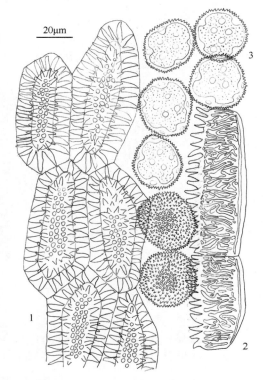

图 97　刺孢角春孢锈菌 *Roestelia echinulata* Seung K. Lee & Kakish.（HMAS 45208, holotypus）

1. 春孢子器包被细胞及其内壁突起物或纹饰；2. 包被细胞纵切面；3. 春孢子

芬泽尔角春孢锈菌　图 98

Roestelia fenzeliana (F.L. Tai & C.C. Cheo) F. Kern, A Revised Taxonomic Account of
　　Gymnosporangium, p. 85, 1973; Wang & Guo, Acta Mycol. Sin. 4: 33, 1985; Wei &
　　Zhuang *in* Mao & Zhuang, Fungi of the Qinling Mountains, p. 73, 1997; Zhuang & Wei
　　in W.Y. Zhuang, Fungi of Northwestern China, p. 279, 2005.
Gymnosporangium fenzelianum F.L. Tai & C.C. Cheo, Bull. Chin. Bot. Soc. 3: 60, 1937.
Roestelia fenzeliana (F.L. Tai & C.C. Cheo) F.L. Tai, Sylloge Fungorum Sinicorum, p. 703,
　　1979.

　　春孢子器生于叶下面，2～5 个小群聚生，略呈角状，高 0.8～1mm，基部直径 0.3～
0.5mm；包被细胞长菱形、长纺锤形或不规则宽披针形，40～110×25～35μm，侧壁和
内壁密生形状大小不一的条纹形脊状突起；春孢子近球形或椭圆形，23～28×(18～)20～
23μm，壁厚 1.5～2μm，芽孔处增厚可达 3.5～4μm，表面密生疣或钝刺，黄褐色，芽孔
多数（6～8 个或更多），散生。

　　光叶陇东海棠 *Malus kansuensis* (Batalin) C.K. Schneid. 四川：米亚罗（56244）；陕
西：太白山（23 VIII 1934, G. Fenzel, T.H. Path. Herb. No. 1262 = HMAS 06983 模式
typus；24436，24437）。

　　分布：中国西北。

　　此菌与苹果属植物 *Malus* spp.上的山田胶锈菌 *Gymnosporangium yamadae* Miyabe
ex G. Yamada 的春孢子阶段不同，后者的春孢子器为长角状，可达 10mm 长，包被细
胞的内壁和侧壁纹饰为形状、长短、大小不规则的刺状突起和疣状突起。

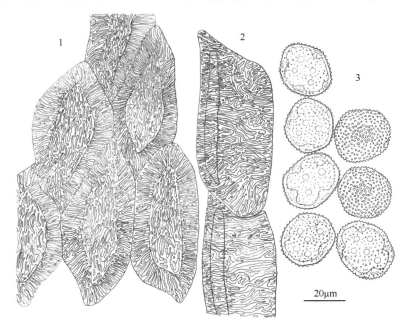

图 98　芬泽尔角春孢锈菌 *Roestelia fenzeliana* (F.L. Tai & C.C. Cheo) F. Kern（HMAS 06983, typus）
1. 春孢子器包被细胞及其内壁突起物或纹饰；2. 包被细胞纵切面；3. 春孢子

大孢角春孢锈菌　图99

Roestelia magna (Crowell) Jørst., Ark. Bot. Ser. 2, 4: 363, 1959; Tai, Sylloge Fungorum
　　Sinicorum, p. 704, 1979; Zang, Li & Xi, Fungi of Hengduan Mountains, p. 117, 1996;
　　Mycological Expedition to Xiaowutai Mountains, Fungi of Xiaowutai Mountains *in*
　　Hebei Province, p. 128, 1997.

Gymnosporangium magnum Crowell, J. Arnold Arbor. 17: 50, 1936.

　　性孢子器主要生于叶上面，小群聚生，埋生于寄主表皮下，近锥状球形，直径100～
150μm，暗褐色。
　　春孢子器生于叶下面，常引起寄主组织瘤状肿大，杯形，直径200～300μm，黄白
色；包被细胞不规则近长圆状菱形，38～65×22～33μm，无色，外壁光滑，侧壁和内壁
密生小疣状突起；春孢子近球形，25～33×23～30μm，壁厚2.5～4μm，表面有粗钝刺，
淡褐色，芽孔多数（8～12个或更多），散生。
　　甘肃山楂 *Crataegus kansuensis* E.H. Wilson　河北：小五台山（9 IX 1921，H. Smith No.
917，UPS，模式 typus，未见）；四川：松潘（48611）。
　　分布：中国北部。
　　此菌春孢子器为杯形，与角春孢锈菌属典型的毛型春孢子器（roestelioid aecium）
不同，从宏观特征看似可将它归入春孢锈菌属 *Aecidium*，但其微观特征如包被细胞和春
孢子形态与角春孢锈菌属的相似。我们未能研究本种模式标本。中国科学院菌物标本馆
保存的采自四川同寄主上的标本（HMAS 48611）的形态特征符合原描述（Crowell，1936；
Jørstad，1959；Kern，1973）。

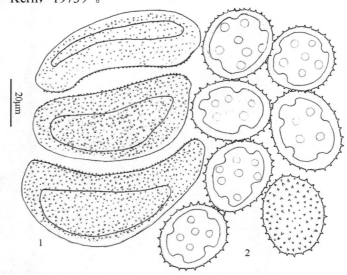

图99　大孢角春孢锈菌 *Roestelia magna* (Crowell) Jørst.（HMAS 48611）
1. 春孢子器包被细胞；2. 春孢子

南五台角春孢锈菌　图100

Roestelia nanwutaiana (F.L. Tai & C.C. Cheo) Jørst., Ark. Bot. Ser. 2, 4: 364, 1959; Tai,

Sylloge Fungorum Sinicorum, p. 704, 1979; Wang & Guo, Acta Mycol. Sin. 4: 33, 1985; Zhuang, Acta Mycol. Sin. 8: 266, 1989; Mycological Expedition to Xiaowutai Mountains, Fungi of Xiaowutai Mountains *in* Hebei Province, p. 128, 1997; Wei & Zhuang *in* Mao & Zhuang, Fungi of the Qinling Mountains, p. 73, 1997; Cao, Li & Zhuang, Mycosystema 19: 314, 2000; Zhuang & Wei *in* W.Y. Zhuang, Fungi of Northwestern China, p. 280, 2005; Zhuang & Wang, J. Fungal Res. 4(3): 9, 2006; Xu, Zhao & Zhuang, Mycosystema 32(Suppl.): 184, 2013.

Gymnosporangium nanwutaianum F.L. Tai & C.C. Cheo, Bull. Chin. Bot. Soc. 3: 60, 1937.

春孢子器生于叶下面、小群聚生，圆柱形，高 1～3mm，直径 0.3～0.5mm，黄白色；包被细胞长菱形或不规则长形，50～100×15～35μm，侧壁和内壁密生长短不一的钝刺状或短毛状突起和不规则脊纹；春孢子近球形或椭圆形，23～30(～33)×20～25(～30)μm，壁厚 2～3μm，芽孔处略厚，表面密生细钝刺，淡褐色，芽孔多数（5～10 个或更多），散生。

灰枸子 *Cotoneaster acutifolius* Turcz. 陕西：太白山（35385，35386，35387，56774）；甘肃：天祝（138806），永登（138807，138808）。

麻核枸子 *Cotoneaster foveolatus* Rehder & E.H. Wilson 陕西：太白山（55118）。

水枸子 *Cotoneaster multiflorus* Bunge 陕西：南五台山（T. H. Path. Herb. No. 1264 = HMAS 06982 模式 typus）。

分布：中国西北。

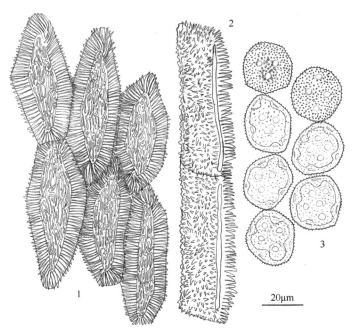

图 100　南五台角春孢锈菌 *Roestelia nanwutaiana* (F.L. Tai & C.C. Cheo) Jørst.（HMAS 06982, typus）
1. 春孢子器包被细胞及其内壁突起物或纹饰；2. 包被细胞纵切面；3. 春孢子

本种春孢子器与栒子属 Cotoneaster 植物上的其他胶锈菌属 Gymnosporangium 及其式样属 Roestelia 的种的春孢子器的不同在于其包被细胞侧壁和内壁密生长短不一的钝刺状或短毛状突起和不规则脊纹（ridgy-spiny）。

附录（appendix）

光滑角春孢锈菌

Roestelia levis (Crowell) F. Kern, A Revised Taxonomic Account of *Gymnosporangium*, p. 86, 1973.

Gymnosporangium leve Crowell, J. Arnold Arbor. 17: 50, 1936.

Roestelia levis (Crowell) F.L. Tai, Sylloge Fungorum Sinicorum, p. 704, 1979 (as "*leve*").

性孢子器生于叶上面，聚生，在寄主表皮下。

春孢子器生于叶下面，聚生，常引起寄主组织瘤状肿大，圆柱形，高 1～2mm，直径 0.25～0.5mm；包被细胞不规则长形，80～120×13～18μm，侧壁和内壁密生形状大小不一短刺状突起；春孢子近球形，20～24×19～22μm，表面近光滑，淡褐色，芽孔多数，散生。

三叶海棠 *Malus sieboldii* (Regel) Rehder 四川：九龙（27 VIII 1922，H. Smith No. 4221，UPS，模式，未见）。

分布：中国西南。

此菌仅见于模式产地。Crowell（1936）称其春孢子表面光滑，其实可能是密生细疣。其春孢子器较短。从包被细胞和春孢子形态特征看似乎与山田胶锈菌 *Gymnosporangium yamadae* Miyabe ex G. Yamada 的相似，我们怀疑此菌与 *G. yamadae* 是同物。郭林（1989）在湖北神农架的三叶海棠 *Malus sieboldii* (Regel) Rehder 上采得的疑似此菌的标本（55351）经复查实为 *Gymnosporangium yamadae* Miyabe ex G. Yamada 的春孢子阶段（庄剑云等，2012）。鉴于未能研究模式标本，此菌暂附记于此待进一步考订。以上描述译自 Kern（1973）。

西康角春孢锈菌

Roestelia sikangensis (Petr.) Jørst., Ark. Bot. Ser. 2, 4: 363, 1959; Tai, Sylloge Fungorum Sinicorum, p. 705, 1979; Wang & Guo, Acta Mycol. Sin. 4: 33, 1985; Wang & Zang, Fungi of Xizang (Tibet), p. 60, 1983; Zhuang & Wei, Mycosystema 7: 77, 1994; Cao, Li & Zhuang, Mycosystema 19: 314, 2000.

Gymnosporangium sikangense Petr., Acta Horti Gothob. 17: 120, 1947.

性孢子器主要生于叶上面，聚生，直径 150～180μm。

春孢子器生于叶下面，聚生，常引起寄主组织肿大，圆柱形，长 0.5～1mm，流苏状深裂；包被细胞长形，60～100×15～24μm，外壁厚 2～3μm，内壁厚 4～6μm，侧壁密生条纹状突起；春孢子近球形，稀卵形或椭圆形，有时有不明显的棱角，24～35×23～

28μm，壁厚 3～5μm，表面有密疣。

葡匐栒子 *Cotoneaster adpressus* Boiss. 四川：康定（21 VII 1934，H. Smith No. 10742，S，模式，未见）。

分布：中国西南。

此菌仅见于模式产地。我国栒子属 *Cotoneaster* 植物上的 *Gymnosporangium confusum* Plowr.的春孢子器和春孢子与此菌的很相似，我们认为两者应为同物。我们在四川松潘的葡匐栒子 *Cotoneaster adpressus* Boiss.上采得的疑似此菌的标本（172022）经鉴定实为 *Gymnosporangium confusum* Plowr.的春孢子阶段（庄剑云等，2012）。鉴于未能研究模式标本，此菌暂附记于此待进一步考证。以上描述摘自 Petrak（1947）。

夏孢锈菌属 *Uredo* Pers.

Neues Mag. Bot. 1: 93, 1794; Synopsis Methodica Fungorum 1: 218, 1801.

夏孢子堆裸露或埋生于寄主表皮下，大多数种无包被结构（膨痂锈菌科 Pucciniastraceae 的种除外），侧丝有或无；夏孢子通常单生于柄上；少数种夏孢子堆为裸春孢子器型（caeoma-type），夏孢子似春孢子，串生；夏孢子单细胞，有色或无色，表面纹饰多样，多为刺或疣，芽孔明显或不明显。

模式：*Uredo euphorbiae-helioscopiae* Pers.

= *Melampsora euphorbiae* (C. Schub.) Castagne

模式产地：欧洲。

此属包括锈菌目中仅知夏孢子阶段的所有式样种，全世界有 500 余种。有些作者根据夏孢子堆包被、侧丝和孢子形态特征将夏孢子阶段的式样种再划归以下若干式样属：

Calidion Syd. & P. Syd., Ann. Mycol. 16: 242, 1918.

孢子堆具厚壁、强烈向内弯曲的周生侧丝，孢子单生于柄上，多为 *Crossopsora*、*Olivea*、*Phragmidium*、*Prospodium* 等属的夏孢子阶段；此属模式 *Calidion lindsaeae* (Henn.) Syd. & P. Syd. (≡ *Uredo lindsaeae* Henn.)，寄生于陵齿蕨属 *Lindsaea* sp.，产自巴西（Sydow and Sydow，1918）。

Malupa Y. Ono, Buriticá & J.F. Hennen, Mycol. Res. 96: 828, 1992.

孢子堆侧丝基部连合，孢子单生于柄上，多为 *Olivea*、*Phakopsora* 等属的夏孢子阶段。此属模式 *Malupa meibomiae* (Arthur) Y. Ono, Buriticá & J.F. Hennen [= *Physopella meibomiae* Arthur]，寄生于豆科植物，产自巴西（Ono et al.，1992）。

Milesia F.B. White, Scott. Naturalist 4: 162, 1878.

孢子堆具圆拱盖状包被，包被孔口细胞形态多样，多为膨痂锈菌科 Pucciniastraceae 各属的夏孢子阶段。此属模式 *Milesia polypodii* F.B. White [= *Milesina dieteliana* (P. Syd. & Syd.) Magnus]寄生于水龙骨 *Polypodium vulgare* L.（水龙骨科 Polypodiaceae），产自英国（White，1878）。Cummins 和 Hiratsuka（2003）将 *Peridipes* Buriticá & J.F. Hennen（Buriticá and Hennen，1994）和 *Peridiopsora* K.V. Prasad , B.R.D. Yadav & Sullia（Prasad et al.，1993）并入此属。

Uredostilbe Buriticá & J.F. Hennen, Rev. Acad. Colomb. Cienc. Exactas Fis. Nat. 19: 49, 1994.

孢子堆具侧面相连的栅栏状细胞，为 *Blastospora*、*Miyagia* 和 *Corbulopsora* 的夏孢子阶段。此属模式 *Uredostilbe pistila* Buriticá & J.F. Hennen 寄生于绢毛番荔枝 *Annona nolosericea* Safford（番荔枝科 Annonaceae），产自洪都拉斯（Buriticá and Hennen，1994）。

Wardia J.F. Hennen & M.M. Hennen *in* Cummins & Hiratsuka, Illustrated Genera of Rust Fungi, Third ed., p. 40, 2003.

孢子堆从寄主植物气孔伸出，夏孢子单生于成束的短柄上，强烈不对称，为 *Hemileia*、*Desmella* 和 *Edythea* 的夏孢子阶段。模式 *Wardia vastatrix* J.F. Hennen & M.M. Hennen，生于咖啡属 *Coffea*，产地不明（Cummins and Hiratsuka，2003）。

以上诸属发表后未得其他作者广泛支持，我们也不采用，在此列出仅供参考。

蕨类植物 Pteridophyta 上的种

阿里山夏孢锈菌

Uredo arisanensis (Hirats. f.) Hirats. f., Trans. Mycol. Soc. Japan 1: 2, 1957; Tai, Sylloge Fungorum Sinicorum, p. 763, 1979.

Milesina arisanensis Hirats. f., Mem. Tottori Agric. Coll. 4: 155, 1936 (as '*arisanense*'). (based on uredinia)

夏孢子堆生于叶下面，散生或稍聚生，极小，橙黄色，圆形，直径仅 0.1~0.2mm，长期被寄主表皮覆盖；包被脆弱，中央孔裂；包被细胞不规则多角形，直径 6~15μm，壁薄，光滑，近无色；夏孢子倒卵形、棍棒形或矩圆形，15~29×10~15μm，壁厚约 1μm 或不及，无色，表面疏生细刺，芽孔不明显。

秀丽蹄盖蕨 *Athyrium elegans* Tagawa 台湾：阿里山（7 VII 1933，Y. Hashioka，模式 typus，未见）。

分布：中国台湾岛。日本。

此菌模式标本（7 VII 1933，Y. Hashioka）采自中国台湾阿里山，迄今为止仅见于秀丽蹄盖蕨 *Athyrium elegans* Tagawa。未见标本，现抄录 Hiratsuka（1936）原描述供参考。

朝鲜夏孢锈菌

Uredo coreana (Hirats. f.) Hirats. f., Trans. Mycol. Soc. Japan 1: 2, 1957; Sawada, Descriptive Catalogue of Taiwan (Formosan) Fungi XI, p. 95, 1959; Tai, Sylloge Fungorum Sinicorum, p. 764, 1979.

Milesina coreana Hirats. f., Trans. Tottori Soc. Agric. Sci. 5: 233, 1935.

夏孢子堆生于叶下面，散生或稍聚生，圆形，直径仅为 0.1~0.2mm，长期被寄主表皮覆盖；包被半球形或扁顶圆锥形，坚实，中央孔裂；包被细胞不规则多角形，直径

8～17μm，壁薄，光滑，近无色或极淡黄褐色；夏孢子椭圆形、倒卵或长椭圆状棍棒形，21～32×15～22μm，壁厚约 1μm，无色，表面疏生细刺，芽孔不明显。

矢部鳞毛蕨 *Dryopteris yabei* Hayata 台湾：新竹（大霸尖山）（Y. Hirastuka 采，未见）。

分布：朝鲜半岛。中国台湾岛。

此菌是 Hiratsuka（1935）基于夏孢子阶段描述，但使用全型名称 *Milesina coreana* Hirats. f.，后来 Hiratsuka（1957）将它改组为式样种。模式采自朝鲜半岛，寄主为异形耳蕨 *Polystichum varium* Presl；Sawada（1959）记载中国台湾新竹也采到，标本未见，附原描述（Hiratsuka，1935）于此供参考。

金粉蕨夏孢锈菌　图 101

Uredo cryptogrammes (Dietel) Hirats. f., Trans. Mycol. Soc. Japan 1: 3, 1957; Jørstad, Ark.
  Bot. Ser. 2, 4: 361, 1959; Sawada, Descriptive Catalogue of Taiwan (Formosan) Fungi
  XI, p. 95, 1959; Tai, Sylloge Fungorum Sinicorum, p. 764, 1979; Zhuang & Wei *in*
  W.Y. Zhuang, Higher Fungi of Tropical China, p. 379, 2001.

Hyalopsora cryptogrammes Dietel, Ann. Mycol. 7: 356, 1909. (based on uredinia)

Milesina cryptogrammes Hiratsuka f., J. Jap. Bot. 11: 42, 1935. (based on uredinia)

夏孢子堆生于叶下面，散生或稍聚生，圆形或椭圆形，疱状，直径 0.1～0.3mm，初期被寄主表皮覆盖，晚期破露，新鲜时白色，粉状；包被细胞不规则多角形，壁薄，表面光滑，近无色；夏孢子倒卵形、椭圆形、矩圆形或梨形，17～30×12～20μm，壁厚约 1μm 或不及，表面有细刺或近光滑，无色；侧丝发育不全，圆柱形或棍棒形，壁极薄，无色。

野雉尾金粉蕨 *Onychium japonicum* (Thunb.) Kunze (= *Cryptogramme japonica* Prantl) 四川：芦山（13 V 1922, H. Smith 1796, UPS）；云南：昆明（50264，50265，50266）。

分布：日本。菲律宾，中国南部。

由于夏孢子堆新鲜时白色，此菌有性型可能属于迈氏锈菌属 *Milesina*。Sawada（1959）记载中国台湾嘉义也采到，生于同植物上。

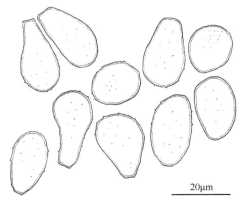

20μm

图 101　金粉蕨夏孢锈菌 *Uredo cryptogrammes* (Dietel) Hirats. f.的夏孢子（HMAS 50266）

冷蕨夏孢锈菌　图 102

Uredo cystopteridis Hirats. f., Trans. Mycol. Soc. Japan 1: 3, 1957; Tai, Sylloge Fungorum
　　Sinicorum, p. 765, 1979.

Hyalopsora taiwaniana Hirats. f. *in* Hiratsuka & Hashioka, Trans. Tottori Soc. Agric. Sci. 5:
　　237, 1935(based on uredinia) non *Uredo taiwaniana* Hirats. f. & Hashioka, Bot. Mag.
　　Tokyo 48: 239, 1934 (= *Puccinia hashiokai* Hirats. f., J. Jap. Bot. 18: 570, 1942).

　　夏孢子堆生于叶两面，大多在叶下面，散生或聚生，圆形，直径 0.2～0.8mm，早
期裸露，黄色，粉状；包被发育不良，包被细胞不规则多角形，直径 8～16μm，壁厚
约 1μm 或不及；休眠夏孢子多角状近球形、不规则三角状卵形、多角椭圆形或无定形，
27～50×15～33μm，壁厚 2～5μm，厚度不均，棱角处可达 8μm，表面近光滑，无色或
近无色，芽孔不明显，新鲜时内容物黄色。

　　宝兴冷蕨 *Cystopteris moupinensis* Franch. (= *C. sphaerocarpa* Hayata) 台湾：新竹（Y.
Hashioka，模式，未见）；云南：武定（50268，50269）。

　　分布：中国南部。

　　广布于北温带的水龙骨明痂锈菌 *Hyalopsora polypodii* (Dietel) Magnus 亦可寄生于
冷蕨属 *Cystopteris*，其休眠夏孢子较小（20～37.5×15～27.5μm；Hiratsuka et al.，1992）。

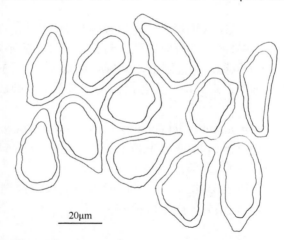

20μm

图 102　冷蕨夏孢锈菌 *Uredo cystopteridis* Hirats. f.的休眠夏孢子（HMAS 50268）

驹岳夏孢锈菌　图 103

Uredo kaikomensis Hirats. f., Trans. Mycol. Soc. Japan 1: 3, 1957; Zhuang, Acta Mycol.
　　Sin. 5: 152, 1986; Zhuang & Wei, Mycosystema 7: 80, 1994.

Hyalopsora japonica Dietel, Ann. Mycol. 12: 84, 1914 (based on uredinia) non *Uredo
japonica* De Toni *in* Saccardo, Syll. Fung. 7: 851, 1888 = *Uromyces japonicus* Berk. &
　　M.A. Curtis, Proc. Amer. Acad.Arts & Sci. 4: 126, 1858.

　　夏孢子堆生于叶两面，多在叶上面，散生或聚生，初期生于寄主表皮下，圆形或椭

圆形，疱状，直径 0.2～0.5mm，后表皮破裂而裸露，粉状，新鲜时红黄色；休眠夏孢子不规则多角状近球形、倒卵形、矩圆形或无定形，25～65×17～38(～43)μm，壁厚2.5～8μm，厚度不均，棱角处达 10μm，无色，表面近光滑，芽孔不明显，似6～8 个或更多，散生。

芒刺假瘤蕨 *Phymatopsis cortilagineo-serrata* Ching & S.K. Wu 西藏：岗日嘎布山（47025）。

弯弓假瘤蕨 *Phymatopsis malacodon* (Hook.) Ching 西藏：吉隆（67851）。

陕西假瘤蕨 *Phymatopsis shensiensis* (Christ.) Ching 西藏：岗日嘎布山（47026）。

斜下假瘤蕨 *Phymatopsis stracheryi* (Ching) Ching 西藏：吉隆（67850）。

分布：日本。中国，尼泊尔。

Durrieu（1980）对尼泊尔 *Phymatopsis malacodon* (Hook.) Ching [= *Crypsinus malacodon* (Hook.) Copel]上的菌使用 *Hyalopsora japonica* Dietel 这个异名。他描述的休眠夏孢子大小为 37～50×18～29μm。Hiratsuka（1936）和 Ito（1938）根据日本标本描述的休眠夏孢子大小为 25～42.5×20～32.5μm。

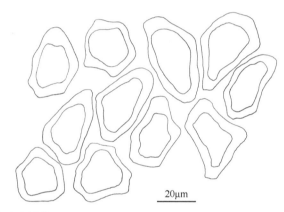

图 103　驹岳夏孢锈菌 *Uredo kaikomensis* Hirats. f.的休眠夏孢子（HMAS 67850）

磨里山夏孢锈菌

Uredo morrisonensis (Hirats. f.) Hirats. f., Trans. Mycol. Soc. Japan 1: 2, 1957; Sawada, Descriptive Catalogue of Taiwan (Formosan) Fungi XI, p. 96, 1959; Tai, Sylloge Fungorum Sinicorum, p. 770, 1979.

Milesina morrisonensis Hiratsuka f., Bot. Mag. Tokyo 57: 279, 1943. (based on uredinia)

夏孢子堆生于叶下面，散生，圆形，不明显，直径 0.08～0.2mm，淡褐色，初期生于寄主表皮下，后裸露；包被半球形或扁半球形，包被细胞不规则多角形；夏孢子椭圆形、倒卵形、矩圆形或近矩圆状棍棒形，30～48×17～26μm，壁厚约 1μm，无色，有细刺。

大羽鳞毛蕨 *Dryopteris paleacea* (Sw.) C. Chr. 台湾：嘉义（14 I 1941，N. Hiratsuka & Y. Hashioka，未见）。

分布：中国台湾岛。

此菌是 Hiratsuka（1943a）基于夏孢子阶段描述，但使用全型名称，后来 Hiratsuka（1957）将它改组为式样种。Hiratsuka（1943a）称此种与 *Milesina kriegeriana* Magnus 很接近，但其夏孢子大得多而与后者有区别。标本未见，附记于此供参考。

南开夏孢锈菌　图 104

Uredo nankaiensis S. Uchida, Mem. Mejiro Gakuen Woman's Jr. Coll. 1: 78, 1964; Zhuang & Wei *in* W.Y. Zhuang, Higher Fungi of Tropical China, p. 381, 2001.

夏孢子堆生于叶下面，散生或稍聚生，圆形，小，直径 0.1～0.2mm，常被寄主表皮覆盖或裸露；包被半球形，包被细胞不规则多角形，直径 6～16μm，壁厚约 1μm，光滑，无色；夏孢子近球形、倒卵形或椭圆形，16～25×13～17μm，壁厚约 1μm 或不及，无色，表面有细刺，芽孔不明显。

团叶陵齿蕨 *Lindsaea orbiculata* (Lam.) Mett. ex Kuhn 广东：惠东（82259）；海南：五指山（172104）。

分布：日本南部。中国南部。

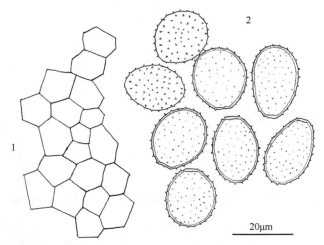

图 104　南开夏孢锈菌 *Uredo nankaiensis* S. Uchida（HMAS 172104）
1. 夏孢子堆包被细胞；2. 夏孢子

新高夏孢锈菌

Uredo niitakensis (Hirats. f.) Hirats. f., Trans. Mycol. Soc. Japan 1: 3, 1957; Sawada, Descriptive Catalogue of Taiwan (Formosan) Fungi XI, p. 96, 1959; Tai, Sylloge Fungorum Sinicorum, p. 771, 1979.

Milesina niitakensis Hirats. f., Bot. Mag. Tokyo 57: 280, 1943. (based on uredinia)

夏孢子堆生于叶下面，形成浅褐色病斑，散生或聚生，圆形，直径 0.1～0.3mm，初期被寄主表皮覆盖，后中央开裂而露出；包被半球形，近无色或无色，包被细胞不规则多角形，直径 5～12μm，壁薄，光滑；夏孢子纺锤形，顶端尖，35～50×10～13μm，壁厚约 1μm 或不及，无色，光滑。

柄盖蕨 *Peranema cyatheoides* Don 台湾：嘉义（14 I 1941，N. Hiratsuka & Y. Hashioka，未见）。

分布：中国台湾岛。

此菌是 Hiratsuka（1943a）基于夏孢子阶段描述，但使用全型名称，后来 Hiratsuka（1957）将它改组为式样种。标本未见，在我国亦无其他记录，附记于此供参考。

乌毛蕨夏孢锈菌

Uredo orientalis Racib., Bull. Acad. Sci. Cracovie, Classe Sci. Math. Nat. 1909: 279, 1909; Hiratsuka & Hashioka, Bot. Mag. Tokyo 51: 46, 1937; Sawada, Descriptive Catalogue of the Formosan Fungi VII, p. 66, 1942; Hiratsuka, Mem. Tottori Agric. Coll. 7: 74, 1943; Wang, Index Uredinearum Sinensium, p. 85, 1951; Tai, Sylloge Fungorum Sinicorum, p. 771, 1979.

Hyalopsora polypodii auct. non Magnus: Hiratsuka & Hashioka, Trans. Tottori Soc. Agric. Sci. 4: 163, 1933; Sawada, Descriptive Catalogue of the Formosan Fungi IX, p. 102, 1943.

夏孢子堆生于叶两面，散生或聚生，初期生于寄主表皮下，圆形或无定形，直径 0.05～0.2mm，后表皮缝裂而裸露，粉状，新鲜时橙黄色；夏孢子 20～28×16～21μm，二型：其一近球形、椭圆形、卵形或无定形，壁厚不及 1μm，无色，表面近光滑，芽孔不明显；其二不规则多角形，壁厚度不均，2～3μm，无色，表面光滑，芽孔不明显。

乌毛蕨 *Blechnum orientale* L. 台湾：台北（23 IV 1933，Y. Hashioka No. 318，未见），台中（XI 1932，Y. Hashioka No. 151；28 XII 1932，Y. Hashioka No. 195，未见）。

分布：印度尼西亚爪哇岛。中国台湾岛。

此菌模式产自印度尼西亚爪哇岛（Raciborski，1909）。Hiratsuka 和 Hashioka（1937）、Sawada（1942）、Hiratsuka（1943b）和 Ito（1950）记载中国台湾有分布，我们未见中国台湾标本，但认为它可能是 *Hyalopsora polypodii* (Dietel) Magnus 的同物异名。由于其夏孢子较小，尚难确定，暂附志于此待证。以上描述摘译自 Ito（1950）。

攀援星蕨夏孢锈菌

Uredo polypodii-superficialis (Hirats. f.) Hirats. f., Trans. Mycol. Soc. Japan 1: 4, 1957; Tai, Sylloge Fungorum Sinicorum, p. 772, 1979.

Milesina polypodii-superficialis Hirats. f., Mem. Tottori Agric. Coll. 4: 154, 1936. (based on uredinia)

夏孢子堆生于叶下面，散生或聚生，圆形，直径 0.2～0.35mm，初期被寄主表皮覆盖，表皮中央孔状开裂而露出，褐色或黑褐色；包被半球形，包被细胞不规则多角形，直径 7～16μm；夏孢子倒卵形、长椭圆形或近棍棒状长圆形，24～33×15～21μm，壁厚约 1μm 或不及，无色，表面有细疣。

攀援星蕨 *Microsorium buergerianum* (Miq.) Ching (= *Polypodium superficiale* Blume)

台湾：新竹（17 VII 1935，Y. Hashioka，模式 typus，未见）。

分布：中国台湾岛。日本南部。

此菌是 Hiratsuka（1936）基于夏孢子阶段描述但使用全型名称发表，后来 Hiratsuka（1957）将它改组为式样种。标本未见，附志于此供参考。

假冷蕨夏孢锈菌　图 105

Uredo pseudocystopteridis Y.C. Wang & S.X. Wei, Acta Microbiol. Sin. 20: 26, 1980; Wang & Zang, Fungi of Xizang (Tibet), p. 60, 1983; Zhuang & Wei *in* W.Y. Zhuang, Higher Fungi of Tropical China, p. 381, 2001.

夏孢子堆生于叶下面或茎上，常沿叶脉聚生，有时密布全叶，圆形，互相连合，裸露，粉状，无侧丝，新鲜时黄色；休眠夏孢子多角状近球形、椭圆形、梨形或无定形，25～43×18～30μm，壁厚 2.5～5μm（角处增厚），淡黄色或近无色，表面近光滑，芽孔不明显，可能 4～6 个散生。

大叶假冷蕨 *Pseudocystopteris atkinsonii* (Bedd.) Ching (= *Athyrium atkinsonii* Bedd.) 西藏：波密（242637），岗日嘎布山（47027，47028，47029）。

微红假冷蕨 *Pseudocystopteris purpurescens* Ching & S.K. Wu 西藏：林芝（245125，245126，245130，245131）。

西藏假冷蕨 *Pseudocystopteris tibetica* Ching 西藏：波密（38657 模式 typus）。

假冷蕨属 *Pseudocystopteris* sp. 西藏：南迦巴瓦峰西坡（47018）。

分布：中国西南。

模式标本仅见休眠夏孢子（王云章等，1980）。我们在采自墨脱的标本（47027）中发现有少量夏孢子。夏孢子椭圆形、长卵形或近棍棒形，22～43×12～18μm，壁厚 1～1.5μm，无色，表面近光滑。此菌可能是 *Hyalopsora polypodii* (Dietel) Magnus 的夏孢子阶段，但未见发育不全的侧丝混生。由于冬孢子未知，而其休眠夏孢子又较长，此菌在此暂予保留。

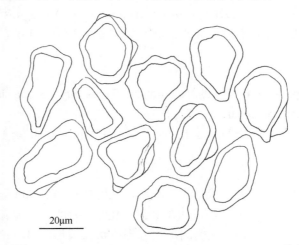

20μm

图 105　假冷蕨夏孢锈菌 *Uredo pseudocystopteridis* Y.C. Wang & S.X. Wei 的休眠夏孢子（HMAS 38657，typus）

凤尾蕨夏孢锈菌 图 106

Uredo pteridis-creticae J.Y. Zhuang & S.X. Wei *in* Liu & Zhuang, Mycosystema 37: 690, 2018.

夏孢子堆生于叶下面，散生或聚生，圆形，直径 0.1~0.5mm，长期生于寄主表皮下或晚期裸露，粉状，白色；包被细胞不规则多角形，8~18×7.5~16μm，壁厚约 1μm，光滑，无色；夏孢子不规则三角状、楔形、近倒卵形或近纺锤形，16~28×10~22μm，壁厚约 1μm 或不及，无色，表面粗糙，有极细的疣或近光滑，芽孔不明显。

凤尾蕨 *Pteris cretica* L. var. *nervosa* (Thunb.) Ching & S.H. Wu (≡ *P. nervosa* Thunb.) 西藏：吉隆（67852 模式 typus）。

分布：中国西南。

原标本的寄主植物曾被误订为 *Coniogramme intermedia* Hieron.，锈菌也被误订为 *Uredinopsis intermedia* Kamei（庄剑云和魏淑霞，1994）。此菌夏孢子堆白色粉状，包被发育完好，可能是迈氏锈菌 *Milesina* 之一未知种。其夏孢子为不规则三角状、楔形、近倒卵形或近纺锤形，与目前已知的迈氏锈菌属的其他种的夏孢子均不相同（刘铁志和庄剑云，2018）。

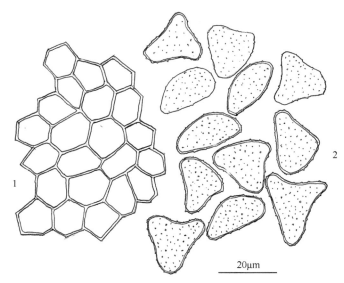

图 106 凤尾蕨夏孢锈菌 *Uredo pteridis-creticae* J.Y. Zhuang & S.X. Wei（HMAS 67852, typus）
1. 夏孢子堆包被细胞；2. 夏孢子

细夏孢锈菌 图 107

Uredo tenuis (Faull) Hirats. f., Trans. Mycol. Soc. Japan 1: 3, 1957; Tai, Sylloge Fungorum Sinicorum, p. 774, 1979; Zhuang & Wei, Mycotaxon 72: 387, 1999; Zhuang & Wei *in* W.Y. Zhuang, Higher Fungi of Tropical China, p. 381, 2001.

Milesina philippinensis Syd. *in* Sydow & Petrak, Ann. Mycol. 29: 172, 1931; Hiratsuka & Hashioka, Bot. Mag. Tokyo 49: 523, 1935. (based on uredinia)

Milesia tenuis Faull, Contr. Arnold Arbor. 2: 74, 1932.

夏孢子堆生于叶下面，散生或小群聚生，疱状，圆形，直径 0.1～0.2mm，初期生于寄主表皮下，后裸露，粉状，白色；包被半球形，坚实，包被细胞不规则多角形，直径 8～12m，壁厚约 1μm，光滑，无色；夏孢子倒卵形、椭圆形或近球形，18～28 (～32)×15～18(～22)μm，壁厚约 1μm，无色，表面疏生细刺，刺距 2.5～3μm，芽孔不明显。

肾蕨 *Nephrolepis auriculata* (L.) Trimen [= *Nephrolepis cordifolia* (L.) Presl] 广西：大明山（77414），上思（77413）。

分布：菲律宾。日本，中国南部。

Hiratsuka 和 Hashioka（1935b）记载中国台湾台北同寄主植物上也采到。此菌因其夏孢子堆呈白色粉状，似是迈氏锈菌属 *Milesina* 的夏孢子阶段。

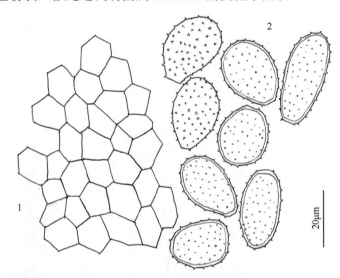

图 107　细夏孢锈菌 *Uredo tenuis* (Faull) Hirats. f.（HMAS 77414）

1. 夏孢子堆包被细胞；2. 夏孢子

山田夏孢锈菌　图 108

Uredo yamadana (Hirats. f.) Hirats. f., Trans. Mycol. Soc. Japan 1: 3, 1957; Zhuang, Acta Mycol. Sin. 5: 153, 1986; Wei & Zhuang *in* Mao & Zhuang, Fungi of the Qinling Mountains, p. 75, 1997; Zhang, Zhuang & Wei, Mycotaxon 61: 76, 1997; Zhuang & Wei *in* W.Y. Zhuang, Higher Fungi of Tropical China, p. 381, 2001; Zhuang & Wei *in* W.Y. Zhuang, Fungi of Northwestern China, p. 281, 2005.

Hyalopsora yamadana Hirats. f. *in* Hiratsuka & Uemura, Trans. Tottori Soc. Agric. Sci. 4: 19, 24, 1932. (based on uredinia)

夏孢子堆生于叶两面，散生或稍聚生，初期生于寄主表皮下，疱状，后表皮破裂而裸露，圆形或矩圆形，直径 0.1～0.5mm，稍粉状，新鲜时橙黄色；偶见少量发育不全的薄壁无色侧丝；夏孢子倒卵形、椭圆形、矩圆形或长倒卵形，20～38(～42)×13～20(～23)μm，壁厚约 1μm 或不及，无色，新鲜时内容物橙黄色，表面密布不明显的细疣，芽孔不明显；休眠夏孢子不规则多角状近球形、椭圆形或卵形，20～37×15～25μm，壁厚度不均匀，1.5～3(～4)μm，无色，表面光滑，芽孔不明显，似 3～5 个散生。

普通凤丫蕨 *Coniogramme intermedia* Hieron. 陕西：南五台山（00950），太白山（55079）。

乳头凤丫蕨 *Coniogramme rosthornii* Hieron. 云南：昆明（50272）。

上毛凤丫蕨 *Coniogramme suprapilosa* Ching 重庆：巫溪（70939）。

分布：日本。中国，尼泊尔。

Durrieu（1980）记载尼泊尔的尖齿凤丫蕨 *Coniogramme affinis* (Wall.) Hieron.上也有。

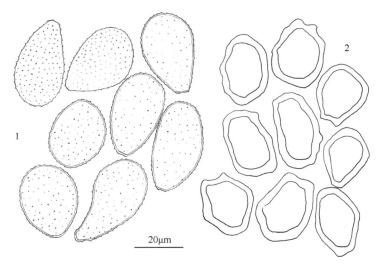

图 108　山田夏孢锈菌 *Uredo yamadana* (Hirats. f.) Hirats. f.（HMAS 70939）

1. 夏孢子；2. 休眠夏孢子

苋科 Amaranthaceae 植物上的种

羞怯夏孢锈菌　图 109

Uredo verecunda Syd. apud Syd. & Mitter, Ann. Mycol. 33: 54, 1935; Tai, Farlowia 3:133, 1947; Wang, Index Uredinearum Sinensium, p. 86, 1951; Tai, Sylloge Fungorum Sinicorum, p. 775, 1979.

夏孢子堆生于叶下面，散生或不规则聚生，圆形，直径 0.1～0.3mm，长期埋生于寄主表皮下，晚期裸露，粉状，淡锈褐色；夏孢子近球形、椭圆形或倒卵形，20～25×15～20(～22)μm，壁厚 1～1.5μm，淡黄色或淡黄褐色，表面疏生细刺，刺距 2.5～4μm，芽孔不明显。

土牛膝 *Achyranthes aspera* L. 云南：昆明（00633）。

牛膝 *Achyranthes bidentata* Blume 云南：昆明（00045）。

分布：印度东部。中国西南。

此菌较罕见，迄今为止仅见于模式产地印度奈尼塔尔（Naini Tal）和我国昆明。模式寄主为牛膝 *Achyranthes bidentata* Blume（Sydow and Mitter，1935）。

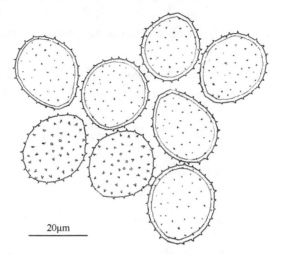

图 109　羞怯夏孢锈菌 *Uredo verecunda* Syd. 的夏孢子（HMAS 00045）

番荔枝科 Annonaceae 植物上的种

鹰爪花夏孢锈菌

Uredo artabotrydis Syd. & P. Syd., Ann. Mycol. 11: 56, 1913; Fujikuro, Bot. Mag. Tokyo 28: 392, 1914; Fujikuro, Trans. Nat. Hist. Soc. Formosa 19: 10, 1914; Sydow & Sydow, Monographia Uredinearum 4: 491, 1924; Sawada, Descriptive Catalogue of the Formosan Fungi IV, p. 80, 1928; Hiratsuka & Hashioka, Bot. Mag. Tokyo 51: 46, 1937; Hiratsuka, Mem. Tottori Agric. Coll. 7: 70, 1943; Sawada, Descriptive Catalogue of the Formosan Fungi IX, p. 132, 1943; Wang, Index Uredinearum Sinensium, p. 82, 1951; Tai, Sylloge Fungorum, p. 763, 1979.

夏孢子堆生于叶下面，形成直径 0.5～2mm 或更大的为叶脉所限的多角形暗褐色病斑，散生或 2～3 个小群聚生，直径 0.2～0.5mm，长期被寄主表皮覆盖，锈褐色；夏孢子倒卵形或近倒卵状椭圆形，14～21×11～15μm，壁厚 1～1.5μm，近无色或淡黄褐色，表面密生细疣，芽孔不明显，约 8 个散生。

鹰爪花 *Artabotrys hexapetalus* (L. f.) Bhandari [= *A. uncinata* (Lam.) Merr.] 台湾：新竹（17 IV 1929，K. Sawada No. 827，未见）。

芳香鹰爪花 *Artabotrys odoratissimus* R. Br. 台湾：台北（6 V 1912，Y. Fujikuro，模式 typus，未见）。

分布：中国台湾岛。

此菌系 Sydow 和 Sydow（1913a，1924）所描述，仅产自中国台湾。未见标本，抄录原描述供参考。

天南星科 Araceae 植物上的种

海芋夏孢锈菌

Uredo alocasiae P. Syd. & Syd., Monographia Uredinearum 4: 521, 1924; Hiratsuka & Hashioka, Bot. Mag. Tokyo 51: 46, 1937; Sawada, Descriptive Catalogue of the Formosan Fungi VII, p. 64, 1942; Hiratsuka, Mem. Tottori Agric. Coll. 7: 70, 1943; Wang, Index Uredinearum Sinensium, p. 82, 1951; Tai, Sylloge Fungorum Sinicorum, p. 762, 1979.

夏孢子堆生于叶下面，聚生，圆形或小点状，直径仅 0.1～0.2mm，多时常布满全叶，长期被寄主表皮覆盖，晚期表皮小圆孔状开裂而外露，黄色，粉状；侧丝棍棒形，淡黄色或近无色，长达 35μm 或更长，头部宽 10～12μm；夏孢子倒卵形或椭圆形，20～25×13～20μm，壁厚 1～1.5μm，淡黄色，表面有细刺，芽孔不明显。

海芋 *Alocasia macrorrhiza* (L.) Schott (= *A. odora* K. Koch) 台湾：台北（13 X 1935，Y. Hashioka No. 1017，未见）。

分布：印度尼西亚。巴布亚新几内亚，日本南部，中国台湾岛。

此菌模式产地为印度尼西亚爪哇岛，中国台湾也有分布（Hiratsuka and Hashioka，1937；Sawada，1942；Hiratsuka，1943b；Ito，1950），标本未见，从 Sydow 和 Sydow（1924）摘译以上描述供参考。

木棉科 Bombacaceae 植物上的种

木棉夏孢锈菌　　图 110

Uredo bombacis Petch, Ann. Roy. Bot. Gard. (Peradeniya) 5 (part 4): 247, 1912; Zhuang & Wei *in* W.Y. Zhuang, Higher Fungi of Tropical China, p. 379, 2001.

夏孢子堆生于叶下面，散生，小圆形，直径仅 0.1～0.2mm，红褐色，干时灰褐色；侧丝多，周生，圆柱形，常弯曲呈镰刀状，上部淡褐色，向下渐淡近无色，长 27～35μm或更长，宽 7～10μm，壁厚度不均匀，1.5～5μm，顶壁较厚；夏孢子倒卵形、宽椭圆形、长椭圆形、长卵形或长梨形，16～35(～45)×12～20μm，壁厚 1～1.5(～2)μm，淡黄褐色或近无色，表面疏生粗刺（刺距 2～5μm），芽孔不明显。

木棉 *Bombax malabaricum* DC. 广东：广州（55185）；海南：霸王岭（242506，242512），吊罗山（56077），琼中（67364），五指山（240535，240583，240584）。

分布：斯里兰卡。中国南部。

此菌仅见于木棉 *Bombax malabaricum* DC.上。我国标本的夏孢子较大，按 Sydow 和 Sydow（1924）记载为 16～27×12～18μm。我们检查了模式标本（Sydow, Fungi Exotici Exsiccati No. 116; LE 44439 isotypus），发现少数孢子长度可达 30μm，但未见达 35μm者。我们不认为这是种间差异，亦不作变种处理，只当作种内不同生态或地理变型的差异。

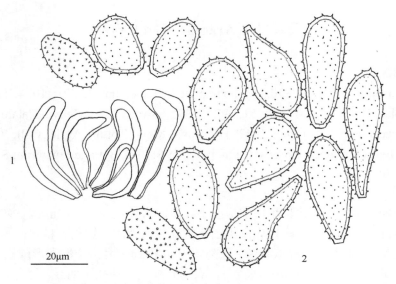

图 110 木棉夏孢锈菌 *Uredo bombacis* Petch（HMAS 242512）

1. 夏孢子堆侧丝；2. 夏孢子

紫草科 Boraginaceae 植物上的种

厚壳树夏孢锈菌 图 111

Uredo ehretiae Barclay, J. Asiat. Soc. Bengal, Pt.2, Nat. Hist. 60: 228, 1891; Sydow & Sydow, Ann. Mycol. 12: 110, 1914; Sawada, Descriptive Catalogue of the Formosan Fungi I, p. 391, 1919; Hiratsuka, Mem. Tottori Agric. Coll. 7: 72, 1943; Wang, Index Uredinearum Sinensium, p. 84, 1951; Tai, Sylloge Fungorum Sinicorum, p. 766, 1979; Guo, Fungi and Lichens of Shennongjia, p. 153, 1989.

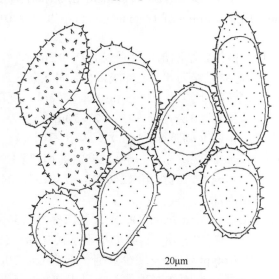

图 111 厚壳树夏孢锈菌 *Uredo ehretiae* Barclay 的夏孢子（HMAS 05466）

夏孢子堆生于叶下面或叶柄上，聚生，圆形，直径 0.1～1mm，与性孢子器伴生，在叶柄上引起寄主组织肿胀变形，橙黄色，粉状；夏孢子倒卵形、椭圆形，长卵形或梨形，偶见顶端略尖，24～45×16～28μm，侧壁厚 1～1.5μm，顶壁明显增厚，4～8(～10)μm，淡橙黄色或近无色，有粗刺，刺距 2.5～4μm，芽孔不明显。

台湾厚壳树 *Ehretia acuminata* R.Br. 台湾：淡水（05466）。

粗糠树 *Ehretia dicksonii* Hance 湖北：神农架（55337）。

分布：印度。中国南部；琉球群岛。

粗糠树 *Ehretia dicksonii* Hance 上尚有一个近似种 *Uredo garanbiensis* Hirats. f. & Hashioka，产自中国台湾，其夏孢子更大，壁更厚，区别明显。

粗糠树夏孢锈菌　图 112

Uredo garanbiensis Hirats. f. & Hashioka, Trans. Tottori Soc. Agric. Sci. 5: 242, 1935; Sawada, Descriptive Catalogue of the Formosan Fungi VII, p. 65, 1942; Hiratsuka, Mem. Tottori Agric. Coll. 7: 72, 1943; Tai, Sylloge Fungorum Sinicorum, p. 767, 1979.

夏孢子堆生于叶两面，散生或聚生，极小，圆形或无定形，直径 0.1～0.2mm 或不及 0.1mm，锈色，粉状；夏孢子近球形、倒卵形或椭圆形，35～54×25～37μm，侧壁厚 2.5～5μm，顶壁厚 6～12(～15)μm，淡黄褐色，表面疏生粗刺，刺距 4～6μm，芽孔不明显。

粗糠树 *Ehretia dicksonii* Hance 台湾：高雄（01592 等模式，isotypus）。

分布：中国台湾岛。

此菌与同寄主植物上的 *Uredo ehretiae* Barclay 的不同在于后者的夏孢子较小（24～45×16～28μm），侧壁较薄（厚 1～1.5μm）。

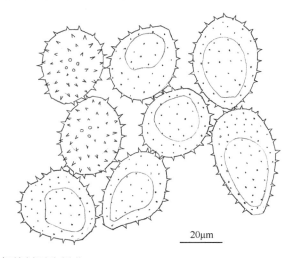

图 112　粗糠树夏孢锈菌 *Uredo garanbiensis* Hirats. f. & Hashioka 的夏孢子
（HMAS 01592, isotypus）

心翼果科 Cardiopteridaceae 植物上的种

心翼果夏孢锈菌　图 113

Uredo cardiopteridis J.Y. Zhuang & S.X. Wei, Mycosystema 35: 1476, 2016.

夏孢子堆生于叶两面，散生或略聚生，圆形，直径 0.2～0.5mm，裸露，淡褐色，粉状；夏孢子近球形、椭圆形或倒卵形，22～30(～33)×19～23(～25)μm，壁厚 1～1.5μm，黄褐色或淡黄褐色，表面有疏刺（刺距 2.5～5μm），芽孔不明显。

心翼果 *Cardiopteris lobata* R.Br. ex Mast. (= *Peripterygium quinquelobum* Hassk.)，云南：昆明（140486 模式 typus）。

分布：中国西南。

模式标本为俞大绂于 1938 年所采，因寄主植物不明一直未被研究。此为心翼果科（Cardiopteridaceae）植物锈菌的首次报道。

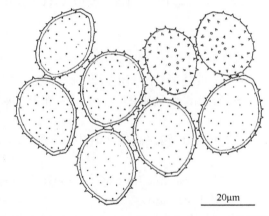

图 113　心翼果夏孢锈菌 *Uredo cardiopteridis* J.Y. Zhuang & S.X. Wei 的夏孢子（HMAS 140486，typus）

卫矛科 Celastraceae 植物上的种

南蛇藤夏孢锈菌　图 114

Uredo celastri Arthur & Cummins, Philipp. J. Sci. 61: 476, 1936 (issued 1937); Zhuang & Wei *in* W.Y. Zhuang, Higher Fungi of Tropical China, p. 379, 2001.

夏孢子堆多生于叶下面，偶见在叶上面，散生或不规则聚生，圆形，直径 0.2～0.5mm，肉桂褐色，长期被寄主表皮覆盖或晚期外露；侧丝圆柱形或棍棒形，长 35～50μm，宽 7～13μm，淡黄褐色或近无色，壁薄，厚约 1μm 或不及；夏孢子倒卵形、椭圆形或矩圆形，23～38(～40)×22～28μm，壁厚 1.5～2μm，淡肉桂褐色或黄褐色，表面疏生粗刺，刺距 3～5μm，芽孔 5～7 个，散生，不明显。

灯油藤 *Celastrus paniculatus* Willd. 云南：西双版纳（44524）。

分布：菲律宾。印度，中国南部。

此菌因夏孢子堆不具包被而不同于同寄主植物上分布于印度喜马拉雅地区的 *Uredo celastricola* Hirats. f. [≡ *Pucciniastrum celastri* Syd. & P. Syd.（Sydow et al.，1907）]。云南的标本夏孢子较大，而原描述的夏孢子大小为 28～34×22～27μm（Arthur and Cummins，1936）。

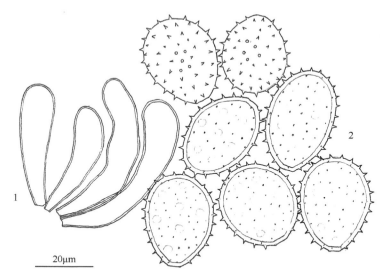

图 114　南蛇藤夏孢锈菌 *Uredo celastri* Arthur & Cummins（HMAS 44524）
1. 夏孢子堆侧丝；2. 夏孢子

菊科 Compositae 植物上的种

三脉紫菀夏孢锈菌　图 115

Uredo asteris-ageratoidis J.Y. Zhuang & S.X. Wei *in* Liu & Zhuang, Mycosystema 37: 687, 2018.

夏孢子堆生于叶下面，散生或不规则稍聚生，圆形，直径 0.1～0.4mm，长期被寄主表皮覆盖，包被半球形，发育完好，坚实；包被细胞近孔口为不规则多角形（8～18×7～15μm），向下呈长条形，壁薄（厚约 1μm），孔口细胞分化不明显。夏孢子多角状近球形、椭圆形、卵形或宽矩圆形，通常不对称，17～25(～28)×13～20μm，壁薄，连同疣突厚(1～)1.5～2μm，表面密布粒状细疣（疣直径不及 1μm），无色。冬孢子未见。

三脉紫菀 *Aster ageratoides* Turcz. 北京：百花山（22118，22121，25408）；内蒙古：和林格尔（82750）；四川：九寨沟（65754，65755，65757，65758 主模式 holotypus），青川（65749，65750），卧龙（65751，65753，265752）；青海：民和（56871）；宁夏：泾源（82749）。

红冠紫菀 *Aster handelii* Onno　四川：得荣（199511）。

圆苞紫菀 *Aster maackii* Regel　甘肃：榆中（134750）。

紫菀 *Aster tataricus* L. f. 吉林：安图（41488）。

东俄洛紫菀 *Aster tongolensis* Franch. 四川：卧龙（65823）。

阿尔泰狗娃花 *Heteropappus altaicus* (Willd.) Novopokr. (≡ *Aster altaicus* Willd.) 内蒙古：和林格尔（82756），伊金霍洛旗（246765）。

圆齿狗娃花 *Heteropappus crenatifolius* (Hand.-Mazz.) Grierson 宁夏：泾源（82755）。

狗娃花 *Heteropappus hispidus* Less. 北京：百花山（80506）。

裂叶马兰 *Kalimeris incise* (Fisch.) DC. 吉林：汪清（56006）。

分布：中国。

此菌在我国北部及西部极为常见，许多标本过去曾被误订为紫菀盖痂锈菌 *Thekopsora asterum* Tranzschel. 其夏孢子堆有发育完好的包被，其包被及包被细胞形态特征与 *T. asterum* 的几无差异，但其夏孢子为多角状近球形、椭圆形、矩圆形、近卵形或无定形，表面密布颗粒状细疣（疣宽不及 1μm），而 *T. asterum* 的夏孢子近球形、椭圆形或倒卵形，表面具细刺，与此菌的夏孢子有明显区别。此菌可能是某种盖痂锈菌 *Thekopsora* 或膨痂锈菌 *Pucciniastrum* 的夏孢子阶段（刘铁志和庄剑云，2018）。

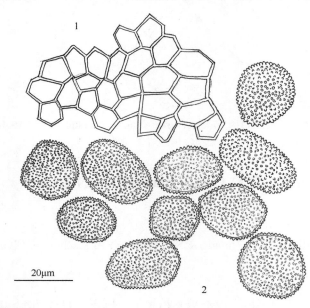

图 115　三脉紫菀夏孢锈菌 *Uredo asteris-ageratoidis* J.Y. Zhuang & S.X. Wei（HMAS 65758, holotypus）
1. 夏孢子堆包被细胞；2. 夏孢子

香丝草夏孢锈菌　图 116

Uredo erigerontis-bonariensis J.Y. Zhuang & S.X. Wei, Mycosystema 35: 1479, 2016.

Uredo erigerontis (Syd. & P. Syd.) Hirats. f., Trans. Mycol. Soc. Japan 2: 11, 1959; Zhuang & Wei *in* W.Y. Zhuang, Higher Fungi of Tropical China, p. 380, 2001. A later homonym of *Uredo erigerontis* Arthur & Cummins, Philipp. J. Sci. 61: 484, 1936 (issued 1937).

Coleosporium erigerontis Syd. & P. Syd., Ann. Mycol. 11: 56, 1913; Sydow & Sydow, Ann. Mycol. 12: 109, 1914. (based on uredinia)

夏孢子堆生于叶两面，多在叶下面，散生，圆形，直径 0.3～0.5mm，裸露，橙黄色，粉状；夏孢子近球形、矩圆形、宽椭圆形或椭圆形，20～28(～30)×15～22μm，壁厚约 1μm，无色，表面密生粗疣，疣高 0.5～1.5μm，常互相连合成不规则假网纹或成片连合成不规则斑块，光学显微镜下呈光滑斑，芽孔不清楚。

一年蓬 *Erigeron annuus* (L.) Pers. 云南：昆明？（19553）。

香丝草 *Erigeron bonariensis* L. [≡ *Conyza bonariensis* (L.) Cronquist = *Erigeron crispus* Pourr. = *E. linifolius* Willd.] 台湾：台东（13 V 1909，K. Sawada No. 69，未见），台中（5 VII 1908，Y. Fujikuro，模式 typus，未见）。

分布：中国南部。日本。

此菌为鞘锈菌属 *Coleosporium* 的夏孢子阶段。产于中国台湾的模式标本未见。中国科学院菌物标本馆（HMAS）仅保存一号采集地点不明的标本（王云章鉴定为 *Coleosporium erigerontis* Syd. & P. Syd.），其寄主植物是郝景盛（K.S. Hao = Hao Kin-Shen）1937 年鉴定。

当时郝景盛在昆明主持北平研究院植物研究所（因战乱迁至昆明）的工作，我们推测此标本应采自昆明。

产于菲律宾的苏门白酒草 *Erigeron sumatrensis* Retz. [≡ *Conyza sumatrensis* (Retz.) Walker]上的 *Uredo erigerontis* Arthur & Cummins（Arthur and Cummins，1936）与本菌的不同在于其夏孢子表面具细刺并具 4 个腰生芽孔。

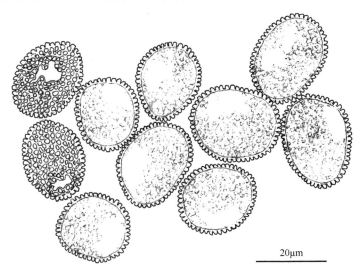

图 116　香丝草夏孢锈菌 *Uredo erigerontis-bonariensis* J.Y. Zhuang & S.X. Wei 的夏孢子（HMAS 19553）

狗娃花夏孢锈菌　图 117

Uredo heteropappi Henn., Bot. Jahrb. Syst. 34: 597, 1905; Zhuang & Wei, Mycosystema 35: 1480, 2016.

Coleosporium heteropappi Tranzschel, Conspectus Uredinalium URSS, p. 378, 1939.

夏孢子堆生于叶下面，散生，圆形，直径 0.2～0.5mm，新鲜时橙黄色，粉状，干时淡黄色，坚实；夏孢子串生，近球形、宽椭圆形、卵形、矩圆形、不规则四角形或多角形，20～30×13～23μm，壁厚约1μm，无色，表面密布粗疣，疣高1～2μm，常互相连合成不规则假网纹或斑块，芽孔不清楚。

阿尔泰狗娃花 *Heteropappus altaicus* (Willd.) Novopokr. (= *Aster altaicus* Willd.) 山西：汾阳（36708）；内蒙古：和林格尔（82756），伊金霍洛旗（246765）。

圆齿狗娃花 *Heteropappus crenatifolius* (Hand.-Mazz.) Grierson 西藏：波密（45756，45757）。

狗娃花 *Heteropappus hispidus* (Thunb.) Less. 山东：崂山（67643，67644）。

分布：日本。中国，俄罗斯远东地区。

此菌可能是紫菀鞘锈菌 *Coleosporium asterum* (Dietel) P. Syd. & Syd.的夏孢子阶段，Ito（1938）和 Hiratsuka（1944）也曾将它归入后者。由于至今尚未见其冬孢子，暂按多数作者（Kaneko，1981；Hiratsuka et al.，1992；Azbukina，2005）意见保留此名。

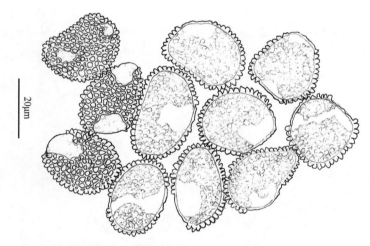

图 117 狗娃花夏孢锈菌 *Uredo heteropappi* Henn.的夏孢子（HMAS 67643）

沼生橐吾夏孢锈菌　图 118

Uredo *ligulariae-lamarum* J.Y. Zhuang & S.X. Wei, Mycosystema 31: 483, 2012.

夏孢子堆生于叶两面，散生或不规则聚生，圆形，直径 0.2～0.5mm，裸露，粉状，肉桂褐色；夏孢子近球形、宽椭圆形或近球状倒卵形，16～25×15～20μm，壁厚约 1.5μm，表面疏生细刺，刺距 2～2.5μm，黄褐色，芽孔 2～3 个，稀 4 个，腰生或散生，孔帽显著，大而宽，无色，高 2～3.5μm。

沼生橐吾 *Ligularia lamarum* (Diels) C.C. Chang (= *Senecio lamarum* Diels) 云南：永德（242658 模式 typus）。

分布：中国西南。

此菌因其夏孢子有 2～3（～4）个无色大孔帽而不同于橐吾属 *Ligularia* 和千里光属 *Senecio* 植物上的任何其他已知锈菌。蓟属 *Cirsium* 和莴苣属 *Lactuca* 植物上的蓟柄

锈菌 *Puccinia cnici* Mart.和米努辛柄锈菌 *Puccinia minussensis* Thüm.的夏孢子也有很醒目的大孔帽，但它们的夏孢子较大（庄剑云等，2003）。寄主植物沼生橐吾 *Ligularia lamarum* (Diels) C.C. Chang 仅见于我国西南和缅甸东北部。

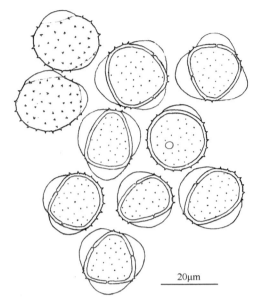

图 118 沼生橐吾夏孢锈菌 *Uredo ligulariae-lamarum* J.Y. Zhuang & S.X. Wei 的夏孢子
（HMAS 242658，typus）

莎草科 **Cyperaceae** 植物上的种

锐裂薹草夏孢锈菌   图 119

Uredo caricis-incisae S. Ito ex S. Ito & Muray., Trans. Sapporo Nat. Hist. Soc. 17: 170, 1943; Zhuang, Acta Mycol. Sin. 2: 157, 1983.

Puccinia caricis-incisae Syd. & P. Syd., Ann. Mycol. 11: 105, 1913. (based on uredinia)

夏孢子堆生于叶下面，散生或线状排列，圆形、椭圆形或长条形，长 0.2～1mm，常互相连合至 2～3mm 或更长，长期被寄主表皮覆盖或晚期表皮开裂而外露，肉桂褐色或暗褐色，粉状；夏孢子近球形、倒卵形或椭圆形，17～25×15～20μm，壁厚 2～2.5μm，黄褐色，表面有细刺，芽孔 2 个，腰生。

薹草属 *Carex* sp. 福建：龙岩（41874）。

分布：日本。中国。

此菌在日本的模式寄主为锐裂薹草 *Carex incisa* Boott.。采自中国福建的标本未见冬孢子，其夏孢子堆和夏孢子的特征符合 Sydow 和 Sydow（1913b）的原描述。Sydow 和 Sydow（1913b）描述此菌夏孢子具 2 个腰生芽孔，但 Ito 和 Murayama（1943）、Ito（1950）称夏孢子芽孔为 3 个，有时 2 个。福建标本的夏孢子未见有 3 个芽孔者。寄主植物因缺花序和小穗而未能确认。

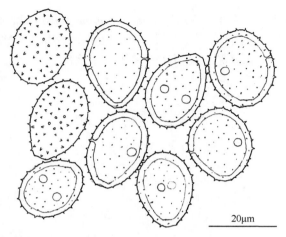

图 119 锐裂薹草夏孢锈菌 *Uredo caricis-incisae* S. Ito ex S. Ito & Muray.的夏孢子（HMAS 41874）

粗根茎莎草夏孢锈菌　图 120

Uredo cyperi-stoloniferi J.M. Yen, Rev. Mycol. (Paris) 34: 326, 1969; Zhuang & Wei, Mycosystema 8-9: 159, 1996; Zhuang & Wei *in* W.Y. Zhuang, Higher Fungi of Tropical China, p. 379, 2001.

夏孢子堆生于叶下面，散生或多少呈点线状排列，矩圆形或纺锤形，长 1～10mm，长期被隆起的寄主表皮覆盖，后表皮纵裂而半露，褐色，粉状；夏孢子倒卵形、椭圆形、矩圆形或长倒卵形，30～43×21～29μm，壁厚 3.5～5μm，肉桂褐色，表面密生细刺，芽孔 2 个，腰生。

粗根茎莎草 *Cyperus stoloniferus* Retz. 海南：西沙群岛（永兴岛）（70849，70850）。

分布：新加坡。中国西沙群岛。

此菌与 *Uredo cyperi-tegetiformis* Henn.（Hennings，1905；Sydow and Sydow，1924）近似，但其夏孢子壁较厚且只有 2 个芽孔，而后者有 2～4 个（多数 3 个）腰生芽孔（庄剑云和魏淑霞，1996）。产于南美洲和非洲南部的 *Puccinia cyperi-tegetiformis* F. Kern

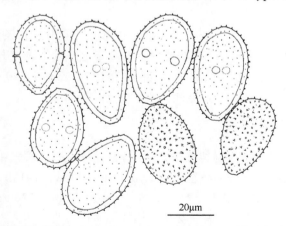

图 120　粗根茎莎草夏孢锈菌 *Uredo cyperi-stoloniferi* J.M. Yen 的夏孢子（HMAS 70850）

（1919）的夏孢子也具有 2 个腰生芽孔，但其夏孢子较小（Gjaerum，1990）。本菌模式产地为新加坡"Tanjong-Katung"（Yen，1969）。

单叶莎芏夏孢锈菌　图 121

Uredo cyperi-tagetiformis Henn., Bot. Jahrb. Syst. 34: 589, 1905; Fujikuro, Trans. Nat. Hist. Soc. Formosa 19: 11, 1914; Sawada, Descriptive Catalogue of the Formosan Fungi I, p. 390, 1919; Wei & Hwang, Nanking J. 9: 360, 1941; Hiratsuka, Mem. Tottori Agric. Coll. 7: 71, 1943; Sawada, Descriptive Catalogue of the Formosan Fungi IX, p. 138, 1943; Wang, Index Uredinearum Sinensium, p. 83, 1951; Zhuang, Acta Mycol. Sin. 5: 150, 1986; Zhuang & Wei *in* W.Y. Zhuang, Higher Fungi of Tropical China, p. 380, 2001.

夏孢子堆生于叶下面，散生或小群聚生，圆形、椭圆形或矩圆形，长 0.2～1mm，初期被寄主表皮覆盖，后裸露，有破裂的表皮围绕，淡褐色，粉状；夏孢子近球形、倒卵形、椭圆形、梨形或无定形，通常多角，25～43×18～27μm，壁厚 1.5～2μm，黄色或黄褐色，表面密生细刺，芽孔 2～4 个，多数 3 个，腰生。

毛轴莎草 *Cyperus pilosus* Vahl　西藏：墨脱（45442）。

红鳞扁莎草 *Cyperus sanguinolentus* (Vahl) Nees　海南：吊罗山（70853）。

分布：日本。中国。

此菌夏孢子形状多变，芽孔多为 3 个，有时 2 或 4 个，与产于南美洲和非洲南部的 *Puccinia cyperi-tagetiformis* Kern 的夏孢子显然不同，Kern（1919）将两者合并，我们认为不妥。*Puccinia cyperi-tagetiformis* 的夏孢子较小（19～26×15～21μm；Kern，1919），顶壁明显增厚（3～5μm）（Viegas，1945），具 2 个腰生芽孔。*Puccinia cyperi* Arthur 的夏孢子也有 2～4 个（多数 3 个）腰生芽孔，但形状多为椭圆形和倒卵形，较小（23～33×20～25μm）（庄剑云等，1998）。

Sawada（1919，1943c）记载台湾的穗穗莎草 *Cyperus eleusinoides* Kunth 和假香附子 *Cyperus tuberosus* Rottb. 上也有。

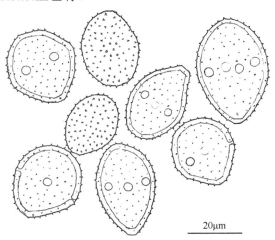

图 121　单叶莎芏夏孢锈菌 *Uredo cyperi-tagetiformis* Henn. 的夏孢子（HMAS 45442）

湖瓜草夏孢锈菌　图 122

Uredo lipocarphae Syd. & P. Syd., Ann. Mycol. 5: 509, 1907; Zhuang, Acta Mycol. Sin. 5: 152, 1986; Zhuang & Wei *in* W.Y. Zhuang, Higher Fungi of Tropical China, p. 381, 2001.

夏孢子堆生于叶两面或茎上，散生或稍聚生，矩圆形或纺锤形，长 0.2～0.5mm，有时互相连合可达 3mm 或更长，长期被寄主表皮覆盖，褐色；夏孢子近球形、倒卵形或椭圆形，18～27×15～20μm，壁厚 2～2.5μm，表面密生细刺，淡黄褐色，芽孔 2 个，腰生。

华湖瓜草 *Lipocarpha chinensis* (Osbeck) J. Kern [= *Lipocarpha senegalensis* (Lam.) Dandy] 西藏：墨脱（45440，45441）。

分布：印度东部。中国西南。

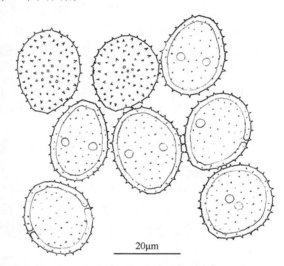

20μm

图 122　湖瓜草夏孢锈菌 *Uredo lipocarphae* Syd. & P. Syd.的夏孢子（HMAS 45441）

三翅秆砖子苗夏孢锈菌　图 123

Uredo marisci-trialati J.Y. Zhuang & S.X. Wei, Mycosystema 35: 1481, 2016.

夏孢子堆生于叶下面，散生或不规则稍聚生，有时点线状排列，圆形，很小，直径 0.1～0.2mm，长期埋生于寄主表皮下或表皮破裂而半露，灰褐色或淡褐色，粉状；夏孢子近球形、椭圆形或倒卵形，20～28×15～23μm，壁厚(1.5～)2～2.5(～3)μm，肉桂褐色或黄褐色，表面具近疣状短钝刺，向基部渐光滑，芽孔 2 个，腰生。

三翅秆砖子苗 *Mariscus trialatus* (Boeck.) Ts. Tang & F.T. Wang (= *Scirpus trialatus* Boeck.) 海南：黎母山（52021 模式 typus）。

分布：中国海南岛。

砖子苗属 *Mariscus* 植物上已知有广布于非洲和亚洲热带的 *Puccinia hennopsiana* Doidge（Doidge，1927；Zhuang et al.，1998）以及仅产于非洲热带的 *Puccinia mariscicola*

J.M. Yen（1972）和 *Puccinia subtegulanea* Cummins（1939）。据原描述，*P. hennopsiana* 的夏孢子具 3～4 个腰生芽孔，而 *P. mariscicola* 的夏孢子具 4～5 个腰生芽孔。*P. subtegulanea* 的夏孢子虽具 2 个腰生芽孔，但据原描述其个体很小（15～19×11～15μm），孢壁很薄（厚约 1μm），显然不同于本菌。产于菲律宾硕大藨草 *Scirpus grossus* L.上的 *Puccinia scirpi-grossi* Syd.的夏孢子近似本菌，亦具 2 个腰生芽孔，且表面亦具短刺，但个体较小（20～23×16～17μm）（Sydow，1939），因寄主植物隶属于不同属，不能认定两者为同物。

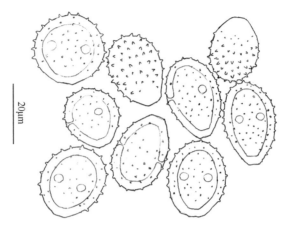

图 123　三翅秆砖子苗夏孢锈菌 *Uredo marisci-trialati* J.Y. Zhuang & S.X. Wei 的夏孢子（HMAS 52021，typus）

薯蓣科 Dioscoreaceae 植物上的种

戟叶薯蓣夏孢锈菌　图 124

Uredo dioscoreae-doryphorae J.R. Hern. & E.T. Cline, Mycotaxon 111: 267, 2010.

Uredo dioscoreae auct. non Henn.: Fujikuro, Trans. Nat. Hist. Soc. Formosa 19: 11, 1914; Sawada, Descriptive Catalogue of the Formosan Fungi IV, p. 81, 1928.

Uredo dioscoreicola Sawada, Trans. Hist. Soc. Formosa 33: 98, 1943; Descriptive Catalogue of the Formosan Fungi IX, p. 140, 1943 (nom. nudum) non Kern, Ciferri & Thurston, Ann. Mycol. 31: 24, 1933.

Uredo spinulosa Y. Ono, Trans. Brit. Mycol. Soc. 79: 426, 1982 non Saccardo, Syll. Fung. 9: 333, 1891 (≡ *Trichobasis spinulosa* Cooke, Grevillea 5: 15, 1876).

夏孢子堆生于叶下面，散生或稍聚生，隆起，长期被寄主表皮覆盖，晚期表皮孔状开裂而外露；侧丝周生，圆柱形或棍棒形，长(20～)25～35μm，头部宽 6～10μm，壁薄，近无色；夏孢子近球形、椭圆形、长倒卵形或近矩圆状椭圆形，20～37×(13～)15～25μm，壁厚 1.5(～2)μm，淡褐色或无色，表面密生细刺，芽孔不明显。

戟状薯蓣 *Dioscorea doryphora* Hance 台湾：高雄（22 IV 1908，R. Suzuki，TS-R500，TSH，模式 typus）。

分布：中国台湾岛。

此菌是 Sawada（1943b，1943c）首次报道，因使用日文描述，又是合格发表的 *Uredo dioscoreicola* Kern, Ciferri & Thurston（1933）的晚出同名（later homonym），故不合法。Ono（1982）遂予以新名称 *Uredo spinulosa* Y. Ono，然而此新名称又是 *Uredo spinulosa* (Cooke) Sacc.（Saccardo，1891；Sydow and Sydow，1924）之晚出同名，亦不合法，故 Hernández 和 Cline（2010）重新命名。

因其夏孢子堆有周生薄壁侧丝，极似缅甸产的 *Phakopsora dioscoreae* Thaung 的夏孢子阶段，但后者的夏孢子较小，且其孢壁很薄，厚仅约 1μm（Thaung，1974；Ono，1982）。

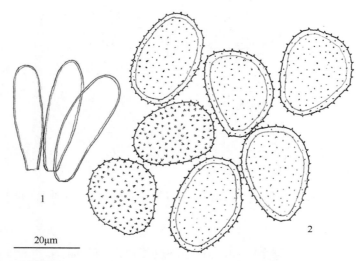

图 124　戟叶薯蓣夏孢锈菌 *Uredo dioscoreae-doryphorae* J.R. Hern. & E.T. Cline（TS-R500, typus）
1. 夏孢子堆侧丝；2. 夏孢子

杜鹃花科 Ericaceae 植物上的种

灌丛生夏孢锈菌　图 125

Uredo dumeticola (P.E. Crane) J.Y. Zhuang & S.X. Wei, Mycosystema 35: 1479, 2016.

Uredo rhododendri Y.C. Wang & L. Guo *in* Wang et al., Acta Microbiol. Sin. 20: 23, 1980; Wang & Zang, Fungi of Xizang (Tibet), p. 61, 1983; Zang, Li & Xi, Fungi of Hengduan Mountains, p. 118, 1996 (as "*rhododendronis*") non *Uredo rhododendri* DC. (de Candolle, 1815).

Caeoma dumeticola P.E. Crane, Mycologia 97: 544, 2005.

夏孢子堆为裸春孢子器型（*Caeoma*-type），生于叶下面，散生或聚生，形状大小不一，直径 0.2～1mm，无包被，黄色；夏孢子串生，形状多变，多为椭圆形、卵形、长卵形、长椭圆形、近纺锤形或近棍棒形，两端钝圆或顶端略尖，有时基部平截，25～40(～45)×15～20(～23)μm，壁厚不及 1μm，连同疣突厚 1.5～3μm，有时顶端略厚（达

6μm），无色，表面密生颗粒状粗疣，有时疣互相连合形成略似平滑的斑块，芽孔不明显。

小花杜鹃（照山白）*Rhododendron micranthum* Turcz. 北京：百花山（22110，22111，22113，22115）；河北：雾灵山（25363），小五台山（22112）。

迎红杜鹃 *Rhododendron mucronulatum* Turcz. 北京：百花山（22117，22120，34936）；山西：浑源（34926，34928）。

樱草杜鹃 *Rhododendron primuliflorum* Bureau & Franch. 西藏：左贡（37834，模式typus）。

分布：中国。

此菌首次由王云章和郭林（王云章等，1980）命名为 *Uredo rhododendronis* Y.C. Wang & L. Guo，此名称的种加词格尾(case-ending)有误，应改为 *Uredo rhododendri* Y.C. Wang & L. Guo，但此名成了 *Uredo rhododendri* DC. (de Candolle, 1915)（= *Chrysomyxa rhododendri* de Bary）的晚出同名，Crane（2005）遂将它改名为 *Caeoma dumeticola* P.E. Crane。此菌产生裸春孢子器型的夏孢子堆，无性孢子器相伴，应为夏孢子阶段而非春孢子阶段。Crane（2005）改隶成春孢子阶段的裸孢锈菌属 *Caeoma* 不妥。

扫描电镜下观察孢子的疣体为不规则柱形，疣顶膨大略呈半球形，表面凹凸不平；疣体常互相连合成不规则斑块，光学显微镜下看似平滑。

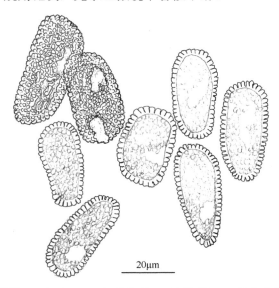

20μm

图 125　灌丛生夏孢锈菌 *Uredo dumeticola* (P.E. Crane) J.Y. Zhuang & S.X. Wei 的夏孢子（HMAS 37834，typus）

头花杜鹃夏孢锈菌　图 126

Uredo rhododendri-capitati Z.M. Cao & Z.Q. Li *in* Cao, Li & Zhuang, Mycosystema 19: 314, 2000; Zhuang & Wei *in* W.Y. Zhuang, Fungi of Northwestern China, p. 281, 2005.

Caeoma rhododendri-capitati (Z.M. Cao & Z.Q. Li) P.E. Crane, Mycologia 97: 542, 2005.

夏孢子堆为裸春孢子器型，生于叶下面，形状大小不一，直径 0.2～1mm，散生或聚生，无包被，粉状，新鲜时橙黄色；夏孢子串生，狭长，多为长椭圆形、长卵形或近纺锤形，稀近球形、椭圆形或卵形，两端钝圆或有时一端平截或略尖，22～45×12～23μm，壁厚不及 1μm，连同疣突 1.5～3μm，无色，新鲜时淡黄色或淡黄褐色，表面密生不规则粒状或条状粗疣，芽孔不明显。

弯柱杜鹃 *Rhododendron campylogynum* Franch. 西藏：波密（46925）。

密枝杜鹃 *Rhododendron fastigiatum* Franch. 陕西：太白山（NWFC-TR0014，主模式 holotypus，西北农林科技大学；76123，等模式 isotypus）；甘肃：天祝（58624）。

刚毛杜鹃 *Rhododendron setosum* D. Don 西藏：定结（67321）。

分布：中国西部。

此菌产生裸春孢子器型的夏孢子堆，无性孢子器相伴，应为夏孢子阶段而非春孢子阶段，Crane（2005）在描述时也使用了"夏孢子堆"和"夏孢子"，但将它改隶成春孢子阶段的裸孢锈菌属 *Caeoma*。

光学显微镜下观察，本种的孢子与 *Uredo dumeticola* (P.E. Crane) J.Y. Zhuang & S.X. Wei 的近似，但扫描电镜下观察本种孢子的疣体呈不规则柱形，常互相连合成不规则脊状体，侧面有环纹，疣顶中央常有小突起。

模式寄主原被误订为 *Rhododendron capitatum* Maxim.，现予订正。

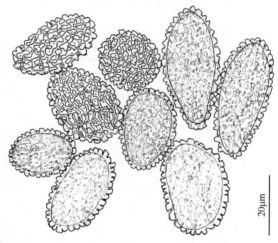

图 126　头花杜鹃夏孢锈菌 *Uredo rhododendri-capitati* Z.M. Cao & Z.Q. Li 的夏孢子（HMAS 76123，isotypus）

刺孢夏孢锈菌　图 127

Uredo spinulospora (P.E. Crane) J.Y. Zhuang & S.X. Wei, Mycosystema 35: 1482, 2016.
Caeoma spinulospora P.E. Crane, Mycologia 97: 544, 2005.

夏孢子堆为裸春孢子器型，生于叶下面，散生或聚生，形状大小不一，直径 0.2～1mm，无包被，黄色；夏孢子串生，多为近球形或略呈三角形，有时一端具短尖头，18～30×18～25μm，壁厚 1～1.5μm，无色，表面有密刺，刺高 0.5～2.5μm，芽孔不明显。

糙毛杜鹃 *Rhododendron trichocladum* Franch. 西藏：波密（46940 模式 typus）。

分布：中国西南。

此菌产生裸春孢子器型的夏孢子堆，无性孢子器相伴。夏孢子表面具刺是本种显著特征。扫描电镜下观察刺顶尖锐，刺体有环纹，不同于迄今为止已知的金锈菌属 *Chrysomyxa* 及其相关式样种的夏孢子。Crane（2005）在描述时使用"夏孢子堆"和"夏孢子"，但将此菌隶为春孢子阶段的裸孢锈菌属 *Caeoma*，不妥。

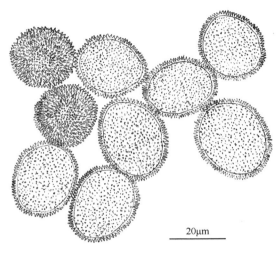

图 127　刺孢夏孢锈菌 *Uredo spinulospora* (P.E. Crane) J.Y. Zhuang & S.X. Wei 的夏孢子（HMAS 46940，typus）

云南夏孢锈菌　图 128

Uredo yunnanensis (P.E. Crane) J.Y. Zhuang & S.X. Wei, Mycosystema 35: 1483, 2016.

Caeoma yunnanense P.E. Crane, Mycologia 97: 544, 2005.

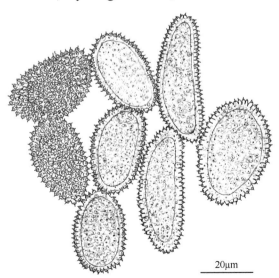

图 128　云南夏孢锈菌 *Uredo yunnanensis* (P.E. Crane) J.Y. Zhuang & S.X. Wei 的夏孢子（HMAS 04161，typus）

夏孢子堆为裸春孢子器型，生于叶下面，在叶脉间形成病斑，散生或聚生，有时互相连合，形状大小不一，直径 0.3~1mm，无包被，常有翻卷的寄主表皮围绕，黄色；夏孢子串生，卵形、椭圆形、多角形、纺锤形或无定形，通常狭长，一端钝或尖，25~38(~42)×10~25μm，壁较厚，连同疣突 2.5~5μm，无色，表面密生粗疣，疣高 1~1.5μm，芽孔不明显。

糙毛杜鹃 *Rhododendron trichocladum* Franch. 云南：大理（04161 模式 typus）。

分布：中国西南。

此种产生裸春孢子器型的夏孢子堆，无性孢子器相伴。扫描电镜下观察疣体有 2~3 圈环带，下部的环带较宽，其上或顶部的环带较狭窄，顶端中央具尖刺，大疣间散生低矮无环带和刺顶的小疣，此特征不同于其他金锈菌属 *Chrysomyxa* 及其无性型的种的夏孢子。Crane（2005）在描述此种时使用"夏孢子堆"和"夏孢子"，但将此种隶为春孢子阶段的裸孢锈菌属 *Caeoma*，不妥。

大戟科 Euphorbiaceae 植物上的种

长叶叶下珠夏孢锈菌　图 129

Uredo phyllanthi-longifolii Petch, Ann. Roy. Bot. Gard. (Peradeniya) 6: 213, 218, 1917; Zhuang & Wei *in* W.Y. Zhuang, Higher Fungi of Tropical China, p. 381, 2001.

夏孢子堆生于叶下面，散生或不规则聚生，直径 0.1~0.5mm，稍粉状，淡黄色或淡黄褐色，干时淡灰褐色，坚实；侧丝直立或向内弯曲，近圆柱状棍棒形，长 40~60μm，头部宽 8~12μm，壁厚均匀 1~1.5μm，无色；夏孢子近球形、椭圆形或倒卵形，18~25(~28)×12~18μm，壁厚约 1μm，无色，表面密生细刺，芽孔不明显。

余甘子 *Phyllanthus emblica* L. 海南：昌江（240470）。

霸贝菜 *Phyllanthus niruri* L. 海南：吊罗山（67365）。

分布：斯里兰卡。中国南部。

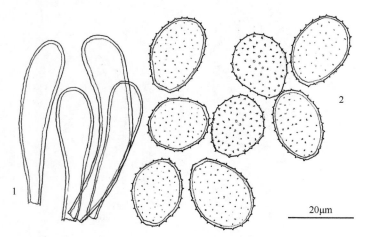

图 129　长叶叶下珠夏孢锈菌 *Uredo phyllanthi-longifolii* Petch（HMAS 240470）

1. 夏孢子堆侧丝；2. 夏孢子

壳斗科 Fagaceae 植物上的种

南坪夏孢锈菌　图 130

Uredo nanpingensis B. Li, Acta Mycol. Sin. Suppl. 1: 163, 1986; Zang, Li & Xi, Fungi of Hengduan Mountains, p. 118, 1996.

夏孢子堆生于叶下面，散生，圆形，直径约 0.2mm，褐色，粉状；侧丝多，短头形或短棍棒形，具 1～2 个隔膜，长 20～45μm，头部宽 9～14μm，壁薄，厚仅约 1μm 或不及，淡褐色；夏孢子近球形或倒卵形，18～30×13～23μm，壁厚 1～1.5μm，淡黄褐色，表面具疏刺，刺距 2.5～4μm，芽孔不明显。

五台栎 *Quercus wutaishanica* Mayr (= 辽东栎 *Q. liaotungensis* Koidz.) 四川：九寨沟（南坪）（47863 主模式 holotypus，50010）。

分布：中国西南。

此菌与 *Cronartium orientale* S. Kaneko 夏孢子阶段的区别在于其夏孢子堆有短头状具隔膜的淡褐色侧丝（李滨，1986）。模式寄主被误订为短柄枹栎 *Quercus serrata* Thunb. var. *brevipetiolata* (A. DC.) Nakai [= *Q. glandulifera* Blume var. *brevipetiolata* (A. DC.) Nakai]，现予订正。

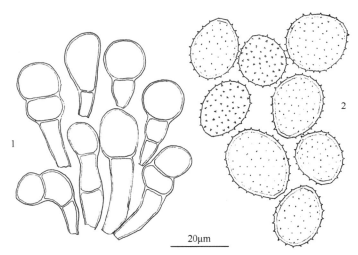

图 130　南坪夏孢锈菌 *Uredo nanpingensis* B. Li（HMAS 47863，holotypus）
1. 夏孢子堆侧丝；2. 夏孢子

大风子科 Flacourtiaceae 植物上的种

箣柊夏孢锈菌　图 131

Uredo scolopiae Syd. & P. Syd., Ann. Mycol. 12: 110, 1914; Sawada, Descriptive Catalogue of the Formosan Fungi I, p. 400, 1919; Sydow & Sydow, Monographia Uredinearum 4: 448, 1924; Hiratsuka & Hashioka, Bot. Mag. Tokyo 48: 239, 1934; Hiratsuka, J. Jap.

Bot. 18: 572, 1942; Hiratsuka, Mem. Tottori Agric. Coll. 7: 75, 1943; Sawada, Descriptive Catalogue of the Formosan Fungi IX, p. 146, 1943; Wang, Index Uredinearum Sinensium, p. 85, 1951; Tai, Sylloge Fungorum Sinicorum, p. 772, 1979.

夏孢子堆生于叶下面，近圆形或无定形，直径 0.2～0.3mm，散生或稍聚生，有时呈环形或同心圆形排列，长期被寄主表皮覆盖，粉状，黄色；夏孢子近球形、倒卵形、椭圆形或长倒卵形，18～28×13～20μm，壁厚 1.5～2.5μm，淡黄色或近无色，表面疏生粗刺，刺距 2～3μm，向基部渐变光滑，芽孔不明显。

台湾箣柊 Scolopia oldhamii Hance [= Scolopia crenata (Wight) Clos] 台湾：台北（22 I 1910，K. Sawada & Y. Fujikuro No. 7，模式 typus，未见；05047，05459）。

分布：中国南部。

Hiratsuka（1942）记载海南和广西有分布，生于箣柊 Scolopia chinensis (Lour.) Clos，标本为 Y. Hashioka 所采（琼山，27 III 1939，Y. Hashioka No. 6；钦州，5 III 1940，Y. Hashioka No. 195），未见，待考。

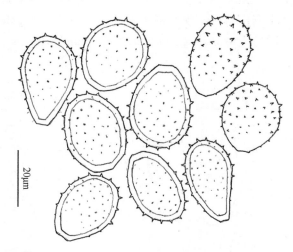

图 131　箣柊夏孢锈菌 Uredo scolopiae Syd. & P. Syd.的夏孢子（HMAS 05047）

龙胆科 Gentianaceae 植物上的种

台湾龙胆夏孢锈菌　图 132

Uredo gentianae-formosanae Hirats. f., Trans. Mycol. Soc. Japan 1: 4, 1957; Tai, Sylloge Fungorum Sinicorum, p. 767, 1979; Zhuang & Wei *in* W.Y. Zhuang, Higher Fungi of Tropical China, p. 380, 2001.

Pucciniastrum gentianae Hirats. f. & Hashioka, Trans. Tottori Soc. Agric. Sci. 5: 237, 1935. (based on uredinia)

夏孢子堆生于叶下面，散生或稍聚生，有时布满全叶，圆形，小，直径 0.1～0.5mm，新鲜时黄色；包被半球形，顶部具一孔口，包被细胞不规则多角形，直径 8～16μm，壁薄，淡黄色，光滑，孔口细胞近球形，光滑；夏孢子近球形或宽椭圆形，22～28(～30)×17～23(～25)μm，壁厚2～2.5μm，无色，有细刺，芽孔不明显。

台湾龙胆 *Gentiana formosana* Hayata 台湾：台南（9 VII 1933，Y. Hashioka，模式 typus，未见）。

滇龙胆草 *Gentiana rigescens* Franch. ex Hemsl. 云南：马关（35353）。

云南龙胆 *Gentiana yunnanensis* Franch. 云南：大理（58615）。

分布：中国南部。

此菌夏孢子堆有半球形包被，可能是膨痂锈菌属 *Pucciniastrum* 某个种的夏孢子阶段。

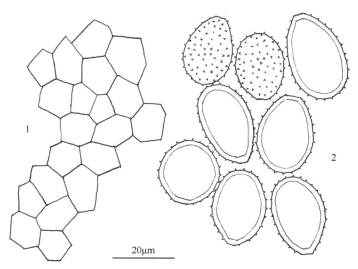

图 132　台湾龙胆夏孢锈菌 *Uredo gentianae-formosanae* Hirats. f.（HMAS 58615）
1. 夏孢子堆包被细胞；2. 夏孢子

獐牙菜生夏孢锈菌

Uredo swertiicola Hirats. f., Mem. Tottori Agric. Coll. 7: 75, 1943; Ito, Mycological Flora of Japan 2(3): 356, 1950; Sawada, Descriptive Catalogue of Taiwan (Formosan) Fungi XI, p. 97, 1959; Tai, Sylloge Fungorum Sinicorum, p. 774, 1979.

夏孢子堆生于叶两面，多在叶上面，散生或稍聚生，圆形，早期裸露，外围有寄主表皮碎片，略粉状，褐色；夏孢子球形、近球形或椭圆形，20～27×17～24μm，壁厚1～2μm，黄褐色，表面有刺，芽孔3～4个，散生。

阿里山獐牙菜 *Swertia arisanensis* Hayata 台湾：台中（Y. Hashioka 采，模式 typus，未见）。

分布：中国台湾岛。

此菌系 Hiratsuka（1943b）所描述。标本未见，附志于此供参考。

牻牛儿苗科 Geraniaceae 植物上的种

尼泊尔老鹳草夏孢锈菌　图 133

Uredo geranii-nepalensis Hirats. f. & Yoshin., Mem. Tottori Agric. Coll. 3: 333, 1935;

Zhuang, Acta Mycol. Sin. 5: 150, 1986.

Pucciniastrum geranii-nepalensis Hirats. f., Mem. Fac. Agric. Tokyo Univ. Educ. 1: 13,
1952. (based on uredinia)

夏孢子堆生于叶下面，散生或稍聚生，有时布满全叶，圆形或无定形，小，直径
0.1～0.3mm，新鲜时肉桂褐色；包被半球形，坚实，顶部具一孔口，包被细胞不规则
多角形，直径 10～20μm，壁薄，近无色，光滑；夏孢子近球形、倒卵形或椭圆形，20～
30×18～23μm，壁厚 1～1.5μm，无色或淡褐色，表面有细刺，芽孔不明显。

鼠掌老鹳草 *Geranium sibiricum* L. 西藏：波密（46812）。

分布：日本。中国。

本种可能是膨痂锈菌属 *Pucciniastrum* 某个种的夏孢子阶段（Hiratsuka et al., 1992）。

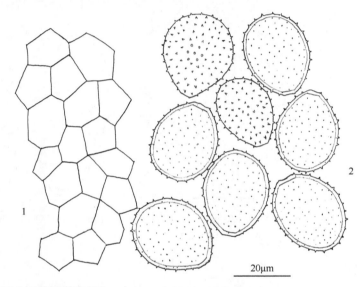

图 133 尼泊尔老鹳草夏孢锈菌 *Uredo geranii-nepalensis* Hirats. f. & Yoshin.（HMAS 46812）
1. 夏孢子堆包被细胞；2. 夏孢子

禾本科 Gramineae 植物上的种

多花剪股颖夏孢锈菌 图 134

Uredo agrostidis-myrianthae S.X. Wei *in* Wei & Zhuang, Mycosystema 2: 217, 1989;
Zhuang & Wei *in* W.Y. Zhuang, Higher Fungi of Tropical China, p. 379, 2001.

夏孢子堆生于叶两面，有破裂的寄主表皮围绕，散生，圆形，很小，黄褐色，粉状；
夏孢子近球形、倒卵形或宽椭圆形，15～21×11～16μm，壁厚约 1.5μm，淡黄色，表面
有细刺，芽孔不明显，可能多个散生。

多花剪股颖 *Agrostis myriantha* Hook. f. 西藏：墨脱（57359 模式 typus）。

分布：中国西南。

本种的夏孢子很小，与剪股颖属 *Agrostis* 植物上的其他锈菌不相同（魏淑霞和庄剑云，1989）。

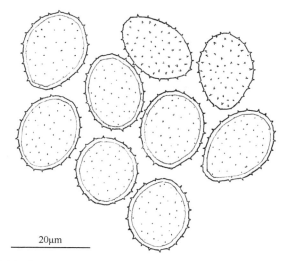

图 134　多花剪股颖夏孢锈菌 *Uredo agrostidis-myrianthae* S.X. Wei 的夏孢子（HMAS 57359, typus）

单穗拂子茅夏孢锈菌　图 135

Uredo calamagrostidis-emodensis S.X. Wei *in* Wei & Zhuang, Mycosystema 2: 217, 1989;
　　Zhuang & Wei *in* W.Y. Zhuang, Higher Fungi of Tropical China, p. 379, 2001.

夏孢子堆大多生于叶鞘或茎上，稀在叶两面，长期被寄主表皮覆盖，散生或线状排列，长条形或线形，长 1～7mm 或更长，常互相连合，黄褐色，粉状；夏孢子近球形、倒卵形或椭圆形，20～28×18～22μm，壁厚 1～1.5μm，淡褐色，表面有细刺，芽孔不明显，可能多个散生。

单穗拂子茅 *Calamagrostis emodensis* Griseb. 西藏：墨脱（57189 模式 typus）。

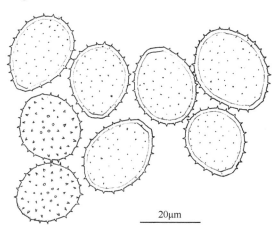

图 135　单穗拂子茅夏孢锈菌 *Uredo calamagrostidis-emodensis* S.X. Wei 的夏孢子（HMAS 57189,
typus）

分布：中国西南。

本种夏孢子堆长期被寄主表皮覆盖；夏孢子较小，壁薄，具不明显的散生芽孔，与拂子茅属 *Calamagrostis* 上的其他锈菌都不相同（魏淑霞和庄剑云，1989）。

狗牙根夏孢锈菌　图 136

Uredo cynodontis-dactylis F.L. Tai, Farlowia 3: 132, 1947; Wang, Index Uredinearum Sinensium, p. 83, 1951; Cummins, The Rust Fungi of Cereals, Grasses and Bamboos, p. 513, 1971; Tai, Sylloge Fungorum Sinicorum, p. 765, 1979; Wang & Wei, Taxonomic Studies on Graminicolous Rust Fungi of China, p. 74, 1983; Zhuang & Wei *in* W.Y. Zhuang, Higher Fungi of Tropical China, p. 379, 2001.

夏孢子堆生于叶两面，散生，圆形或椭圆形，长 0.5～0.8mm，长期被寄主表皮覆盖，晚期破露，栗褐色，粉状；侧丝少，圆柱形或近棍棒形，长 30～60μm，头部宽 10～18μm，壁厚约 1μm 或不及，有时顶壁增厚（可达 5μm），淡黄褐色或近无色；夏孢子近球形、倒卵形、椭圆形或长倒卵形，28～45×23～33μm，壁厚 1.5～2μm，表面有刺，肉桂褐色或栗褐色，芽孔 2 个，腰生。

狗牙根 *Cynodon dactylon* (L.) Pers. 四川：成都（02830）；云南：昆明（03913 主模式 holotypus，10996，11360，11365），思茅（24492）。

分布：中国西南。

此菌夏孢子与同植物上的 *Puccinia cynodontis* Lacroix ex Desm.的夏孢子的区别在于后者较小，颜色较浅，具 2～4 个近腰生芽孔（庄剑云等，1998）。

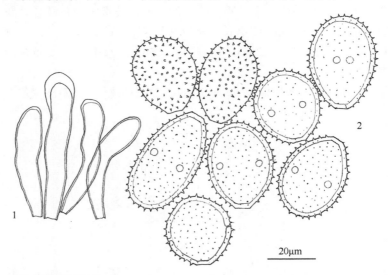

图 136　狗牙根夏孢锈菌 *Uredo cynodontis-dactylis* F.L. Tai（HMAS 03913, holotypus）
1. 夏孢子堆侧丝；2. 夏孢子

弓果黍夏孢锈菌　图 137

Uredo cyrtococci Z.C. Chen *in* Z.C. Chen, T.L. Hu & T. Koyama, Taiwania 25: 158, 1980.

夏孢子堆生于叶下面，坚实，圆形、椭圆形或矩圆形，长达 0.5mm，肉桂褐色，裸露；侧丝棍棒状或头状，无色，长 43～75μm，头部宽 18～25μm，顶壁厚 3～7.5μm；夏孢子近球形、倒卵形或椭圆形，20～25×17～20μm，壁厚 1.5～2.5μm，表面有细刺，褐色，芽孔 4～5 个，腰生。

弓果黍 *Cyrtococcum patens* (L.) A. Camus 台湾：南投（Z.C. Chen 2439，模式 typus，台湾大学植物标本馆）。

分布：中国台湾岛。

本种与同植物上的 *Puccinia taiwaniana* Hirats. f. & Hashioka 的夏孢子阶段的不同在于其夏孢子堆有棍棒状或头状侧丝（陈瑞青等，1980）；与白茅属 *Imperata*、蔗茅属 *Erianthus*、牛鞭草属 *Hemarthria* 及筒轴茅属 *Rottboellia* 等植物上的 *Puccinia microspora* Dietel 的夏孢子阶段很相似，但后者的夏孢子堆侧丝呈金黄色，夏孢子顶部常呈紫褐色（庄剑云等，1998）。

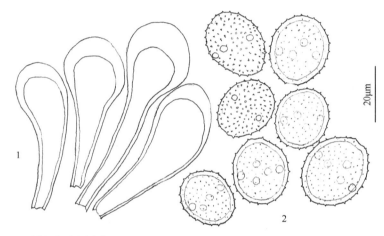

图 137　弓果黍夏孢锈菌 *Uredo cyrtococci* Z.C. Chen（Z.C. Chen 2439, typus，TAI）

1. 夏孢子堆侧丝；2. 夏孢子

紫马唐夏孢锈菌　图 138

Uredo digitariae-violascentis Z.C. Chen (as ‘*digitariae-violascens*’) *in* Z.C. Chen, T.L. Hu & T. Koyama, Taiwania 25: 158, 1980.

夏孢子堆生于叶两面，多在叶下面，散生或聚生，纺锤形，长 0.3～0.6mm，常线状排列并互相连合，裸露；侧丝近圆柱形、棍棒形或头形，无色、金黄色或肉桂色，长 60～90μm，头部宽(10～)15～20(～23)μm，顶壁厚 4～10μm；夏孢子近球形、倒卵形或椭圆形，25～35×20～25μm，壁厚 2～3μm，表面密布细刺，肉桂褐色或栗褐色，芽孔 5～6 个，腰生。

紫马唐 *Digitaria violascens* Link 台湾：南投（Z.C. Chen 2865，模式 typus，台湾大学植物标本馆）。

分布：中国台湾岛。

此菌可能是 *Puccinia oahuensis* Ellis & Everh.的夏孢子阶段。鉴于其夏孢子堆具顶壁增厚的侧丝，陈瑞青等（1980）将之视为新种。此菌暂予保留，待发现冬孢子后再行确认其归属。

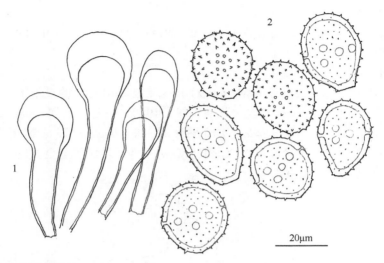

图 138　紫马唐夏孢锈菌 *Uredo digitariae-violascentis* Z.C. Chen（Z.C. Chen 2865, typus，TAI）
1. 夏孢子堆侧丝；2. 夏孢子

极丰夏孢锈菌　图 139

Uredo ditissima Cummins *in* Hino & Katumoto, Bull. Fac. Agric. Yamaguti Univ. 11: 27, 1960; Chen, Hu & Koyama, Taiwania 25: 158, 1980; Zhuang & Wei *in* W.Y. Zhuang, Higher Fungi of Tropical China, p. 380, 2001.

Puccinia ditissima Syd. *in* Sydow & Petrak, Ann. Mycol. 29: 152, 1931. (based on uredinia)

夏孢子堆生于叶下面，散生或线状排列，常布满全叶，矩形或长矩形，长 0.1～1mm，常联结成长度不一的长条形，裸露，黄褐色，略坚实；侧丝多，周生，向内弯曲，圆柱形或近棍棒形，长 25～50μm，头部宽 7～15μm，壁厚均匀（1～1.5μm 或不及 1μm），有时顶壁和背壁厚 2～5μm，淡黄色或近无色；夏孢子近球形、椭圆形或倒卵形，25～38×20～30μm，壁厚 1～1.5μm，淡肉桂褐色或近无色，表面具刺，芽孔不明显，似多个散生。

麻竹 *Dendrocalamus latiflorus* Munro 台湾：高雄（Z.C. Chen 6160，台湾大学植物标本馆），南投（Z.C. Chen 6200，台湾大学植物标本馆），宜兰（244627，244632，244637）。

分布：菲律宾。中国台湾岛。

此菌近似 *Dasturella divina* (Syd.) Mundk. & Khesw. 的夏孢子阶段（= *Uredo ignava* Arthur），但其夏孢子堆侧丝多为薄壁，有时顶壁和背壁略增厚，夏孢子略大，暂按 Cummins（1971）的意见保留此菌。Cummins（1971）称此菌可能是垫锈菌属 *Dasturella* 之一种。

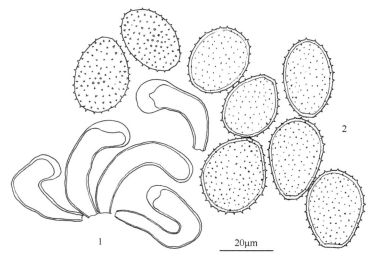

图 139　极丰夏孢锈菌 *Uredo ditissima* Cummins（HMAS 244627）

1. 夏孢子堆侧丝；2. 夏孢子

小颖羊茅夏孢锈菌　图 140

Uredo festucae-parviglumae Z.C. Chen *in* Z.C. Chen, T.L. Hu & T. Koyama, Taiwania 25: 161, 1980.

夏孢子堆生于叶下面；侧丝棍棒形或头形，长 20～65μm，头部宽 8.5～20μm，壁厚均匀（1～2μm）；夏孢子倒卵形或椭圆形，(17～)21～27×(15～)17～22μm，壁厚 1～2μm，表面密布细刺，无色或淡黄色，芽孔 3～5 个，散生。

小颖羊茅 *Festuca parvigluma* Steud. 台湾：桃园（TAI 018466，模式 typus，台湾大学植物标本馆）。

分布：中国台湾岛。

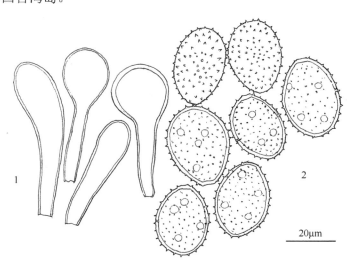

图 140　小颖羊茅夏孢锈菌 *Uredo festucae-parviglumae* Z.C. Chen（TAI 018466, typus）

1. 夏孢子堆侧丝；2. 夏孢子

此菌的夏孢子与矮柄锈菌 *Puccinia pygmaea* Erikss.和短柄草柄锈菌林地早熟禾变种 *P. brachypodii* G.H. Otth var. *poae-nemoralis* (G.H. Otth) Cummins & H.C. Greene 的夏孢子相似，但后两种的夏孢子芽孔多达 8 个，而本菌的较少（陈瑞青等，1980）。

莠竹夏孢锈菌 图 141

Uredo microstegii Z.C. Chen *in* Z.C. Chen, T.L. Hu & T. Koyama, Taiwania 25: 161, 1980; Zhuang & Wei *in* W.Y. Zhuang, Higher Fungi of Tropical China, p. 381, 2001.

夏孢子堆生于叶下面，圆形或椭圆形，直径 0.1～0.2mm，淡褐色；侧丝棍棒状，内弯，长达 60μm，头部宽 10～15μm，壁厚 1.5～2μm，无色；夏孢子倒卵形或梨形，25～34×23～30μm，壁厚 1～1.5μm，近无色或肉桂褐色，表面有刺，芽孔 5 个或多个，散生。

刚莠竹 *Microstegium ciliatum* (Trin.) A. Camus 台湾：屏东（TAI 137669，模式 typus，台湾大学植物标本馆）。

分布：中国台湾岛。

此菌夏孢子与 *Phakopsora incompleta* (Syd. & P. Syd.) Cummins 的夏孢子非常相似，不同仅在于后者的夏孢子较小而窄。此菌暂予保留，待发现冬孢子后再行处理。

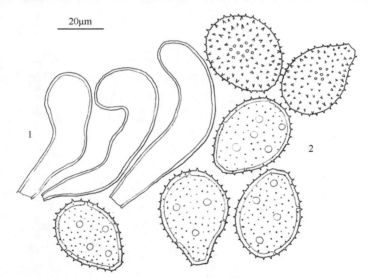

图 141　莠竹夏孢锈菌 *Uredo microstegii* Z.C. Chen（TAI 137669, typus）

1. 夏孢子堆侧丝；2. 夏孢子

五节芒夏孢锈菌 图 142

Uredo miscanthi-floriduli Z.C. Chen *in* Z.C. Chen, T.L. Hu & T. Koyama, Taiwania 25: 161, 1980; Zhuang & Wei *in* W.Y. Zhuang, Higher Fungi of Tropical China, p. 381, 2001.

夏孢子堆生于叶两面，多在叶上面，矩圆形或纺锤形，长可达 1mm，互相连合并排列成线状，淡肉桂褐色，粉状；侧丝棍棒状或头状，长 18～45μm，头部宽 7～15μm，壁厚 1～1.5μm；夏孢子倒卵形或椭圆形，17～25×11～20μm，壁厚 1～2μm，顶壁厚 2.5～3μm，黄褐色，表面疏生细刺，刺距约 2μm，芽孔 8～11 个，散生。

五节芒 *Miscanthus floridulus* (Labill.) Warb. ex K. Schum. & Lauterb. 台湾：阿里山（Z.C. Chen 5684，主模式 holotypus，台湾大学植物标本馆），屏东（Z.C. Chen 4955，台湾大学植物标本馆）。

分布：中国台湾岛。

此菌与 *Uredo miscanthi-sinensis* Sawada (nom. nudum，不合格发表)非常相似，但它的夏孢子顶壁略增厚，侧丝的壁很薄，与芒属 *Miscanthus* 植物上的其他已知种均不相同。

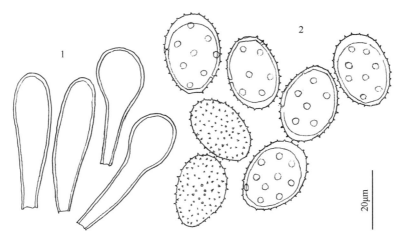

图 142　五节芒夏孢锈菌 *Uredo miscanthi-floriduli* Z.C. Chen（Z.C. Chen 5684, holotypus）
1. 夏孢子堆侧丝；2. 夏孢子

芒夏孢锈菌

Uredo miscanthi-sinensis Sawada ex Hirats. f., Trans. Mycol. Soc. Japan 2: 11, 1959.

Uredo miscanthi-sinensis Sawada, Descriptive Catalogue of the Formosan Fungi IX, p. 143, 1943; Cummins, The Rust Fungi of Cereals, Grasses and Bamboos, p. 518, 1971; Tai, Sylloge Fungorum Sinicorum, p. 769, 1979. (nom. nudum)

夏孢子堆生于叶两面，散生或聚生，椭圆形或线形，长 0.3～1mm，初期埋生于寄主表皮下，破皮后露出，稍粉状，淡黄褐色；侧丝多，直立或弯曲，无色，薄壁，近棍棒状圆柱形，长 28～44μm，头部宽 8～10μm；夏孢子球形或椭圆形，18～25×15～19μm，壁厚约 1.5μm，黄褐色，表面密生细疣，芽孔 6～7 个，散生。

芒 *Miscanthus sinensis* Andersson　台湾：台北（26 X 1930，R. Takahashi，模式 typus，未见）。

分布：中国台湾岛。

此菌仅见于中国台湾（Sawada，1943c；Ito，1950；Hiratsuka，1959）。标本未见，附原描述供参考。

求米草夏孢锈菌 图 143

Uredo oplismeni-undulatifolii Z.C. Chen *in* Z.C. Chen, T.L. Hu & T. Koyama, Taiwania 25: 161, 1980.

夏孢子堆生于叶两面，形成长达 1mm 的黑褐色纺锤形病斑，长方形或矩圆形，长 0.2～0.5mm，淡肉桂褐色，粉状；夏孢子近球形或倒卵形，27～37×26～35μm，壁厚 2.5～3μm，无色，表面疏生粗刺，刺距 4～5μm，芽孔 2～3 个，腰生。

求米草 *Oplismenus undulatifolius* (Ard.) Roem. & Schult. 台湾：台中（TAI 137623，模式 typus，台湾大学植物标本馆）。

分布：中国台湾岛。

本种可能是 *Puccinia flaccida* Berk. & Broome 的夏孢子阶段，由于其夏孢子比后者的大得多，壁也较厚，尚难确定，在此暂予保留。

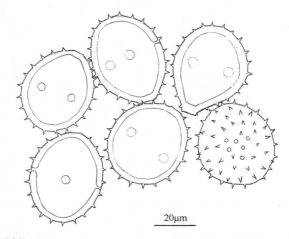

图 143 求米草夏孢锈菌 *Uredo oplismeni-undulatifolii* Z.C. Chen 的夏孢子（TAI 137623, typus）

棕叶狗尾草夏孢锈菌

Uredo palmifoliae Cummins, Mycologia 33: 151, 1941; Chen, Hu & Koyama, Taiwania 25: 165, 1980; Zhuang & Wei *in* W.Y. Zhuang, Higher Fungi of Tropical China, p. 381, 2001.

夏孢子堆生于叶两面，粉状，新鲜时金黄色，干时变淡褐色；侧丝多，向内弯曲，圆柱形，长 30～50μm，宽 8～12μm，腹壁厚 1.5～2μm，背壁和顶壁厚 3～6μm，无色或淡黄色；夏孢子宽椭圆形或倒卵形，21～29×17～20μm，壁厚 1～1.5μm，淡黄色或淡褐色，表面有细刺，芽孔不明显。

棕叶狗尾草 *Setaria palmifolia* (Koenig) Stapf 台湾：台北（TAI 021790，台湾大学植物标本馆，未见）；屏东（Z.C. Chen 5395，台湾大学植物标本馆，未见）。

分布：巴布亚新几内亚。中国台湾岛。

此菌模式产地为巴布亚新几内亚，迄今为止仅见于棕叶狗尾草 *Setaria palmifolia* (Koenig) Stapf。Cummins（1971）认为此菌可能是层锈菌属 *Phakopsora* 某个种的夏孢子阶段。陈瑞青等（1980）记载中国台湾也有，标本未见。现摘译 Cummins（1941，1971）的描述供参考。

扇褶狗尾草夏孢锈菌

Uredo panici-plicati Sawada ex S. Ito & Muray., Trans. Sapporo Nat. Hist. Soc. 17: 170, 1943.

Uredo panici-plicati Sawada, J. Taichu. Soc. Agric. & For. 7: 42, 1943; Sawada, Descriptive Catalogue of the Formosan Fungi IX, p. 144, 1943; Ito, Mycological Flora of Japan 2(3): 348, 1950; Tai, Sylloge Fungorum Sinicorum, p. 771, 1979. (nom. nudum)

夏孢子堆生于叶两面，圆形，直径 0.5～1.3mm，散生或呈线状排列，长达 15mm，初期被寄主表皮覆盖，后期裸露，粉状，黄褐色；夏孢子宽椭圆形、倒卵形或长倒卵形，31～44×26～28μm，壁薄，褐色，表面有疏疣。

分布：中国台湾岛。

皱叶狗尾草 *Setaria plicata* (Lam.) T. Cooke (= *Panicum plicatum* Lam.) 台湾：台北（8 II 1925，K. Sawada，模式 typus，未见）。

分布：中国台湾岛。琉球群岛。

此菌是 Sawada（1943d）所描述。原描述使用日文，成为不合法名称。Ito 和 Murayama（1943）补充拉丁文描述使其合法化。标本未见，附记于此供参考，描述摘译自 Ito（1950）。

芦竹芦苇夏孢锈菌

Uredo phragmitis-karkae Sawada, Descriptive Catalogue of Taiwan (Formosan) Fungi XI, p. 96, 1959; Cummins, Tai, Sylloge Fungorum Sinicorum, p. 771, 1979.

夏孢子堆生于叶两面，多在叶下面，线形或纺锤形，长 0.6～4mm，散生，初期被寄主表皮覆盖，后期裸露，粉状，淡黄褐色；无侧丝；夏孢子宽椭圆形、倒卵形或椭圆形，22～29×18～20μm，壁厚 4.5μm，无色或淡色，表面密生细疣。

卡开芦 *Phragmites karka* (Retz.) Trin. ex Steud. 台湾：苗栗（20 IV 1907，R. Suzuki，模式 typus，未见）。

分布：中国台湾岛。

此菌是 Sawada（1959）所描述。标本未见，附志于此供参考。

皱叶狗尾草夏孢锈菌　图 144

Uredo setariae-excurrentis Y.C. Wang, Acta Phytotax. Sin. 10: 298, 1965 (as '*setariae-excurrens*'); Cummins, The Rust Fungi of Cereals, Grasses and Bamboos, p. 517, 1971; Tai, Sylloge Fungorum Sinicorum, p. 773, 1979; Wang & Wei, Taxonomic Studies on Graminicolous Rust Fungi of China, p. 73, 1983.

夏孢子堆生于叶两面，散生或聚生，常呈线状排列，圆形或椭圆形，长 0.1～0.2mm，粉状，黄褐色；侧丝多，周生，向内弯曲，棍棒形，黄褐色，长 20～50μm 或更长，头部宽 8～12μm，腹壁厚 1.5～2μm，顶壁和背壁厚 2.5～6μm，有时顶壁甚厚，可达 12μm，偶见几乎无腔或腔呈细缝状；夏孢子近球形、椭圆形或近倒卵形，20～32×16～23μm，壁厚约 1.5μm，黄褐色，表面密生细刺，芽孔不明显，可能多个散生。

皱叶狗尾草 *Setaria plicata* (Lam.) T. Cooke [= *Setaria excurrens* (Trin.) Miq.] 贵州：册亨（34707 模式 typus）；云南：昆明（199356）。

分布：中国西南。

巴布亚新几内亚产的生于棕叶狗尾草 *Setaria palmifolia* (Koenig) Stapf 的棕叶狗尾草夏孢锈菌 *Uredo palmifoliae* Cummins（1941）与此菌近似，但其夏孢子堆侧丝近无色，夏孢子也较小（21～29×17～20μm）。中国台湾产的同寄主植物上的扇褶狗尾草夏孢锈菌 *Uredo panici-plicati* Sawada ex S. Ito & Muray.（Ito and Murayama, 1943）与此菌也近似，但其夏孢子很大，31～44×26～28μm，表面有疏疣（王云章，1965）。

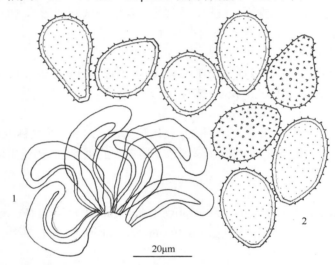

图 144　皱叶狗尾草夏孢锈菌 *Uredo setariae-excurrentis* Y.C. Wang（HMAS 34707, typus）
1. 夏孢子堆侧丝；2. 夏孢子

绣球科 Hydrangeaceae 植物上的种

溲疏夏孢锈菌　图 145

Uredo deutziae Barclay, J. Asiat. Soc. Bengal, Pt. 2, Nat. Hist. 59: 100, 1890; Tai, Farlowia 3: 133, 1947; Wang, Index Uredinearum Sinensium, p. 83, 1951; Tai, Sylloge Fungorum Sinicorum, p. 766, 1979.

夏孢子堆生于叶下面，稍聚生，常均匀分布于叶大部或全叶，小圆形，直径 0.1～0.2mm，淡黄色，裸露，粉状；夏孢子近球形、椭圆形或倒卵形，22～27×15～20μm，淡黄色或近无色，壁厚 1.5～2(～2.5)μm，表面有疏刺，刺距 2.5～5μm，芽孔不明显。

密序溲疏 *Deutzia compacta* Craib 云南：鸡足山（0550）。

长叶溲疏 *Deutzia longifolia* Franch. 四川：九寨沟（64221，64222）。

分布：印度东部。中国西南。

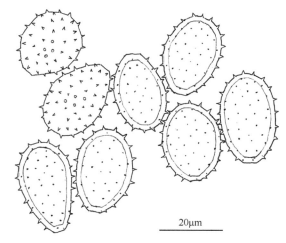

图 145　溲疏夏孢锈菌 *Uredo deutziae* Barclay 的夏孢子（HMAS 0550）

石内夏孢锈菌　图 146

Uredo ishiuchii (Hirats. f.) Hirats. f., Trans. Mycol. Soc. Japan 1: 4, 1957; Zhuang & Wei, Mycosystema 35: 1481, 2016.

Pucciniastrum ishiuchii Hirats. f., Bot. Mag. Tokyo 42: 280, 1943. (based on uredinia)

夏孢子堆生于叶两面，多在叶下面，散生或稍聚生，长期被寄主表皮覆盖，圆形，直径 0.1～0.5mm，新鲜时黄褐色，干时淡黄色；包被半球形，顶部具一孔口，包被细胞不规则多角形，7～15×5～13μm 或直径 5～15μm，壁薄，无色，光滑；夏孢子近球形、倒卵形或椭圆形，20～28×16～20μm，壁厚约 2μm，近无色，表面有细刺，芽孔不明显。

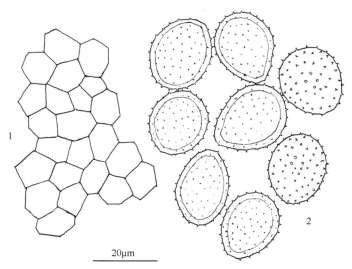

图 146　石内夏孢锈菌 *Uredo ishiuchii* (Hirats. f.) Hirats. f.（HMAS 77570）
1. 夏孢子堆包被细胞；2. 夏孢子

长叶溲疏 *Deutzia longifolia* Franch. 四川：九寨沟（77570）。

分布：日本。中国。

模式寄主为齿叶溲疏 *Deutzia crenata* Siebold & Zucc. (= *D. scabra* Thunb. var. *crenata* Maxim)，原产于日本，我国各地有栽培或野化，但我们未在其上采到此菌标本。

鸢尾科 Iridaceae 植物上的种

紫苞鸢尾夏孢锈菌　图 147

Uredo iridis-ruthenicae Y.C. Wang & B. Li *in* Wang et al., Acta Mycol. Sin. 2: 10, 1983.

夏孢子堆生于叶两面，散生，圆形或椭圆形，直径 0.3～0.8mm，初期生于寄主表皮下，晚期表皮纵裂而裸露，肉桂色，粉状；夏孢子球形、宽倒卵形或椭圆形，20～25×19～23μm，壁厚 1.5～2μm，淡黄褐色，表面有细刺，芽孔 5～8 个，散生。

紫苞鸢尾 *Iris ruthenica* Ker Gawl. 黑龙江：黑河（41466 模式 typus）。

分布：中国东北。

此菌夏孢子比 *Puccinia iridis* Wallr.的小得多，壁也较薄，芽孔多而散，近似于 *P. iridis* var. *polyporus* W.C. Liu (as 'polyporis')（刘伟成等，1991）。冬孢子未发现，暂予保留。模式寄主被鉴定为紫苞鸢尾 *Iris ruthenica* Ker Gawl.，因缺生殖器官无法确认，很可能是玉蝉花 *Iris ensata* Thunb.。

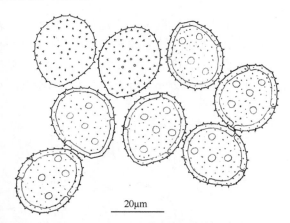

图 147　紫苞鸢尾夏孢锈菌 *Uredo iridis-ruthenicae* Y.C. Wang & B. Li 的夏孢子（HMAS 41466，typus）

木通科 Lardizabalaceae 植物上的种

八月瓜生夏孢锈菌　图 148

Uredo holboelliicola J.Y. Zhuang, Acta Mycol. Sin. 5: 150, 1986.

夏孢子堆生于叶两面，散生或稍聚生，形成界限不明显的淡色小病斑，圆形，直径 0.1～0.25mm，长期被寄主表皮覆盖，晚期表皮孔状开裂而露出；侧丝多，周生，圆柱形或近棍棒形，有 1～3 个隔膜，长可达 100μm 或更长，头部宽 5～10μm，直立或稍弯曲，顶壁极厚（可达 20μm），侧壁厚 1～2.5μm，有时上部或全部实心，淡黄褐色或近无色；夏孢子椭圆形、倒卵形或近球形，20～33×17～20μm，壁厚 1～1.5μm，淡褐色或近无色，表面密生细刺，芽孔不明显，可能 2～3 个腰生。

纸叶八月瓜 *Holboellia latifolia* Wall. subsp. *chartacea* L.Y. Wu & S.H. Huang ex H.N. Qin 西藏：岗日嘎布山（47007，模式 typus）。

分布：中国西南。

本种产生周生的有 1～3 个隔膜的侧丝，与木通科 Lardizabalaceae 植物上的其他锈菌均不相同。印度产的 *Puccinia holboelliae-latifoliae* Cummins（1943）生于同寄主植物，但该菌无夏孢子阶段（庄剑云，1986）。

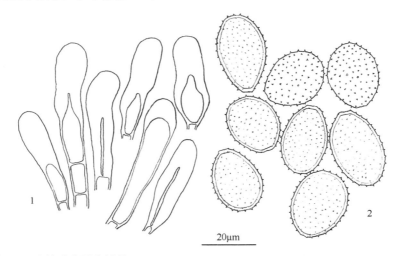

图 148　八月瓜生夏孢锈菌 *Uredo holboelliicola* J.Y. Zhuang（HMAS 47007, typus）

1. 夏孢子堆侧丝；2. 夏孢子

豆科 Leguminosae 植物上的种

藤金合欢夏孢锈菌　图 149

Uredo acaciae-concinnae (Mundk. & Thirum.) J.N. Kapoor & D.K. Agarwal, Indian Phytopathol. 27: 669, 1974 (publ. 1975); Zhuang & Wei, Mycosystema 35: 1476, 2016.

Ravenelia acaciae-concinnae Mundk. & Thirum., Mycol. Pap. 16: 18, 1946.

夏孢子堆生于叶两面，多在叶下面，散生或聚生，有时形成同心圆群，裸露，很小，直径 0.1～0.2mm，淡肉桂褐色，稍粉状，干后较坚实；侧丝头状，易萎缩，长 25～80μm，头部宽 12～18μm，顶壁厚 3～10μm，头部淡黄褐色，向下渐变无色；夏孢子倒卵形、长倒卵形或近椭圆形，22～30(～33)×10～18μm，侧壁厚约 1μm 或不及，顶壁稍厚（1.5～3μm），淡肉桂褐色，顶壁色深，向下渐淡，表面密生细刺，下部刺较粗，芽孔 4～6 个，多数 4 个，腰生，不明显。

藤金合欢 *Acacia sinuata* (Lour.) Merr. [= *Acacia concinna* (Willd.) DC.] 云南：勐腊

（172039），勐仑（79048）。

分布：印度。中国西南。

模式产于印度迈索尔（Mysore）的班加罗尔（Bangalore）。Mundkur 和 Thirumalachar（1946）认为是伞锈菌属 *Ravenelia* 之一种，命名为 *Ravenelia acaciae-concinnae* Mundk. & Thirum.。因只描述夏孢子阶段，Kapoor 和 Agarwal（1974）遂改订为式样种。从夏孢子堆侧丝和夏孢子形态看，我们也认为此菌是伞锈菌属 *Ravenelia* 之一种。

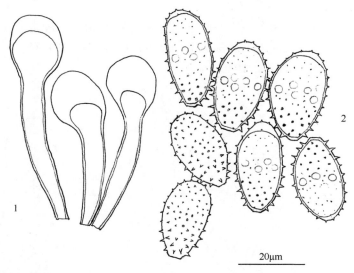

图 149　藤金合欢夏孢锈菌 *Uredo acaciae-concinnae* (Mundk. & Thirum.) J.N. Kapoor & D.K. Agarwal
（HMAS 79048）

1. 夏孢子堆侧丝；2. 夏孢子

粉叶决明夏孢锈菌　图 150

Uredo cassiae-glaucae Syd. & P. Syd., Ann. Mycol. 1: 331, 1903; Sydow, Ann. Mycol. 20: 63, 1922; Hiratsuka & Hashioka, Trans. Tottori Agric. Sci. 5: 242, 1935; Sawada, Descriptive Catalogue of the Formosan Fungi VII, p. 65, 1942; Hiratsuka, Mem. Tottori Agric. Coll. 7: 71, 1943; Tai, Sylloge Fungorum Sinicorum, p. 764, 1979; Zhuang, Acta Mycol. Sin. 2: 157, 1983; Lu et al., Checklist of Hong Kong Fungi, p. 84, 2000; Zhuang & Wei *in* W.Y. Zhuang, Higher Fungi of Tropical China, p. 379, 2001.

夏孢子堆生于叶两面，散生或小群聚生，多生在叶脉上，圆形，直径 0.2～0.5mm，叶脉上可长达 3mm 或更长，长期被寄主表皮覆盖或晚期裸露，有破裂的表皮围绕，黄褐色或灰褐色，粉状；夏孢子近球形、倒卵形、椭圆形或矩圆形，(12～)15～20×10～15μm，壁厚 1～1.5μm，黄色或淡黄褐色，表面密生细刺，芽孔可能 6～8 个，散生，不明显。

黄槐决明 *Cassia surattensis* Burm. f. (= *C. glauca* Lam. = *C. suffruticosa* Koenig ex Roth) 福建：上杭（41875），厦门（41876）；台湾：台北（6 VI 1935，Y. Hashioka，未见）；广东：广州（47234）。

分布：巴布亚新几内亚。斯里兰卡，中国南部；琉球群岛。

也门的索科特拉岛（Socotra I.）和斯里兰卡产的苦参决明 *Cassia sophora* L.上的 *Uredo socotrae* Syd. & P. Syd.（1903）与此菌极相似，不同仅在于其夏孢子具 8～10 个散生芽孔。我们未比较两者模式，但认为它们可能是同物异名。

同属植物上还有产于非洲至我国西南的鲍姆伞锈菌 *Ravenelia baumiana* Henn.（庄剑云等，2012）。它的夏孢子与本菌夏孢子非常相似，不同仅在于其孢壁较厚（1.5～2μm），我们怀疑两者是同物异名，有待进一步考证。

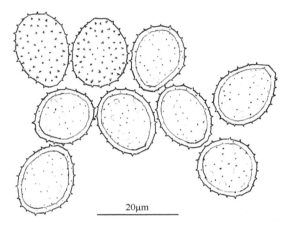

图 150　粉叶决明夏孢锈菌 *Uredo cassiae-glaucae* Syd. & P. Syd. 的夏孢子（HMAS 41876）

大金刚藤夏孢锈菌　图 151

Uredo dalbergiae-dyerianae J.Y. Zhuang & S.X. Wei, Mycosystema 35: 1478, 2016.

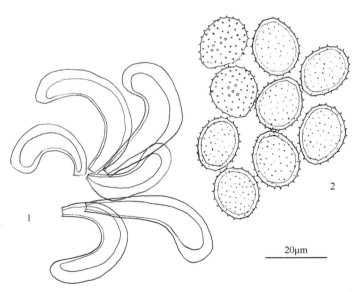

图 151　大金刚藤夏孢锈菌 *Uredo dalbergiae-dyerianae* J.Y. Zhuang & S.X. Wei（HMAS 82256，typus）

1. 夏孢子堆侧丝；2. 夏孢子

夏孢子堆生于叶下面，散生或聚生，圆形，极小，直径 0.1～0.2mm，灰褐色或铁锈色，裸露；侧丝周生，棍棒状，向内弯曲，淡黄褐色或近无色，长 25～60μm，头部宽 7～10μm，背壁厚 2～5μm，腹壁厚 1～1.5μm；夏孢子近球形或宽倒卵形，15～20×12～16μm，壁厚 1～1.5(～2)μm，表面密布细刺，近无色或略带淡褐色，芽孔不明显。

大金刚藤黄檀 *Dalbergia dyeriana* Prain ex Harms 云南：勐海（82256 模式 typus）。

分布：中国西南。

此菌与巴西产的 *Uredo dalbergiae* Henn.（Hennings，1895；Sydow and Sydow，1924）的不同仅在于后者的侧丝较长，顶端尖。紫檀无眠单胞锈菌 *Maravalia pterocarpi* (Thirum.) Thirum.（Thirumalachar，1949；庄剑云和魏淑霞，2011）的夏孢子堆和夏孢子与此菌的也略似，但其侧丝呈细长虫形，长可达 100μm，宽 6～8μm，壁厚均匀（1.5～2.5μm），有时内腔几呈细缝状，易于区别。

台湾夏孢锈菌

Uredo formosana (P. Syd. & Syd.) F.L. Tai, Sylloge Fungorum Sinicorum, p. 767, 1979; Zhuang & Wei *in* W.Y. Zhuang, Higher Fungi of Tropical China, p. 380, 2001.

Ravenelia formosana P. Syd. & Syd., Monographia Uredinearum 3: 245, 1914.

夏孢子堆生于叶上面角质层下，散生或环状排列，小，直径 0.1～0.2mm，裸露，常有破裂的寄主表皮围绕，锈褐色；侧丝多，圆柱形，不规则屈曲，长 35～60μm，头部宽 8～15μm，壁厚 2～3μm，褐色；夏孢子倒卵形、梨形或长椭圆形，20～32×11～15μm，壁约 1.5μm 厚，黄褐色，表面密生细刺，芽孔 4～6 个，腰生。

金合欢 *Acacia farnesiana* (L.) Willd. 台湾：台南（"盐水港"，25 X 1908，K. Sawada，未见）。

分布：中国台湾岛。

此菌可能是伞锈菌属 *Ravenelia* 之一种，故 Sydow 和 Sydow（1915）命名为 *Ravenelia formosana* P. Syd. & Syd.。因仅见夏孢子阶段，戴芳澜（1979）改组为式样种。模式标本未见，亦无其他记录，附原描述供参考。从原描述看，此菌的侧丝形态特殊，不同于伞锈菌属其他已知种的侧丝，尚需进一步考证。

银合欢夏孢锈菌

Uredo leucaenae-glaucae Hirats. f. & Hashioka, Trans. Tottori Soc. Agric. Sci. 5: 242, 1935; Sawada, Descriptive Catalogue of the Formosan Fungi VII, p. 66, 1942; Hiratsuka, Mem. Tottori Agric. Coll. 7: 73, 1943; Tai, Sylloge Fungorum Sinicorum, p. 769, 1979.

夏孢子堆生于叶两面，多在叶上面，散生或聚生，圆形，直径 0.1～0.5mm，裸露，粉状，新鲜时肉桂褐色；夏孢子倒卵形、椭圆形或长椭圆形，17～26×10～17μm，壁约 1.5μm 厚，顶壁厚 2～2.5μm，淡黄色或淡褐色，表面有钝刺，芽孔 4 个，腰生。

银合欢 *Leucaena glauca* Benth. 台湾：新竹（19 VII 1935，Y. Hashioka，模式 typus，未见）。

分布：中国台湾岛。

此菌是 Hiratsuka 和 Hashioka（1935c）所描述，标本采自中国台湾新竹。标本未见，我国其他地区也无记载，附原描述供参考。

百合科 Liliaceae 植物上的种

山菅夏孢锈菌　图 152

Uredo dianellae Dietel, Hedwigia 37: 213, 1898; Teng, A Contribution to Our Knowledge of the Higher Fungi of China, p. 289, 1939; Hiratsuka, Mem. Tottori Agric. Coll. 7: 71, 1943; Sawada, Descriptive Catalogue of the Formosan Fungi IX, p. 139, 1943; Wang, Index Uredinearum Sinensium, p. 84, 1951; Teng, Fungi of China, p. 363, 1963; Tai, Sylloge Fungorum Sinicorum, p. 766, 1979; Zhuang & Wei *in* W.Y. Zhuang, Higher Fungi of Tropical China, p. 380, 2001.

Uredo dianellae Racib., Parasitische Algen und Pilze Javas II, p. 33, 1900; Sydow & Sydow, Ann. Mycol. 12: 111, 1914; Sawada, Descriptive Catalogue of the Formosan Fungi I, p. 391, 1919.

夏孢子堆生于叶下面，散生或稍聚生，形成黄褐色或略带紫色病斑，有破裂的表皮围绕，矩圆形或长矩圆形，长 0.5~3mm，褐色，稍粉状；夏孢子近球形、倒卵形、矩圆形或椭圆形，20~27×17~22μm，壁厚 1.5~2(~2.5)μm，淡黄色或近无色，表面密布细刺，芽孔不明显，可能多个散生。

山菅 *Dianella ensifolia* (L.) DC. (= *D. nemorosa* Lam.) 海南：兴隆农场（71336，71338）；香港：山顶（"Peak"）(6 V 1897，leg. C. Klugkist，模式 typus，未见)。

分布：中国南部。日本，印度尼西亚，斯里兰卡。

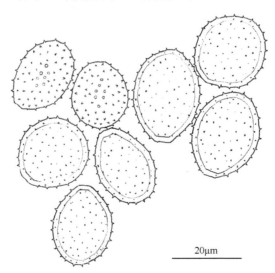

20μm

图 152　山菅夏孢锈菌 *Uredo dianellae* Dietel 的夏孢子（HMAS 71338）

模式产地为中国香港山顶（Peak），标本未见。Sawada（1919）记载中国台湾南投也有。此菌仅知生于山菅 *Dianella ensifolia* (L.) DC.。

千屈菜科 Lythraceae 植物上的种

紫薇夏孢锈菌　图 153

Uredo lagerstroemiae J.Y. Zhuang & S.X. Wei, Mycosystema 30: 858, 2011.

夏孢子堆生于叶下面，散生或不规则聚生，常沿叶脉生，有时布满全叶，圆形，小，直径 0.1～0.2mm，裸露，淡褐色，粉状；夏孢子多形，近球形、卵形、椭圆形、长倒卵形、梨形或近棍棒形，17～33×12～18(～20)μm，壁厚 1～1.5μm，淡黄褐色，表面疏生细刺，刺距 2～3μm，芽孔不明显，2～3 个，腰生。

大花紫薇 *Lagerstroemia speciosa* (L.) Pers. 海南：万宁（242016 主模式 holotypus，242021，242022，242025）。

分布：中国南部。

本种夏孢子形状多变，与千屈菜科 Lythraceae 植物上的其他锈菌有明显区别。寄主植物大花紫薇 *Lagerstroemia speciosa* (L.) Pers. 分布于亚洲热带，多见于南亚和东南亚，推测此菌在亚洲热带其他地区也有（庄剑云和魏淑霞，2011）。

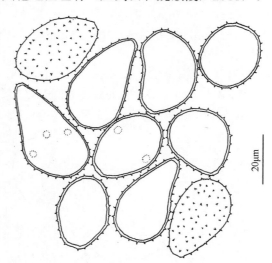

图 153　紫薇夏孢锈菌 *Uredo lagerstroemiae* J.Y. Zhuang & S.X. Wei 的夏孢子（HMAS 242016，holotypus）

桑科 Moraceae 植物上的种

桑生夏孢锈菌　图 154

Uredo moricola Henn., Hedwigia 41: 140, 1902; Sawada, Descriptive Catalogue of the Formosan Fungi I, p. 396, 1919; Hiratsuka, Mem. Tottori Agric. Coll. 7: 73, 1943;

Wang, Index Uredinearum Sinensium, p. 85, 1951; Zhuang & Wei *in* W.Y. Zhuang, Higher Fungi of Tropical China, p. 381, 2001.

Kuehneola fici auct. non E.J. Butler: Sydow & Sydow, Ann. Mycol. 12: 108, 1914. pro parte

Uredo moraceae auct. non Henn.: Zhuang, Acta Mycol. Sin. 5: 152, 1986; Zhuang & Wei *in* W.Y. Zhuang, Higher Fungi of Tropical China, p. 381, 2001.

　　夏孢子堆生于叶下面，圆形，小，直径 0.1～0.2mm 或不及 0.1mm，散生或不规则聚生，常密布全叶并互相连合，裸露，粉状，褐色或淡褐色；夏孢子近球形、椭圆形或倒卵形，16～30×15～20μm，壁厚 1～1.5μm，淡黄褐色或近无色，表面密生细刺，芽孔不明显。

　　桑 *Morus alba* L. 台湾：南投（244770，244778，244781，244785，244790），台北（11809）；广西：宁明（25222，25223），上思（56074），邕宁（56078）；云南：开远（01181），蒙自（01156）；西藏：墨脱（47008）。

　　鸡桑 *Morus australis* Poir. (= *Morus indica* Roxb.) 台湾：台北（06226）；云南：开远（00867，01157，11108）。

　　分布：印度尼西亚爪哇岛。中国南部；琉球群岛。

　　此菌在爪哇岛的模式寄主为鸡桑 *Morus australis* Poir. (= *Morus indica* Roxb.)（Hennings，1902a）。Boedijn（1959）将此菌作为 *Cerotelium fici* (Castagne) Arthur 的夏孢子阶段，指出桑 *Morus alba* L.上的夏孢子顶壁增厚，而榕属 *Ficus* 上的不增厚。我们认为 Boedijn（1959）所指的桑上的菌应是 *Uredo morifolia* Sawada。

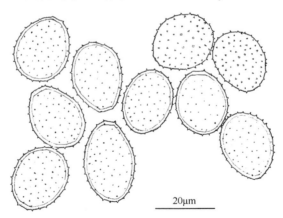

图 154　桑生夏孢锈菌 *Uredo moricola* Henn.的夏孢子（HMAS 244770）

桑叶夏孢锈菌　图 155，图 156

Uredo morifolia Sawada, Descriptive Catalogue of the Formosan Fungi I, p. 393, 1919; Ito & Murayama, Trans. Sapporo Nat. Hist. Soc. 17: 171, 1943; Hiratsuka, Mem. Tottori Agric. Coll. 7: 73, 1943; Wang, Index Uredinearum Sinensium, p. 85, 1951; Tai, Sylloge Fungorum Sinicorum, p. 770, 1979.

Uredo moricola auct. non Henn.: Sawada, Trans. Hist. Soc. Formosa 7: 133, 1917.

夏孢子堆生于叶下面，散生或不规则聚生，多时常布满全叶，圆形，直径 0.1～0.8mm，裸露，黄褐色，稍粉状；夏孢子近球形、椭圆形或不规则倒卵形，不对称，3～4 面隆起，18～38×15～23(～25)μm，侧壁厚 1～1.5μm，顶壁厚 2.5～8μm，肉桂褐色或黄褐色，表面疏生粗刺，刺距 2～4μm，芽孔 2～3 个，腰生。

豆果榕 *Ficus pisocarpa* Blume　云南：西双版纳（勐仑）（140483）。

榕属一种 *Ficus* sp. 海南：海口（243245，243246，243248，243249）。

桑 *Morus alba* L. 台湾：台北（11406 合模式 syntypus）。

鸡桑 *Morus australis* Poir.（= *M. acidosa* Griff.）台湾：台北（05462 合模式 syntypus）。

分布：中国台湾岛。琉球群岛。

此菌夏孢子不对称，形态不规则，3～4 面隆起，顶壁明显增厚，在已描述的寄生于桑科 Moraceae 植物上的所有已知锈菌种类中非常特殊。

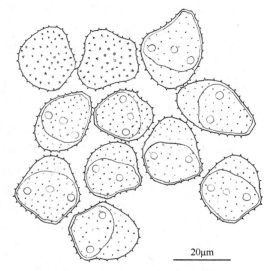

图 155　桑 *Morus alba* L.上的桑叶夏孢锈菌 *Uredo morifolia* Sawada 的夏孢子（HMAS 11406，syntypus）

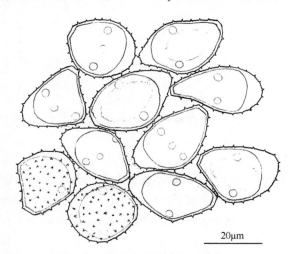

图 156　豆果榕 *Ficus pisocarpa* Blume 上的桑叶夏孢锈菌 *Uredo morifolia* Sawada 的夏孢子（HMAS 140483）

泽田夏孢锈菌　图 157

Uredo sawadae S. Ito ex S. Ito & Muray., Trans. Sapporo Nat. Hist. Soc. 17: 171, 1943;
　　Hiratsuka, Mem. Tottori Agric. Coll. 7: 75, 1943; Sawada, Descriptive Catalogue of
　　Taiwan (Formosan) Fungi XI, p. 96, 1959; Tai, Sylloge Fungorum Sinicorum, p. 772,
　　1979.

Uredo sawadae S. Ito *in* Ito & Otani, Bot. & Zool. 9: 662, 1941. (nom. nudum)

Uredo fici-nervosae Sawada, J.Taichu. Soc. Agric. & For. 7: 127, 1943. (nom. nudum)

　　夏孢子堆生于叶两面，多在叶下面，圆形，直径 0.2～1mm，散生或稍聚生，初期
被表皮覆盖，后期裸露，粉状，黄褐色或灰褐色；夏孢子椭圆形、倒卵形、长倒卵形或
长椭圆形，20～43×15～25μm，壁厚(1～)1.5～2.5μm，黄色或淡黄褐色，表面密生近疣
状钝刺，芽孔不明显。

　　无花果 *Ficus carica* L. 台湾：台北（22 X 1923，K. Sawada，模式，未见）。

　　九丁榕 *Ficus nervosa* K. Heyne ex Roth 台湾：台北（11820，*Uredo fici-nervosae*
Sawada 的模式）。

　　分布：中国台湾岛。日本。

　　本种与 *Phakopsora nishidana* S. Ito 可能是同物，由于其夏孢子较大，壁较厚，暂予
保留。

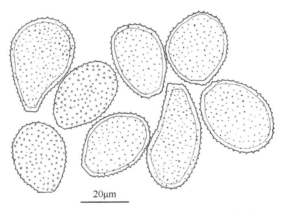

20μm

图 157　泽田夏孢锈菌 *Uredo sawadae* S. Ito ex S. Ito & Muray.的夏孢子（HMAS 11820）

中国夏孢锈菌　图 158

Uredo sinensis (Syd. & P. Syd.) Trotter *in* Saccardo, Sylloge Fungorum 23: 942, 1925; Tai,
　　Sylloge Fungorum Sinicorum, p. 773, 1979.

Physopella sinensis Syd. & P. Syd., Ann. Mycol. 17: 140, 1919.

Uredo cudraniae Petch, Ann. Roy. Bot. Gard. (Peradeniya) 7(part 4): 296, 1922.

Uredo cudraniae Sawada, Descriptive Catalogue of the Formosan Fungi IX, p. 137, 1943; Ito,
　　Mycological Flora of Japan 2(3): 351, 1950; Tai, Sylloge Fungorum Sinicorum, p. 764,
　　1979. (nom. nudum)

Uredo cudraniae Sawada ex Hirats. f., Trans. Mycol. Soc. Japan 2(2): 11, 1959.

夏孢子堆生于叶下面，散生或不规则聚生，长期被寄主表皮覆盖，晚期在表皮中央形成圆形开口而外露；侧丝圆柱形或近棍棒形，长 35～55μm，宽 5～8μm，基部互相连合，壁薄，仅约 1μm 厚或不及，无色或近无色；夏孢子近球形、倒卵形或梨形，稀长倒卵形，22～30(～35)×(16～)20～23(～25)μm，壁厚 1(～1.5)μm，淡褐色或近无色，表面密生细刺，芽孔不明显。

香港柘（凹头藤芝）*Cudrania cochinchinensis* (Lour.) Kudo & Masam. var. *gerontogea* (Siebold & Zucc.) Kudo & Masam. 台湾：新竹（11622 = 4 XII 1928，K. Sawada，BPI，*Uredo cudraniae* Sawada 的模式）。

柘 *Cudrania tricuspidata* (Carriere) Bureau ex Lavallee 广东：地点不详（"Koo Tsung"）（11168 共模式 cotypus）。

分布：中国南部。斯里兰卡；琉球群岛。

此菌是 Sydow 和 Sydow（1919）基于夏孢子阶段描述，命名为 *Physopella sinensis* Syd. & P. Syd.。Trotter 将它改组为式样种（Saccardo，1925）。模式标本为 O.A. Reinking 在 1919 年所采。我们从美国农业部国家菌物标本馆（BPI）获得的由 K. Sawada 在中国台湾采得的标本（*Uredo cudraniae* Sawada 的模式）中没有看到侧丝，但其他特征与本菌相符。Petch（1922）根据斯里兰卡（锡兰）构棘（藤芝）*Cudrania cochinchinensis* (Lour.) Kudo & Masam. (= *C. javanensis* Trécul)上的标本描述的柘夏孢锈菌 *Uredo cudraniae* Petch 与本菌没有区别，我们认为是同物。

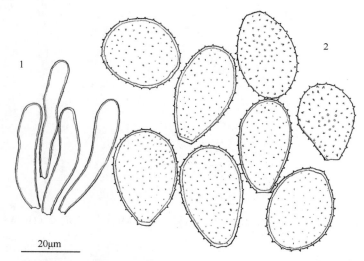

图 158　中国夏孢锈菌 *Uredo sinensis* (Syd. & P. Syd.) Trotter（HMAS 11168，cotypus）
1. 夏孢子堆侧丝；2. 夏孢子

兰科 Orchidaceae 植物上的种

无柱兰夏孢锈菌

Uredo amitostigmatis Hirats. f. & Hashioka, Trans. Tottori Soc. Agric. Sci. 5: 241, 1935;
　　　Sawada, Descriptive Catalogue of the Formosan Fungi VII, p. 64, 1942; Hiratsuka,
　　　Mem. Tottori Agric. Coll. 7: 70, 1943; Tai, Sylloge Fungorum Sinicorum, p. 762, 1979.

夏孢子堆生于叶下面，散生，圆形，直径 0.2～0.5mm，初期被寄主表皮覆盖，晚期外露，褐色，粉状；夏孢子球形、近球形或倒卵形，24～30×19～24μm，壁厚 1.5～2μm，黄褐色，表面有细刺，芽孔不明显。

富永无柱兰 *Amitostigma tominagai* (Hayata) Schltr. 台湾：新竹（16 VII 1935，Y. Hashioka，模式 typus，未见）。

分布：中国台湾岛。

此菌迄今为止仅知产于模式产地，未见标本，抄录原描述（Hiratsuka and Hashioka, 1935c；Ito，1950）附志于此待考。

斑叶兰夏孢锈菌　图 159

Uredo goodyerae Tranzschel, Trav. Soc. Nat. St. Pétersb. Bot. 23: 27, 1893.

夏孢子堆多生于叶两面，散生或小群聚生，长期被寄主表皮覆盖，圆形，直径0.1～0.3mm，新鲜时橙黄色；包被半球形，坚实，顶部具一孔口，包被细胞不规则多角形，8～18×6～12μm，壁薄，无色，光滑；夏孢子无定形，多为卵形、长卵形或近棍棒形，20～38(～40)×10～20μm，壁厚 1～1.5μm，无色，表面有细刺，芽孔不明显。

小斑叶兰 *Goodyera repens* (L.) R. Br. 新疆：托木尔峰（246781）。

分布：北温带广布。

此菌与斑叶兰属 *Goodyera* 植物上的石狩夏孢锈菌 *Uredo ishikariensis* (Hirats. f.) Hirats. f.的不同在于其夏孢子较狭长，多为长卵形或近棍棒形。此菌星散分布于欧洲、亚洲和北美洲温带，但在我国目前仅见于新疆。

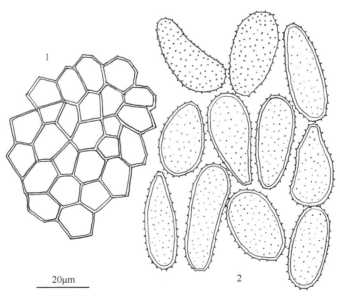

图 159　斑叶兰夏孢锈菌 *Uredo goodyerae* Tranzschel（HMAS 246781）

1. 夏孢子堆包被细胞；2. 夏孢子

石狩夏孢锈菌　图 160

Uredo ishikariensis (Hirats. f.) Hirats. f., Trans. Mycol. Soc. Japan 1: 4, 1957; Tai, Sylloge
　　Fungorum Sinicorum, p. 768, 1979; Zhuang & Wei, Mycosystema 7: 80, 1994.
Pucciniastrum ishikariense Hirats. f., Mem. Tottori Agric. Coll. 4: 284, 1936.

　　夏孢子堆多生于叶上面，散生或稍聚生，长期被寄主表皮覆盖，圆形，直径 0.1～
0.5mm，新鲜时橙黄色；包被半球形，坚实，顶部具一孔口，包被细胞不规则多角形，
直径 7～12μm，壁薄，近无色，光滑；夏孢子倒卵形或椭圆形，18～30(～33)×15～23μm，
壁厚 1.5～2μm，无色或淡黄色，内容物新鲜时橙色，表面有疏刺，芽孔不明显。

　　虾脊兰属 *Calanthe* sp. 西藏：聂拉木（67830）。

　　南湖斑叶兰 *Goodyera nankoensis* Fukuy. 台湾：台北（29 VII 1934，Y. Hashioka，
未见）。

　　分布：日本。中国。

　　此菌在日本见于多叶斑叶兰 *Goodyera foliosa* (Lindl.) Benth. ex C.B. Clarke
（Hiratsuka et al., 1992）。中国台湾台北也有记载，生于南湖斑叶兰 *Goodyera nankoensis*
Fukuy.（Hirastuka, 1936）。西藏 *Calanthe* sp.上的菌的夏孢子壁较薄（原描述孢壁厚 2～
3μm）（Hiratsuka, 1936），但其他特征与 *Uredo ishikariensis* 的特征描述相符，暂用
此名（庄剑云和魏淑霞，1994）。

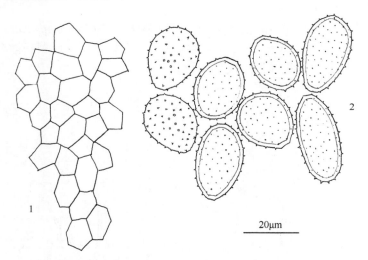

图 160　石狩夏孢锈菌 *Uredo ishikariensis* (Hirats. f.) Hirats. f.（HMAS 67830）
1. 夏孢子堆包被细胞；2. 夏孢子

带唇兰夏孢锈菌

Uredo tainiae Hirats. f., J. Jap. Bot. 14: 561, 1938; Hiratsuka, Mem. Tottori Agric. Coll. 7:
　　75, 1943; Ito, Mycological Flora of Japan 2(3): 351, 1950; Sawada, Descriptive Cata-
　　logue of Taiwan (Formosan) Fungi XI, p. 97, 1959; Tai, Sylloge Fungorum Sinicorum,
　　p. 774, 1979.

夏孢子堆生于叶下面，散生或聚生，圆形或椭圆形，直径 0.15～0.6mm，早期裸露，粉状，黄色；侧丝缺；夏孢子球形、近球形、椭圆形或倒卵形，20～27×15～22μm，壁厚 1.5～2μm，近无色或淡黄色，表面疏生锐刺，芽孔不明显。

岛田带唇兰 *Tainia shimadai* Hayata 台湾：台北（Y. Hashioka 采，未见）。

分布：中国台湾岛。

此菌是 Hiratsuka（1938b）所描述。标本未见，附志于此供参考。

蓼科 Polygonaceae 植物上的种

羽叶蓼夏孢锈菌　图 161

Uredo polygoni-runcinati J.Y. Zhuang, Acta Mycol. Sin. 5: 152, 1986.

夏孢子堆生于叶两面，多在叶下面，散生，常布满全叶，疱状，直径 0.2～0.5mm，长期被表皮覆盖，偶见晚期裸露，粉状，淡灰褐色或灰色；夏孢子倒卵形、长倒卵形或椭圆形，18～28×12～20μm，壁厚 1.5(～2)μm，无色，表面疏生细刺，刺距 2.5～3.5(～4)μm，芽孔不清楚。

羽叶蓼 *Polygonum runcinatum* Buch.-Ham. 西藏：岗日嘎布山（47012 主模式 holotypus，47013）。

分布：中国西南。

本种夏孢子堆疱状，长期被寄主表皮覆盖，灰色，夏孢子无色，与蓼属 *Polygonum* 植物上的其他已知锈菌都不同（庄剑云，1986）。

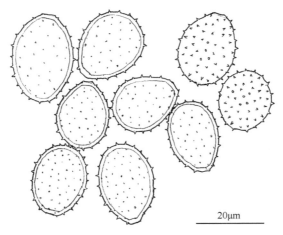

图 161　羽叶蓼夏孢锈菌 *Uredo polygoni-runcinati* J.Y. Zhuang 的夏孢子（HMAS 47012, holotypus）

蔷薇科 Rosaceae 植物上的种

路边青夏孢锈菌　图 162

Uredo gei-aleppici J.Y. Zhuang & S.X. Wei *in* Liu & Zhuang, Mycosystema 37: 689, 2018.

夏孢子堆生于叶下面，散生或不规则聚生，圆形，极小，直径 0.1～0.2mm 或不及 0.1mm，新鲜时黄色，干时黄白色；包被坚实，半球形；包被细胞近孔口为不规则多角形（10～15×7～13μm），向下呈长条形，壁薄（厚约 1μm），无色，光滑；孔口细胞多角状近球形、近椭圆形或无定形，12～20×10～15μm，光滑，顶部显粗糙或密生不明显的细短刺。夏孢子近球形、椭圆形、卵形或矩圆形，15～25(～27)×12～18μm，壁厚 1～1.5μm，表面密布细刺（刺距 2.5～3μm），无色，芽孔不明显。

路边青 *Geum aleppicum* Jacq. 四川：青川（140414，140415 主模式 holotypus）。

分布：中国西南。

此菌夏孢子堆有发育完好、坚实的包被，其夏孢子表面具刺，极可能是膨痂锈菌属 *Pucciniastrum* 或盖痂锈菌属 *Thekopsora* 的未知种，因未见其冬孢子，暂定为式样种。路边青属 *Geum* 植物上的膨痂锈菌或盖痂锈菌未被报道过。此菌极似委陵菜膨痂锈菌 *Pucciniastrum potentillae* Kom.，不同仅在于其夏孢子堆极小，夏孢子略大，两者的亲缘关系不清楚（刘铁志和庄剑云，2018）。

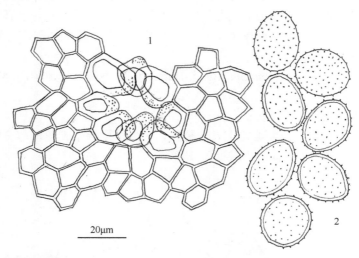

图 162　路边青夏孢锈菌 *Uredo gei-aleppici* J.Y. Zhuang & S.X. Wei（HMAS 140415，holotypus）

1. 夏孢子堆包被细胞及包被孔口细胞；2. 夏孢子

脉生夏孢锈菌　图 163

Uredo nervicola Tranzschel, Ann. Mycol. 5: 551, 1907; Sydow & Sydow, Monographia Uredinearum 4: 488, 1924; Tai, Sci. Rep. Natl. Tsing Hua Univ., Ser. B, Biol. Sci. 2: 405, 1936-1937; Ito, Mycological Flora of Japan 2(3): 353, 1950; Wang, Index Uredinearum Sinensium, p. 85, 1951; Tai, Sylloge Fungorum Sinicorum, p. 770, 1979.

夏孢子堆生于叶下面，多在叶脉上，常布满全叶，长线形，互相连合，长度不等，有时不规则分布在叶支脉间，裸露，干时黄色，稍粉状；无侧丝；夏孢子椭圆形或倒卵形，20～30×16～22μm，壁厚 2.5～3μm，无色，表面有细刺，芽孔不明显。

莓叶委陵菜 *Potentilla fragarioides* L. 地点不明："东北"兴安岭"Irekte"（VI 1902，D. Litvinov，LE 44494，模式 typus）。

分布：中国东北。俄罗斯远东地区，日本。

此菌为 Tranzschel（1907b）所描述，仅见于莓叶委陵菜 *Potentilla fragarioides* L.上，俄罗斯远东地区和日本都有记载（Azbukina，1974，1984，2005；Hiratsuka et al.，1992）。我们除在俄罗斯科学院科马洛夫植物研究所标本馆（LE）见到模式标本外，未能在我国东北地区采得其他标本。此菌可能是多胞锈菌属 *Phragmidium* 某个种的夏孢子阶段，待证。

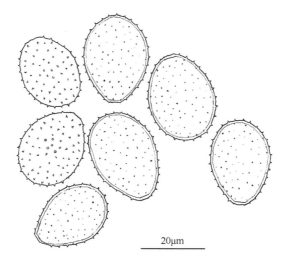

20μm

图 163　脉生夏孢锈菌 *Uredo nervicola* Tranzschel 的夏孢子（LE 44494, typus）

石楠夏孢锈菌

Uredo photiniae J.M. Yen, Rev. Mycol. (Paris) 39: 263, 1975 (issued 1976).

夏孢子堆生于叶下面，不形成明显病斑，散生或聚生，圆形，直径 75～275μm，有寄主表皮围绕，淡黄色，粉状；侧丝多，近头状棍棒形，长 35～45μm，头部宽 10～16μm，侧壁厚 1.5～2μm，顶壁厚 2～4μm，无色；夏孢子近卵形或近球形，17～24×13～18μm，壁厚 1～1.5μm，肉桂褐色，表面有细刺，芽孔 2～3 个，多数 3 个。

小叶石楠 *Photinia parvifolia* (Pritz.) C.K. Schneid. 台湾：台中（28 X 1971，J.M. Yen No. 71252，未见）。

分布：中国台湾岛。

此菌是阎若珉（阎玫玉）（1975）所描述，标本保藏地点不详。未见标本，附记于此供参考。

奇异夏孢锈菌　图 164

Uredo prodigiosa Y.C. Wang & J.Y. Zhuang *in* Wang et al., Acta Mycol. Sin. 2: 10, 1983; Zhuang, Acta Mycol. Sin. 2: 157, 1983.

夏孢子堆生于叶下面，散生或聚生在褐色病斑上，很小，肉眼看不明显，直径 100～150μm，显著隆起，黄褐色；侧丝周生，棍棒形、圆柱形或无定形，直立或向内弯曲，

有时顶端尖，长 22～38μm，宽 5～13μm，基部连合成束，形似篮状，壁薄，厚仅约 1μm
或不及，褐色；夏孢子近球形、倒卵形或椭圆形，15～20×12～18μm，壁厚约 1μm 或
不及，淡黄色或近无色，表面具细刺，内容物黄色，芽孔不明显。

垂条悬钩子（锈毛莓）*Rubus reflexus* Ker Gawl. 福建：浦城（41467 模式 typus）。

分布：中国南部。

本种的夏孢子堆显著隆起高出叶表面，周生侧丝基部连合，形似篮状。本种很可能
是戟孢锈菌属 *Hamaspora* 的种，因未见冬孢子，暂置于无性型属 *Uredo*。

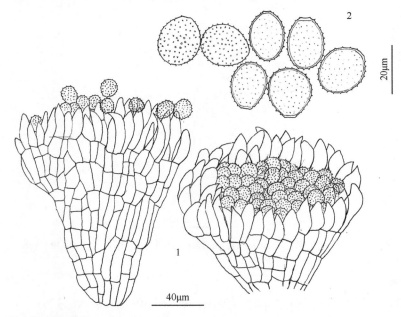

图 164　奇异夏孢锈菌 *Uredo prodigiosa* Y.C. Wang & J.Y. Zhuang （HMAS 41467, typus）

1. 夏孢子堆；2. 夏孢子

鳍孢夏孢锈菌　图 165

Uredo pterygospora J.Y. Zhuang, Acta Mycol. Sin. 5: 153, 1986.

夏孢子堆多在叶上面，散生或聚生成圆群，圆形，直径 0.1～0.2mm，新鲜时黄褐
色或红褐色，初期被寄主表皮覆盖，晚期裸露，粉状；夏孢子倒卵形、长倒卵形或近棍
棒形，28～50×15～23μm，壁厚 2～2.5μm（鳍状突起除外），无色，表面具不相连的
鳍状突起排成(6～)8～10 纵列（间隔 5～7μm），芽孔不清楚。

西南草莓 *Fragaria moupinensis* (Franch.) Cardot 西藏：波密（47014，47015 主模式
holotypus）。

分布：中国西南。

本种夏孢子表面具不相连的排列成若干纵列的鳍状突起，十分醒目，在锈菌中极为
罕见。冬孢子尚未发现，其系统地位不清楚。

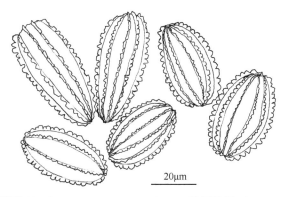

图 165　鳍孢夏孢锈菌 *Uredo pterygospora* J.Y. Zhuang 的夏孢子（HMAS 47015, holotypus）

茜草科 Rubiaceae 植物上的种

丰花栀子夏孢锈菌　图 166

Uredo gardeniae-floridae Hirats. f., Sci. Bull. Div. Agric. Home Econ. & Engin., Univ.
　　Ryukyus 7: 279, 1960; Tai, Sylloge Fungorum Sinicorum, p. 767, 1979; Zhuang, Acta
　　Mycol. Sin. 2: 157, 1983; Zhuang & Wei *in* W.Y. Zhuang, Higher Fungi of Tropical
　　China, p. 380, 2001.

Hemileia gardeniae-floridae Sawada, Trans. Hist. Soc. Formosa 21: 234, 1931; Sawada, De-
　　scriptive Catalogue of the Formosan Fungi VI, p. 43, 1933. (nom. nudum)

　　夏孢子堆生于叶下面，散生或聚生，极小，直径 0.1～0.2mm 或不及 0.1mm，黄色；
夏孢子生于从寄主植物气孔伸出的成束的短柄上，近卵形、肾形、近三角形、近四角状宽
椭圆形或无定形，强烈不对称，腹面平滑，背面凸圆且密生粗刺，刺长可达 4μm，刺距 1.5～
2.5μm，22～33×17～25μm，壁厚约 1μm，淡黄色或近无色，新鲜时内容物鲜黄色。

　　栀子 *Gardenia jasminoides* J. Ellis（=*G. florida* L.）福建：南靖（41873）。

　　大黄栀子 *Gardenia sootepensis* Hutch. 云南：勐仑（80439）。

　　狭叶栀子 *Gardenia stenophylla* Merr. 广西：上思（77522）。

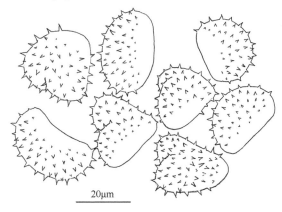

图 166　丰花栀子夏孢锈菌 *Uredo gardeniae-floridae* Hirats. f.的夏孢子（HMAS 80439）

分布：日本。中国南部。

Sawada（1933）记载中国台湾的栀子 *Gardenia jasminoides* J. Ellis（= *G. florida* L.）上也有。

海岸桐夏孢锈菌　图 167

Uredo guettardae Hirats. f. & Hashioka, Bot. Mag. Tokyo 49: 523, 1935; Sawada, Descriptive Catalogue of the Formosan Fungi VII, p. 65, 1942; Hiratsuka, Mem. Tottori Agric. Coll. 7: 72, 1943; Ito, Mycological Flora of Japan 2(3): 357, 1950; Wang, Index Uredinearum Sinensium, p. 84, 1951; Tai, Sylloge Fungorum Sinicorum, p. 768, 1979; Zhuang & Wei *in* W.Y. Zhuang, Higher Fungi of Tropical China, p. 380, 2001.

夏孢子堆生于叶下面，散生，常均匀布满全叶，极小，直径 0.1～0.2mm 或不及 0.1mm，粉状，黄色；侧丝多，周生，常向内弯曲，棍棒形，长 25～55μm 或更长，头部宽 10～18μm，背壁厚 5～7.5μm，腹壁厚 1.5～2.5μm，有时几近实心或基部实心，淡黄褐色或无色；夏孢子近球形、椭圆形或倒卵形，20～30×16～23μm，壁厚 2～3μm，表面疏生粗刺，刺距 2.5～4μm，近无色，芽孔不明显。

海岸桐（格他木）*Guettarda speciosa* L. 台湾：高雄（01594，等模式 isotypus）。

分布：中国台湾岛。琉球群岛。

图 167　海岸桐夏孢锈菌 *Uredo guettardae* Hirats. f. & Hashioka（HMAS 01594, isotypus）
1. 夏孢子堆侧丝；2. 夏孢子

粗叶木夏孢锈菌　图 168

Uredo lasianthi Syd. *in* Sydow & Petrak, Ann. Mycol. 29: 182, 1931; Hiratsuka & Hashioka, Bot. Mag. Tokyo 49: 523, 1935; Sawada, Descriptive Catalogue of the Formosan Fungi VII, p. 66, 1942; Hiratsuka, Mem. Tottori Agric. Coll. 7: 73, 1943; Ito, Mycological Flora of Japan 2(3): 357, 1950; Wang, Index Uredinearum Sinensium, p. 84, 1951; Tai, Sylloge Fungorum Sinicorum, p. 769, 1979; Zhuang & Wei *in* W.Y. Zhuang, Higher

Fungi of Tropical China, p. 381, 2001.

夏孢子堆生于叶两面，不规则散生或稍聚生，有时形成直径 2～5mm 或更大的圆形群，很小，直径 0.1～0.2mm，常互相连合成大的孢子堆，被破碎的寄主表皮包围，锈褐色，粉状；夏孢子近球形、倒卵形或椭圆形，23～32×17～23(～25)μm，壁厚 1～1.5μm，表面疏生细刺，刺距 2～3μm，淡褐色或近无色，芽孔不明显。

云贵粗叶木 *Lasianthus biermanni* King ex Hook. f. 云南：西双版纳（55520）。

分布：菲律宾。中国南部；琉球群岛。

Hiratsuka 和 Hashioka（1935b）、Sawada（1942）记载中国台湾台中也有，生于罗浮粗叶木 *Lasianthus fordii* Hance (= *Lasianthus tashiroi* Matsum.)。

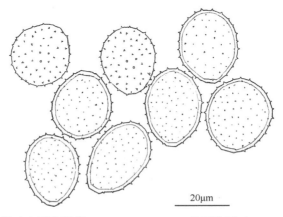

20μm

图 168　粗叶木夏孢锈菌 *Uredo lasianthi* Syd.的夏孢子（HMAS 55520）

鸡矢藤夏孢锈菌　图 169

Uredo paederiae Syd. & P. Syd., Österr. Bot. Z. 52: 184, 1902; Teng & Ou, Sinensia 8: 296, 1937; Teng, A Contribution to Our Knowledge of the Higher Fungi of China, p. 290, 1939; Hiratsuka, Mem. Tottori Agric. Coll. 7: 74, 1943; Ito, Mycological Flora of Japan 2(3): 357, 1950; Wang, Index Uredinearum Sinensium, p. 85, 1951; Teng, Fungi of China, p. 364, 1963; Tai, Sylloge Fungorum Sinicorum, p. 771, 1979; Zhuang & Wei, Mycotaxon 72: 387, 1999; Lu et al., Checklist of Hong Kong Fungi, p. 84, 2000; Zhuang & Wei *in* W.Y. Zhuang, Higher Fungi of Tropical China, p. 381, 2001.

夏孢子堆生于叶下面，圆形，很小，直径 0.1～0.2mm 或不及 0.1mm，散生或聚生，裸露，粉状，新鲜时橙黄色；夏孢子近球形、椭圆形或倒卵形，20～30×18～23μm，壁厚 1～1.5μm，淡褐色或近无色，新鲜时内容物黄色，表面密生细刺，刺距 2～2.5μm，芽孔不明显。

鸡矢藤 *Paederia scandens* (Lour.) Merr. 台湾：南投（244763）；海南：昌江（242479），吊罗山（55616，140424），乐东(240455，240457)，临高（243231），琼中(240490)，兴隆农场（140423）；广西：南宁（77407，77457，77458），上思（77408，77409）。

分布：科摩罗。印度，中国南部；琉球群岛。

Lu 等（2000）记载中国香港有分布。

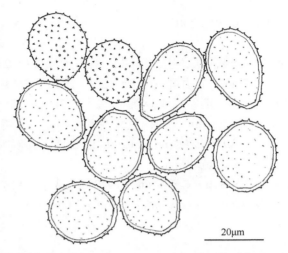

图 169　鸡矢藤夏孢锈菌 *Uredo paederiae* Syd. & P. Syd.的夏孢子（HMAS 244763）

杨柳科 Salicaceae 植物上的种

圆痂夏孢锈菌　图 170

Uredo tholopsora Cummins, Mycologia 43: 97, 1951; Wang, Index Uredinearum Sinensium, p. 86, 1951; Tai, Sylloge Fungorum Sinicorum, p. 774, 1979.

夏孢子堆生于叶下面，圆形，直径 0.5～1mm，稍聚生，长期被寄主表皮覆盖，晚期裸露，粉状，淡黄色；包被半球形，周生侧丝头状，长 30～45μm，头部宽 10～16μm，顶壁厚 6～14μm；夏孢子椭圆形，18～23×10～15μm，壁厚 1.5～2μm，无色，表面有短刺，芽孔不明显。

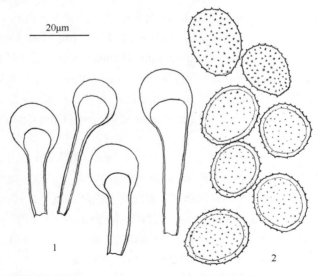

图 170　圆痂夏孢锈菌 *Uredo tholopsora* Cummins（S.Y. Cheo 392, holotypus）
1. 夏孢子堆侧丝；2. 夏孢子

黑杨 *Populus nigra* L. 贵州：梵净山（IX 1931，S.Y. Cheo 392，主模式 holotypus，PUR），遵义（VII 1931，S.Y. Cheo 33，PUR）。

毛白杨 *Populus tomentosa* Carr. 广西：三江（IX 1933，S.Y. Cheo 2853，PUR）。

分布：中国南部。

此菌可能是栅锈菌属 *Melampsora* 的一种，但它除了有周生头状侧丝，还具有包被结构，侧丝生于包被内。此菌有待于发现其冬孢子阶段才能确认它的归属（Cummins，1951）。

无患子科 Sapindaceae 植物上的种

龙眼夏孢锈菌　图 171

Uredo longan J.Y. Zhuang, J.F. Ling & B. Xu, Mycosystema 40: 916, 2021.

夏孢子堆生于叶两面，多在叶下面，散生或不规则聚生，圆形，极小，直径 0.1～0.2mm，栗褐色或深褐色，裸露，稍粉状；侧丝周生，不规则圆柱形，强烈向内弯曲，基部连合有隔膜，长 15～45μm，宽 6～10μm，腹壁厚 1～1.5(～2)μm，背壁厚(2～)2.5～5μm，有时厚度均匀（1.5～2μm），淡褐色或淡肉桂褐色；夏孢子梨形、倒卵形、三角状倒卵形或无定形，18～33(～38)×(15～)18～23μm，壁厚 1～1.5μm，淡褐色或淡肉桂褐色，表面具刺，刺距 2.5～4μm，芽孔不明显。

龙眼 *Dimocarpus longan* Lour. [≡ *Euphoria longan* (Lour.) Steud.] 广东：广州（五山）（248232，248236 主模式 holotypus），平远（248234）；四川：泸州（黄舣）（248233），泸县（兆雅）（248235）。

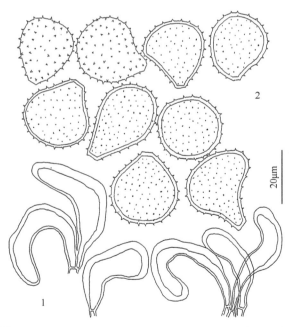

图 171　龙眼夏孢锈菌 *Uredo longan* J.Y. Zhuang, J.F. Ling & B. Xu（HMAS 248236，holotypus）
1. 夏孢子堆侧丝；2. 夏孢子

分布：中国南部。

此菌仅知生于龙眼 *Dimocarpus longan* Lour.。谢焕儒（1965）在中国台湾使用 *Uredo euphoriae* Pat.报道此菌，后来 Hiratsuka 和陈瑞青（1991）及蔡云鹏（1991）转载。谢焕儒（1965）的记载如下：锈病为龙眼之普遍病害，但其为害情况不甚严重，为害状亦不明显，对于龙眼之发育无太大影响。病征：锈病发生于叶片背面，初于表皮下散生微小变色小泡，后表皮破裂，露出黄锈色粉末，点点散布于叶背面。

我们查遍了 N. Patouillard 从 1876 年至 1928 年发表的所有论著，特别是涉及我国及东南亚前法属殖民地（越南、老挝和柬埔寨）真菌的论著，均未见有关此菌的记载。因"*Uredo euphoriae* Pat."出处无从稽考（sine litteratura authentica, non Patouillard et aliorum），庄剑云等（2021）根据凌金峰和徐彪采自广东和四川的标本予以正式命名。此菌在我国南方龙眼各产区可能都有分布，因病害轻微不被注意，其在我国的分布区有待查明。

旌节花科 Stachyuraceae 植物上的种

旌节花夏孢锈菌　图 172

Uredo stachyuri Dietel, Bot. Jahrb. Syst. 37: 108, 1905; Sawada, Descriptive Catalogue of Taiwan (Formosan) Fungi XI, p. 97, 1959; Tai, Sylloge Fungorum Sinicorum, p. 773, 1979; Zhuang, Acta Mycol. Sin. 5: 153, 1986; Zhuang & Wei *in* W.Y. Zhuang, Higher Fungi of Tropical China, p. 381, 2001.

Pucciniastrum stachyuri Hirats. f. & Yoshin., Mem. Tottori Agric. Coll. 3: 262, 1935. (based on uredinia)

夏孢子堆生于叶下面，散生或小群聚生，圆形，直径 0.1～0.2mm，长期埋生于寄主表皮下或晚期裸露，常被破裂的寄主表皮包围，新鲜时黄色；包被半球形或扁圆锥形，

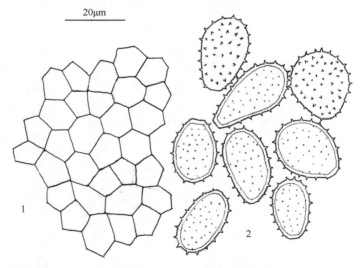

图 172　旌节花夏孢锈菌 *Uredo stachyuri* Dietel（HMAS 47016）

1. 夏孢子堆包被细胞；2. 夏孢子

坚实，顶部具一孔口；包被细胞不规则多角形，直径 7～15μm，壁薄，厚约 1μm，近无色，光滑；夏孢子椭圆形、倒卵形、矩圆形、梨形或近棍棒形，17～35×12～20μm，壁厚约 1.5μm，无色，表面疏生粗刺，芽孔不明显。

喜马拉雅旌节花 *Stachyurus himalaicus* Hook. f. & Thomson 西藏：易贡（47016）。

分布：日本。中国南部。

此菌在日本的模式寄主为旌节花 *Stachyurus praecox* Siebold & Zucc.（Dietel，1905）。Sawada（1959）记载中国台湾台南的喜马拉雅旌节花 *Stachyurus himalaicus* Hook. f. & Thomson 上也有。

瑞香科 Thymelaeaceae 植物上的种

瑞香生夏孢锈菌

Uredo daphnicola Dietel, Hedwigia 37: 213, 1898; Tai, Sci. Rep. Natl. Tsing Hua Univ., Ser. B, Biol. Sci. 2: 405, 1936-1937; Wang, Index Uredinearum Sinensium, p. 83, 1951; Tai, Sylloge Fungorum Sinicorum, p. 765, 1979; Zhuang & Wei *in* W.Y. Zhuang, Higher Fungi of Tropical China, p. 380, 2001.

夏孢子堆生于叶下面，形成黄色或棕色病斑，单生或聚生，被破裂的表皮半遮；具棍棒形或头形侧丝；夏孢子椭圆形或近球形，21～26×17～21μm，壁无色，有疣。

瑞香属 *Daphne* sp. (*odora* Thunb.?) 香港：九龙（30 VI 1897, C. Klugkist, 模式 typus, 未见）。

分布：中国南部。

此菌是 Dietel（1898）所描述，标本采自香港九龙，生于瑞香属 *Daphne* sp.。标本未见，亦未见其他记录，附原描述待考。

荨麻科 Urticaceae 植物上的种

冷水花夏孢锈菌　图 173

Uredo pileae Barclay, J. Asiat. Soc. Bengal, Pt. 2, Nat. Hist. 60: 228, 1891; Hiratsuka, Bot. Mag. Tokyo 55: 272, 1941; Hiratsuka, Mem. Tottori Agric. Coll. 7: 74, 1943; Ito, Mycological Flora of Japan 2(3): 352, 1950; Wang, Index Uredinearum Sinensium, p. 85, 1951; Sawada, Descriptive Catalogue of Taiwan (Formosan) Fungi XI, p. 96, 1959; Tai, Sylloge Fungorum Sinicorum, p. 772, 1979; Zhuang, Acta Mycol. Sin. 5: 152, 1986; Zhuang & Wei *in* W.Y. Zhuang, Higher Fungi of Tropical China, p. 381, 2001.

夏孢子堆生在叶两面，多在叶上面，散生，小，黄色或黄褐色；夏孢子倒卵形，长倒卵形或椭圆形，20～33×12～20μm，壁厚约 1μm 或不及，无色或淡黄色，表面有细刺，芽孔不清楚。

冷水花属 *Pilea* sp. 西藏：岗日嘎布山（46923）。

分布：印度。中国南部。

此菌中国台湾有记载，生于圆果冷水花 *Pilea rotundinucula* Hayata (= *P. distachys* Yamam.)（Hiratsuka，1941b，1943b），未见标本。

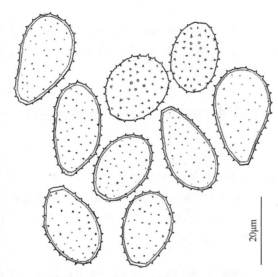

图 173　冷水花夏孢锈菌 *Uredo pileae* Barclay 的夏孢子（HMAS 46923）

马鞭草科 Verbenaceae 植物上的种

克莱门斯夏孢锈菌

Uredo clemensiae (Arthur & Cummins) Hirats. f., Trans. Mycol. Soc. Japan 1: 4, 1957; Sawada, Descriptive Catalogue of Taiwan (Formosan) Fungi XI, p. 95, 1959; Tai, Sylloge Fungorum Sinicorum, p. 764, 1979.

Pucciniastrum clemensiae Arthur & Cummins, Philipp. J. Sci. 61: 479, 1936 (issued 1937). (based on uredinia)

夏孢子堆生于叶下面，很小；包被细胞不规则四方形或多角形，壁厚约 3μm，无色；夏孢子椭圆形，18～21×13～16μm，壁厚 1～1.5μm，无色，表面密生细刺，芽孔不明显。

黄荆 *Vitex negundo* L. 台湾：高雄（20 I 1941，Hiratsuka f.，未见）。

分布：菲律宾。中国台湾岛。

此菌是 Arthur 和 Cummins（1936）基于夏孢子阶段描述，但使用全型名称 *Pucciniastrum clemensiae* Arthur & Cummins，后来 Hiratsuka（1957）将它改组为式样种。模式产自菲律宾，生于黄荆 *Vitex negundo* L.。Hiratsuka（1957）和 Sawada（1959）记载中国台湾高雄同植物上也有。中国台湾标本未见，附志于此供参考。描述摘译自 Arthur 和 Cummins（1936）。

堇菜科 Violaceae 植物上的种

高山夏孢锈菌　图 174

Uredo alpestris J. Schröt., Jahresber. Schles. Ges. Vaterl. Cult. 53: 117, 1875; Cummins, Mycologia 43: 97, 1951; Wang, Index Uredinearum Sinensium, p. 82, 1951; Tai, Sylloge Fungorum Sinicorum, p. 762, 1979; Guo, Fungi and Lichens of Shennongjia, p. 153, 1989; Zhuang & Wei, Mycosystema 7: 80, 1994; Zang, Li & Xi, Fungi of Hengduan Mountains, p. 117, 1996; Wei & Zhuang *in* Mao & Zhuang, Fungi of the Qinling Mountains, p. 75, 1997; Zhang, Zhuang & Wei, Mycotaxon 61: 76, 1997; Zhuang & Wei *in* W.Y. Zhuang, Fungi of Northwestern China, p. 281, 2005.

夏孢子堆生于叶下面，不规则聚生，新鲜时黄色或黄褐色，长期被寄主表皮覆盖或晚期裸露，圆形，直径多为 0.1～0.5mm，有破裂的寄主表皮围绕，粉状；侧丝周生，棍棒形，近无色，长 20～35μm，宽 5～10(～12)μm，壁薄，厚不及 1μm；夏孢子 15～28×8～15μm，有二型：一些为长椭圆形或近纺锤形，顶端有尖头（长达 5μm），另一些为近球形、椭圆形或矩圆形，无尖头，近光滑或具不明显的细疣或细刺，壁厚约 1μm，无色或淡黄色，芽孔不明显。

鸡腿堇菜 *Viola acuminata* Ledeb. 河南：洛宁（55593）；湖北：神农架（55423，55427，55430）；重庆：巫溪（71227，72228，71229）；陕西：太白山（56066），镇坪（71230）。

双花堇菜 *Viola biflora* L. 四川：盐源（243016）；云南：德钦（51890），中甸（48624）。

球果堇菜 *Viola collina* Besser 湖北：神农架（55418，55419，55420，55424，55426）；西藏：吉隆（65616）。

灰叶堇菜 *Viola delavayi* Franch. 四川：都江堰（247456）。

紫花堇菜 *Viola grypoceras* A. Gray 湖北：神农架（55425）。

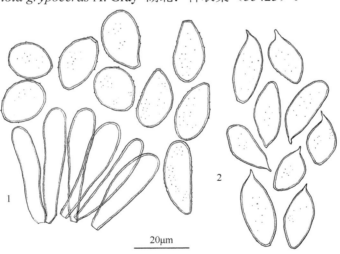

图 174　高山夏孢锈菌 *Uredo alpestris* J. Schröt.（HMAS 243016）
1. 夏孢子堆侧丝；2. 夏孢子

长萼堇菜 *Viola inconspicua* Blume 湖北：神农架（55411）。

深山堇菜 *Viola selkirkii* Pursh ex Gold 湖北：神农架（55428）。

锡金堇菜 *Viola sikkimensis* W. Becker 四川：昭觉（242161）。

具鞘堇菜（苣）*Viola vaginata* Maxim. 重庆：巫溪（71226）；陕西：镇坪（71225）。

堇菜 *Viola verecunda* A. Gray 湖北：神农架（55417）。

堇菜属 *Viola* sp. 贵州：江口（IX 1931，S.Y. Cheo 405，PUR）。

分布：欧亚温带广布。

此菌有些夏孢子顶端具小尖头。侧丝短，长期埋生于寄主组织中，观察时因常与寄主组织混生而被忽略。

伊予夏孢锈菌　图 175

Uredo iyoensis Hirats. f. & Yoshin., Mem. Tottori Agric. Coll. 3: 334, 1935; Hiratsuka, Mem. Tottori Agric. Coll. 7: 73, 1943; Ito, Mycological Flora of Japan 2(3): 355, 1950; Cummins, Mycologia 43: 97, 1951; Wang, Index Uredinearum Sinensium, p. 84, 1951; Tai, Sylloge Fungorum Sinicorum, p. 769, 1979; Zhuang, Acta Mycol. Sin. 2: 157, 1983; Zhuang, Acta Mycol. Sin. 5: 152, 1986; Zhuang & Wei, Mycosystema 7: 80, 1994; Zhuang & Wei *in* W.Y. Zhuang, Higher Fungi of Tropical China, p. 381, 2001; Zhuang & Wei *in* W.Y. Zhuang, Fungi of Northwestern China, p. 281, 2005; Zhuang & Wang, J. Fungal Res. 4(3): 9, 2006.

Uredo violae-senzanensis Sawada, J. Taichu. Soc. Agric. & For. 7: 43, 1943; Sawada, Descriptive Catalogue of the Formosan Fungi IX, p. 149, 1943.

夏孢子堆生于叶下面，散生或聚生，长期被寄主表皮覆盖或晚期裸露，圆形，直径 0.1～0.5mm，黄褐色或淡黄色，稍粉状；无侧丝；夏孢子椭圆形、长椭圆形、近纺锤状椭圆形、倒卵形或长倒卵形，两端钝圆或一端尖，稀具小尖头，15～32(～35)×8～15μm，壁厚约 1μm 或不及，无色，表面疏生不明显的细疣或近光滑，芽孔不明显。

鸡腿堇菜 *Viola acuminata* Ledeb. 重庆：石柱（247564）。

双花堇菜 *Viola biflora* L. 四川：雅江（82698）；西藏：波密（46836），吉隆（65617，65618，65619，65620，65622）；陕西：佛坪（74445），留坝（74444）；甘肃：迭部（74443）。

球果堇菜 *Viola collina* Besser 重庆：武隆（247515）。

灰叶堇菜 *Viola delavayi* Franch. 西藏：林芝（247396，247397）。

蔓茎堇菜 *Viola diffusa* Ging. 福建：武夷山（41882）；广东：信宜（82257）。

光叶堇菜 *Viola hossei* W. Becker 四川：九寨沟（74442）。

奇异堇菜 *Viola mirabilis* L. 吉林：长春（87919，87920），汪清（87917，87918）。

穆坪堇菜（苣）*Viola moupinensis* Franch. 湖南：桑植（92982），张家界（140480）。

早开堇菜 *Viola prionantha* Bunge 陕西：佛坪（74446）。

尖山堇菜 *Viola senzanensis* Hayata 台湾：台中（3 VIII 1928，K. Sawada，未见）。

锡金堇菜 *Viola sikkimensis* W. Becker 西藏：波密（46838，46839），墨脱（46837）。

四川堇菜 *Viola szetschwanensis* W. Becker & H. Boissieu　四川：木里（74441）。

三角叶堇菜 *Viola triangulifolia* W. Becker　福建：建阳（41884），武夷山（41883）。

堇菜属 *Viola* sp. 广西：凌云（V 1933，S.Y. Cheo 2037，PUR）。

分布：日本。中国，俄罗斯远东地区；朝鲜半岛。

此菌与同属植物上的 *Uredo alpestris* J. Schröt. 的不同在于后者的夏孢子堆具周生侧丝。两者的夏孢子似乎难于区别，但此菌夏孢子多数两端圆滑，极稀具短尖头。

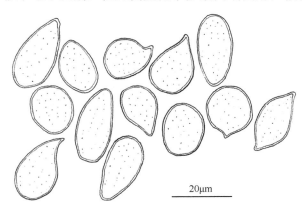

图 175　伊予夏孢锈菌 *Uredo iyoensis* Hirats. f. & Yoshin. 的夏孢子（HMAS 87919）

葡萄科 Vitaceae 植物上的种

翼茎白粉藤夏孢锈菌

Uredo cissi-pterocladae Hirats. f., Mem. Tottori Agric. Coll. 7: 71, 1943; Ito, Mycological
　　Flora of Japan 2(3): 354, 1950; Tai, Sylloge Fungorum Sinicorum, p. 764, 1979.

Uredo cissi Sawada, Trans. Hist. Soc. Formosa 33: 98, 1943 (non DC. 1808); Sawada, De-
　　scriptive Catalogue of the Formosan Fungi IX, p. 136, 1943. (nom. nudum)

夏孢子堆生于叶下面，散生或小群聚生，圆形，直径 0.2～1mm，粉状，黄褐色或褐色；偶见棍棒形侧丝，长 20～38μm，头部宽 5～9μm，无色；夏孢子倒卵形、宽椭圆形或近倒卵状长椭圆形，25～35×18～23μm，壁厚 2.5～3μm，黄色或黄褐色，表面疏生锐刺，芽孔不明显。

翼枝葡萄 *Vitis pteroclada* Hayata (= *Cissus pteroclada* Hayata) 台湾：台北（24 XI
1929，K. Sawada，未见）。

分布：中国台湾岛。

此菌为 Hiratsuka（1943b）所描述。标本未见，抄录原描述供参考。

姜科 Zingiberaceae 植物上的种

闭鞘姜夏孢锈菌　　图 176

Uredo costina Syd. & P. Syd., Ann. Mycol. 14: 355, 1916; Zhuang & Wei, Mycosystema 35:

1477, 2016.

　　夏孢子堆生于叶下面，常形成直径可达 1cm 或更大的赭色圆形病斑，密集，常均匀布满叶大部，极小，直径 0.1～0.2mm，长期被寄主表皮覆盖，褐色或淡褐色；夏孢子近球形、倒卵形、近倒卵状梨形或长梨形，20～33×15～22(～25)μm，稀长达 38μm，壁厚 1～1.5μm，淡黄色、淡褐色或近无色，表面疏生粗刺，刺距 2.5～4μm，芽孔不明显。

　　闭鞘姜 *Costus speciosus* (König) Sm. 海南：霸王岭（243308）。

　　分布：菲律宾。中国南部。

　　此菌至今仅知生于闭鞘姜 *Costus speciosus* (König) Sm.。Sydow 和 Sydow（1916）描述的夏孢子较小（21～32×18～25μm），海南的标本夏孢子长可达 38μm。

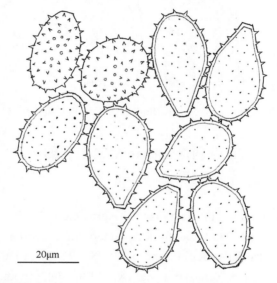

图 176　闭鞘姜夏孢锈菌 *Uredo costina* Syd. & P. Syd.的夏孢子（HMAS 243308）

附录(appendix)

构树夏孢锈菌

Uredo broussonetiae Sawada, Descriptive Catalogue of the Formosan Fungi IX, p. 134, 1943. (nom. nudum)

　　此菌为 Sawada（1943c）所报道，寄生于构树 *Broussonetia papyrifera* Vent 和斜叶榕 *Ficus gibbosa* Blume，标本是 Y. Fujikuro（8 I 1912，18 XI 1912）和 K. Sawada（2 XII 1924）采自中国台湾台北。因无拉丁文描述，成不合法名称。其夏孢子宽倒卵形、倒卵形、椭圆形或长椭圆形，19～34×15～22μm，壁厚 1.5～2μm，芽孔 3 个，无侧丝，与 *Phakopsora nishidana* S. Ito ex S. Ito & Homma、*Uredo morifolia* Sawada ex S. Ito & Muray.、*Uredo moricola* Henn. 等桑科植物上的锈菌都不相同。标本未见，待证。

长小穗莎草夏孢锈菌

Uredo cyperi-digitati Sawada, Descriptive Catalogue of the Formosan Fungi IX, p. 137, 1943. (nom. nudum)

此菌为 Sawada（1943c）所报道，寄生于长小穗莎草 *Cyperus digitatus* Roxb.，标本（R. Suzuki，24 X 1906）采自中国台湾台北。原描述使用日文，故成不合法名称。其夏孢子球形、宽椭圆形、倒卵形或长椭圆形，16～32×15～22μm，壁厚 2μm，顶部增厚 2～4μm，表面有疏疣，黄褐色或褐色，上半部常被无色透明的外膜包住，与壁一起的总厚度 3～5μm，芽孔 2 个（Sawada，1943c）。此菌形态特殊，确实与莎草属植物上的其他已知种不同。标本未见，待证。

平塚夏孢锈菌

Uredo hiratsukai (Morim.) S. Uchida, Mem. Mejiro Gakuen Woman's Junior Coll. 1: 77, 1964; Hiratsuka & Chen, Trans. Mycol. Soc. Japan 32: 19, 1991.

Milesina hiratsukai Morim., J. Jap. Bot. 28: 313, 1953. (based on uredinia)

此菌产于日本，Hiratsuka 和 Chen（陈瑞青）（1991）记载中国台湾有分布，生于瘤足蕨 *Plagiogyria adnata* (Blume) Bedd.和华东瘤足蕨 *Plagiogyria japonica* Nakai，但产地不详，亦无标本引证，在此摘译 Hiratsuka 等（1992）的描述供参考：夏孢子堆生于叶下面，埋生于寄主表皮下，散生或稍疏聚生，圆形，极小，直径 0.05～0.1mm，长期不裸露，稀中央孔露；夏孢子倒卵形、椭圆形或矩圆形，20～42×15～23μm，壁厚约 1μm。

蕺菜夏孢锈菌

Uredo houttuyniae Sawada, Descriptive Catalogue of the Formosan Fungi X, p. 45, 1944. (nom. nudum)

此菌生于蕺菜 *Houttuynia cordata* Thunb.，标本采自中国台湾台北（13 IV 1926，陈其昌采）。原描述使用日文，故成不合法名称。据原描述，其夏孢子球形、倒卵形或宽椭圆形，21～28×18～24μm，壁厚 1.5～2μm，淡褐色或黄褐色，表面有密疣，下部约 1/3 光滑，芽孔 2 个，生于基部（Sawada，1944）。未见标本，待证。

鹤顶兰夏孢锈菌

Uredo phaii Racib., Parasitische Algen und Pilze Javas II., p. 32, 1900; Hiratsuka & Chen, Trans. Mycol. Soc. Japan 32: 19, 1991 (as "*phaji*").

此菌是 Raciborski（1900b）首次发现于印度尼西亚爪哇岛，生于鹤顶兰属 *Phaius* sp.。Sydow 和 Sydow（1915）改隶为 *Hemileia phaii* P. Syd. & Syd.。Hiratsuka 和 Chen（陈瑞青）（1991）记载中国台湾有分布，生于石豆兰属 *Bulbophyllum* sp.和心叶球柄兰 *Mischobulbum cordifolium* (Hook. f.) Schltr.，但记录不详，无标本为据，附记于此供参考。

摘译 Sydow 和 Sydow（1915）的描述如下：夏孢子堆生于叶下面，极小，聚生，淡黄色；夏孢子生于多细胞柱状体表面的小梗顶端，两侧卵形弯凸，凸面具刺，下部光滑，淡黄色或近无色，18～24×18～21µm。冬孢子未见。

细裂托叶悬钩子夏孢锈菌

Uredo rubi-lasiniato-stipulati Sawada, Descriptive Catalogue of the Formosan Fungi IX, p. 145, 1943. (nom. nudum)

此菌生于细裂托叶悬钩子 *Rubus lasiniato-stipulatus* Hayata，标本采自中国台湾台北（24 XI 1929，K. Sawada）和台中（28 III 1928，K. Sawada）。因使用日文描述，成不合法名称。根据原描述，其夏孢子堆侧丝圆柱形或棍棒形，顶端圆、钝或微尖，长 40～52µm，宽 8～15µm，淡色或黄褐色；夏孢子球形、倒卵形或椭圆形，18～24×14～18µm，黄褐色，表面密布细疣（Sawada，1943c）。此菌极可能是本格特载孢锈菌 *Hamaspora benguetensis* Syd.的夏孢子阶段。未见标本，待证。

木莓夏孢锈菌

Uredo rubi-swinhoei Sawada, Descriptive Catalogue of the Formosan Fungi IX, p. 146, 1943. (nom. nudum)

此菌生于木莓 *Rubus swinhoei* Hance，标本采自中国台湾基隆（15 IV 1929，K. Sawada）。原描述使用日文，成不合法名称。据原描述，其夏孢子堆"茶碗"形或"仙人掌花"形，高 83～130µm，宽 130～155µm，基部 4～5 层细胞堆积成组织状，其上着生侧丝，基部淡色或黄褐色，先端黄褐色或褐色；侧丝长圆状纺锤形，顶端锐尖、稍尖或圆，长 15～30µm，宽 10～16µm，壁厚不及 2µm，褐色；夏孢子球形、倒卵形、椭圆形或近倒卵状长椭圆形，15～26×13～18µm，淡色或黄褐色，壁厚 1.5～2µm，表面有刺或疣（Sawada，1943c）。此菌与福建产的 *Uredo prodigiosa* Y.C. Wang & J.Y. Zhuang 很相似，可能是同物异名，推测是某种载孢锈菌属 *Hamaspora* 的夏孢子阶段。未见标本，待证。

华鼠尾草夏孢锈菌

Uredo salviae-chinensis Hirats. f., Sci. Bull. Div. Agric. Home Econ. & Engin., Univ. Ryukyus 7: 279, 1960; Lu et al., Checklist of Hong Kong Fungi, p. 84, 2000; Zhuang & Wei *in* W.Y. Zhuang, Higher Fungi of Tropical China, p. 381, 2001.

Coleosporium salviae Dietel, Bot. Jahrb. Syst. 37: 106, 1905 non *Uredo salviae* Dietel, Hedwigia 36: 36, 1897; Tai, Sylloge Fungorum Sinicorum, p. 417, 1979. (based on uredinia)

此菌是 Dietel（1905）基于夏孢子阶段描述，命名为 *Coleosporium salviae* Dietel。Hiratsuka（1960）将它改组为式样种。模式采自日本，寄生于鼠尾草 *Salvia japonica*

Thunb.。戴芳澜（1979）根据中国科学院菌物标本馆（HMAS）保存的标本记载我国也有。我们复查了采自湖南、四川、贵州和云南被鉴定为 *Coleosporium salviae* 的所有标本，发现寄主植物均被误订为 *Salvia* sp.，实为香茶菜属 *Rabdosia* (= *Isodon*)，其上锈菌均为 *Coleosporium plectranthi* Barclay。Lu 等（2000）记载中国香港有分布，生于荔枝草 *Salvia plebeia* R. Br.，标本未见。此菌在我国可能有分布，但无可靠标本为据。现将 Kaneko（1981）的描述摘译如下供参考：夏孢子堆生于叶下面，散生或环形聚生，裸露，粉状，新鲜时橙黄色；夏孢子倒卵形、椭圆形或长椭圆形，21～40×15～19μm，壁厚不及 1μm，无色，表面密布粗疣，疣宽 0.5～1μm，高 0.8～2μm，有时互相连合成不规则假网纹，光学显微镜下呈光滑斑，芽孔不清楚。

直立藨草夏孢锈菌

Uredo scirpi-erecti Sawada, J. Taichu. Soc. Agric. & For. 7: 42, 1943; Sawada, Descriptive Catalogue of the Formosan Fungi IX, p. 146, 1943. (nom. nudum)

此菌生于直立藨草 *Scirpus hotarui* Ohwi (= *S. erectus* Poir.)茎上，标本采自中国台湾台北（25 X 1925，K. Sawada）。原描述使用日文，成不合法名称。据原描述，此菌夏孢子球形、宽椭圆形或椭圆形，18～25×16～20μm，黄褐色，壁厚 1.5μm，表面有疣（Sawada，1943d）。标本未见，待考。

苣荬菜夏孢锈菌

Uredo sonchi-arvensis Sawada, Descriptive Catalogue of the Formosan Fungi IX, p. 147, 1943. (nom. nudum, non Persoon, 1801)

此菌生于苣荬菜 *Sonchus arvensis* L.，标本采自中国台湾新竹（20 IV 1907，R. Suzuki）。因使用日文描述，成不合法名称。据原描述，其夏孢子堆侧丝甚多，头状或圆柱状，长 55～196μm，宽 10～26μm，顶壁厚 5～6μm，淡色或褐色；夏孢子椭圆形、长椭圆形或倒卵形，36～47×18～27μm，黄褐色，壁厚 5～6μm，薄壁夏孢子壁厚 3μm，表面有疣（Sawada，1943c）。我们认为此菌与 *Puccinia pseudosphaeria* Mont. [= *Miyagia pseudosphaeria* (Mont.) Jørst. = *Puccinia sonchi* Roberge ex Desm.]很相似，可能是同物异名。标本未见，待证。

灰毛豆夏孢锈菌

Uredo tephrosiae Rabenh. ex Syd. & P. Syd., Monographia Uredinearum 4: 485, 1924.

Uredo tephrosiae Rabenh., Fungi Eur. No. 2375, 1878; Sawada, Descriptive Catalogue of the Formosan Fungi IX, p. 148, 1943; Ito, Mycological Flora of Japan 2(3): 354, 1950; Tai, Sylloge Fungorum Sinicorum, p. 774, 1979. (nom. nudum)

Ravenelia mitis Syd. & P. Syd., Ann. Mycol. 14: 257, 1916. (based on uredinia)

此菌模式产自印度东部，生于灰毛豆 *Tephrosia purpurea* (L.) Pers.（Sydow and

Sydow，1924）。Sawada（1943c）记载中国台湾台南同植物上也有。标本（4 I 1920，黑泽英一）未见，待证。现摘译 Sydow 和 Sydow（1924）的描述供参考：夏孢子堆生于叶两面，散生或稍小群聚生，直径 0.1～0.2mm，粉状，锈褐色；夏孢子椭圆形、倒卵形或矩圆形，20～25×14～17μm，壁厚 1.5μm，顶壁常稍增厚（达 2.5μm），黄褐色，表面密生细刺，芽孔 4 个，腰生。

从以上描述看，此菌夏孢子与灰毛豆生伞锈菌 *Ravenelia tephrosiicola* Hirats. f.夏孢子几无区别，我们认为它们可能是同物。

斑鸠菊生夏孢锈菌

Uredo vernoniicola Petch, Ann. Roy. Bot. Gard. (Peradeniya) 6 (part 3): 213, 219, 1917; Hiratsuka & Chen, Trans. Mycol. Soc. Japan 32: 20, 1991.

此菌原产于斯里兰卡，生于夜香牛 *Vernonia cinerea* (L.) Less.等斑鸠菊属植物；Hiratsuka 和 Chen（陈瑞青）（1991）记载中国台湾有分布，生于展叶斑鸠菊（咸虾花）*Vernonia patula* (Dryand.) Merr.，但记录不详，无标本为据，附记于此供参考，摘译 Sydow 和 Sydow（1924）的描述如下：夏孢子堆生于叶下面，散生，铁锈色；侧丝多，棍棒形，有隔膜，长 35～60μm，头部宽 12～16μm，壁厚不均，有时顶部无腔；夏孢子球形、近球形或卵形，20～27×20～24μm，壁厚 1μm，近无色或淡褐色，表面有密刺，芽孔不明显。

堇菜生夏孢锈菌

Uredo violicola Sawada, Descriptive Catalogue of the Formosan Fungi X, p. 48, 1944; Hiratsuka & Chen, Trans. Mycol. Soc. Japan 32: 20, 1991. (nom. nudum)

此菌是 Sawada（1944）所描述，生于蔓茎堇菜 *Viola diffusa* Ging. (= *V. kiusiana* Makino)，标本采自中国台湾台北（27 III 1922, E. Kurosawa）。原描述使用日文，故成不合法名称。据 Sawada（1944）描述，此菌夏孢子堆生于叶下面，圆形或近圆形，散生或聚生，直径 0.1～0.8mm，裸露，黄褐色；夏孢子椭圆形、倒卵形或纺锤形，稀倒卵状长椭圆形，20～38×11～17μm，壁厚 1.3～2μm，光滑或具不明显凹凸，无色或近无色，芽孔不明显。从描述看，此菌近似于 *Uredo iyoensis* Hirats. f. & Yoshin.，但后者夏孢子两端钝或一端尖。标本未见，待证。

夏孢锈菌属可疑或错误记录（doubtful or mistaken records）

山稗夏孢锈菌

Uredo caricis-baccantis Sawada, Descriptive Catalogue of the Formosan Fungi IX, p. 135, 1943. (nom. nudum)

此菌为Sawada（1943c）所报道,寄生于山稗子*Carex baccans* Nees,标本是K. Sawada

采自中国台湾台北（20 V 1926）。此菌的夏孢子除了其宽度较宽，其他特征均与菲律宾和我国云南同寄主植物上的 *Puccinia constata* Syd.的夏孢子相似。标本未见，但我们认为此菌与 *Puccinia constata* 是同物异名。

隐蔽夏孢锈菌

Uredo convestita Syd. & P. Syd. *in* E. de Wildeman, Études sur la flore du Bas- et Moyen-Congo 3(1): 13, 1909; Zhuang, Acta Mycol. Sin. 5: 150, 1986; Zhuang & Wei *in* W.Y. Zhuang, Higher Fungi of Tropical China, p. 379, 2001.

此菌为庄剑云（1986）所报道，标本采自西藏墨脱。该标本与大青属（赪桐属）*Clerodendrum* 植物上 *Uredo convestita* Syd. & P. Syd.的特征描述完全相符（Sydow and Sydow，1924）。我们未与模式标本作比较，寄主植物（*Clerodendrum* sp.？）因缺生殖器官也未能确认。此菌原产于中非，可否分布于南亚尚难判定，存疑。

达沃夏孢锈菌

Uredo davaoensis Syd. & P. Syd., Ann. Mycol. 4: 31, 1906; Sydow & Sydow, Ann. Mycol. 17: 140, 1919; Tai, Sci. Rep. Natl. Tsing Hua Univ., Ser. B, Biol. Sci. 2: 405, 1936-1937; Lin, Bull. Chin. Agric. Soc. 159: 79, 1937; Wang, Index Uredinearum Sinensium, p. 83, 1951; Tai, Sylloge Fungorum Sinicorum, p. 765, 1979.

此菌为 Sydow 和 Sydow（1919）所报道，生于鸭跖草科 Commelinaceae 的蓝耳草属（紫背鹿衔草属）植物 *Cyanotis* sp.，标本（O.A.Reinking No. 6802）采自广州。我们未见该标本，但认为它是鸭跖草单胞锈菌 *Uromyces commelinae* Cooke 的夏孢子阶段，不列入本志。

溲疏生夏孢锈菌

Uredo deutziicola Hirats. f., J. Jap. Bot. 14: 561, 1938; Hiratsuka, Mem. Tottori Agric. Coll. 7: 71, 1943; Ito, Mycological Flora of Japan 2(3): 352, 1950; Sawada, Descriptive Catalogue of Taiwan (Formosan) Fungi XI, p. 95, 1959; Tai, Sylloge Fungorum Sinicorum, p. 766, 1979.

此菌为 Hiratsuka（1938b）根据台湾阿里山美丽溲疏 *Deutzia pulchra* Vidal 和台湾溲疏 *Deutzia taiwanensis* (Maxim.) C.K. Schneid.上的标本描述。从原描述看除了其夏孢子（17～25×12～16μm）宽度略窄，看不出与溲疏夏孢锈菌 *Uredo deutziae* Barclay 有差异，我们认为两者是同物异名。标本未见，待证。

扩展地杨梅夏孢锈菌

Uredo luzulae-effusae Hirats. f., J. Jap. Bot. 14: 562, 1938; Hiratsuka, Mem. Tottori Agric. Coll. 7: 73, 1943; Ito, Mycological Flora of Japan 2(3): 350, 1950; Sawada, Descriptive Catalogue of Taiwan (Formosan) Fungi XI, p. 95, 1959; Tai, Sylloge Fungorum

Sinicorum, p. 769, 1979.

此菌是 Y. Hashioka 采自中国台湾南投县玉山，寄生于散序地杨梅 *Luzula effuse* Buchenau。

根据描述其夏孢子近长椭圆状棍棒形、长椭圆形或倒卵形，24～36×10～17μm，壁厚不及 1μm，近无色，芽孔不清楚（Hiratsuka，1938b；Ito，1950）。我们未见标本，但根据描述推测它与欧亚广布的 *Puccinia luzulae* Lib.同物。暂不列入本志，待证。

能高山夏孢锈菌

Uredo nokomontana Sawada, J. Taichu. Soc. Agric. & For. 7: 127, 1943. (nom. nudum)

此菌是 Sawada（1943e）所描述，生于一种蓼属植物 *Polygonum* sp.，标本采集地不明（台湾"花蔗港厅朝日"，13 V 1919，K. Sawada）。原描述使用日文，故成不合法名称。据 Sawada（1943e，1944）描述此菌夏孢子球形、椭圆形、倒卵形或长倒卵形，23～32×18～24μm，壁薄，黄褐色，表面有疏疣，具 3 个近腰生芽孔。我们未见原标本，但认为它是两栖蓼柄锈菌 *Puccinia polygoni-amphibii* Pers.的夏孢子阶段。

宿苞豆夏孢锈菌

Uredo shuteriae T.S. Ramakr., Indian Phytopathol. 3: 44, 1950 (as '*schuteriae*'); Zhuang, Acta Mycol. Sin. 5: 153, 1986; Zhuang & Wei *in* W.Y. Zhuang, Higher Fungi of Tropical China, p. 381, 2001.

此菌是庄剑云（1986）根据在西藏墨脱采得的标本报道，过去仅见于印度南部（Ramakrishnan，1950）。经复查，该标本寄主植物被误订为宿苞豆 *Shuteria* sp.，实为细茎旋花豆 *Cochlianthus gracilis* Benth.。因其夏孢子堆无侧丝，与 *Uredo shuteriae* T.S. Ramakr.（1950）的描述不符。其夏孢子倒卵形、长倒卵形或椭圆形，20～32×12～18μm，壁厚约 1.5μm，淡黄色或近无色，表面密生细刺，芽孔不清楚。此菌可能是一个新物种，因标本孢子堆极少，不宜作模式，暂不命名。旋花豆属 *Cochlianthus* 为寡种属，仅知 2 种，分布于尼泊尔至我国西南，其上锈菌未曾记载。

排除的种（excluded species）

疏花针茅夏孢锈菌

Uredo stipae-laxiflorae Y.C. Wang, Acta Phytotax. Sin. 10: 298, 1965; Cummins, The Rust Fungi of Cereals, Grasses and Bamboos, p. 515, 1971; Tai, Sylloge Fungorum Sinicorum, p. 773, 1979.

此菌是王云章（1965）所描述。模式（云南广安，34721）寄主被误订为疏花针茅 *Stipa laxiflora* Keng，经查实为细柄草 *Capillipedium parviflorum* (R. Br.) Stapf，此菌实为小柄锈菌 *Puccinia pusilla* Syd. & P. Syd.的夏孢子阶段。此名称排除。

植物各科、属、种上的不完全锈菌名录

蕨类植物 Pteridophyta

蹄盖蕨科 Athyriaceae

Athyrium elegans Tagawa
    Uredo arisanensis (Hirats. f.) Hirats. f.
Cystopteris moupinensis Franch.
    Uredo cystopteridis Hirats. f.
Pseudocystopteris atkinsonii (Bedd.) Ching
    Uredo pseudocystopteridis Y.C. Wang & S.X. Wei
Pseudocystopteris purpurescens Ching & S.K. Wu
    Uredo pseudocystopteridis Y.C. Wang & S.X. Wei
Pseudocystopteris tibetica Ching
    Uredo pseudocystopteridis Y.C. Wang & S.X. Wei
Pseudocystopteris sp.
    Uredo pseudocystopteridis Y.C. Wang & S.X. Wei

乌毛蕨科 Blechnaceae

Blechnum orientale L.
    Uredo orientalis Racib.

鳞毛蕨科 Dryopteridaceae

Dryopteris paleacea (Sw.) C. Chr.
    Uredo morrisonensis (Hirats. f.) Hirats. F.
Dryopteris yabei Hayata
    Uredo coreana (Hirats. f.) Hirats. F.

裸子蕨科 Hemionitidaceae

Coniogramme intermedia Hieron.
    Uredo yamadana (Hirats. F.) Hirats. F.
Coniogramme rosthornii Hieron.

Uredo yamadana (Hirats. F.) Hirats. F.
Coniogramme suprapilosa Ching
Uredo yamadana (Hirats. F.) Hirats. F.

陵齿蕨科 Lindsaeaceae

Lindsaea orbiculata (Lam.) Mett. ex Kuhn
Uredo nankaiensis S. Uchida

肾蕨科 Nephrolepidaceae

Nephrolepis auriculata (L.) Trimen
Uredo tenuis (Faull) Hirats. f.

球盖蕨科 Peranemaceae

Peranema cyatheoides Don
Uredo niitakensis (Hiratsuka f.) Hirats. f.

水龙骨科 Polypodiaceae

Microsorium buergerianum (Miq.) Ching (= *Polypodium superficiale* Blume)
Uredo polypodii-superficialis (Hirats. f.) Hirats. f.
Phymatopsis cortilagineo-serrata Ching & S.K. Wu
Uredo kaikomensis Hirats. f.
Phymatopsis malacodon (Hook.) Ching
Uredo kaikomensis Hirats. f.
Phymatopsis shensiensis (Christ.) Ching
Uredo kaikomensis Hirats. f.
Phymatopsis stracheryi (Ching) Ching
Uredo kaikomensis Hirats. f.

凤尾蕨科 Pteridaceae

Pteris cretica L. var. *nervosa* (Thunb.) Ching & S.H. Wu
Uredo pteridis-creticae J.Y. Zhuang & S.X. Wei

中国蕨科 Sinopteridaceae

Onychium japonicum (Thunb.) Kunze
Uredo cryptogrammes (Dietel) Hirats. f.

种子植物 Spermatophyta

爵床科 Acanthaceae

Adhatoda vasica Nees
    Aecidium adhatodae Syd. & P. Syd.
Goldfussia pentstemonoides (Wall.) Nees
    Aecidium strobilanthicola Sawada ex G.F. Laundon
Peristrophe japonica (Thunb.) Bremek.
    Aecidium peristrophes Syd. & P. Syd.
Pteracanthus versicolor (Diels) H.W. Li
    Aecidium strobilanthicola Sawada ex G.F. Laundon
Strobilanthes flaccidifolius Nees
    Aecidium strobilanthicola Sawada ex G.F. Laundon

槭树科 Aceraceae

Acer caesium Wall. ex Brandis subsp. *giraldii* (Pax) A.E. Murray
    Aecidium aceris Z.M. Cao & Z.Q. Li

八角枫科 Alangiaceae

Alangium kurzii Craib
    Aecidium alangii Hirats. f. & Yoshin.
Alangium platanifolium (Siebold & Zucc.) Harms
    Aecidium alangii Hirats. f. & Yoshin.

苋科 Amaranthaceae

Achyranthes aspera L.
    Uredo verecunda Syd.
Achyranthes bidentata Blume
    Uredo verecunda Syd.

番荔枝科 Annonaceae

Annona glabra L.
    Aecidium annonae Henn.
Annona muricata L.
    Aecidium annonae Henn.
Artabotrys hexapetalus (L. f.) Bhandari [= *A. uncinata* (Lam.) Merr.]

Uredo artabotrydis Syd. & P. Syd.

夹竹桃科 Apocynaceae

Wrightia pubescens R. Br.
    Aecidium prolixum Syd. & P. Syd.

天南星科 Araceae

Alocasia macrorrhiza (L.) Schott (= *A. odora* K. Koch)
    Uredo alocasiae P. Syd. & Syd.
Arisaema amurense Maxim.
    Aecidium satsumense Hirats. f.

五加科 Araliaceae

Acanthopanax gracilistylus W.W. Smith
    Aecidium acanthopanacis Dietel
Aralia chinensis L.
    Aecidium araliae Sawada ex S. Ito & Muray.
Aralia decaisneana Hance
    Aecidium araliae Sawada ex S. Ito & Muray.
Aralia elata (Miq.) Seem.
    Aecidium araliae Sawada ex S. Ito & Muray.
Tetrapanax papyriferus (Hook.) K. Koch
    Aecidium fatsiae Syd. & P. Syd.

萝藦科 Asclepiadaceae

Cynanchum auriculatum Royle ex Wight
    Aecidium vincetoxici Henn. & Shirai
Metaplexis japonica Makino
    Aecidium metaplexis Y.C. Wang & B. Li

小檗科 Berberidaceae

Berberis acuminata Franch.
    Aecidium montanum E.J. Butler
Berberis gagnepainii C.K. Schneid. var. *lanceofolia* Ahrendt
    Aecidium montanum E.J. Butler
Berberis morrisonensis Hayata

Aecidium niitakense Hirats. f.

 Epimedium brevicornum Maxim.

Aecidium epimedii Henn. & Shirai

 Epimedium sagittatum (Siebold & Zucc.) Maxim.

  Aecidium epimedii Henn. & Shirai

木棉科 **Bombacaceae**

Bombax malabaricum DC.

 Uredo bombacis Petch

紫草科 **Boraginaceae**

Bothriospermum chinense Bunge

 Aecidium bothriospermi Henn.

Cordia dichotoma G. Forst.

 Aecidium morobeanum Cummins

Ehretia acuminata R.Br.

 Uredo ehretiae Barclay

Ehretia dicksonii Hance

 Uredo ehretiae Barclay

 Uredo garanbiensis Hirats. f. & Hashioka

Trigonotis peduncularis (Trevis) Benth. ex S. Moore & Baker

 Aecidium eritrichii Henn.

桔梗科 **Campanulaceae**

Adenophora divaricata Franch. & Sav.

 Aecidium adenophorae-verticillatae Syd. & P. Syd.

Adenophora pereskiifolia (Fisch. ex Roem. & Schult.) G. Don

 Aecidium adenophorae-verticillatae Syd. & P. Syd.

Adenophora polyantha Nakai

 Aecidium adenophorae-verticillatae Syd. & P. Syd.

Adenophora potaninii Korsh.

 Aecidium adenophorae-verticillatae Syd. & P. Syd.

Adenophora tetraphylla (Thunb.) Fisch.

 Aecidium adenophorae-verticillatae Syd. & P. Syd.

Cyananthus incanus Hook. f. & Thomson

 Aecidium cyananthi J.Y. Zhuang

忍冬科 Caprifoliaceae

Viburnum opulus L. var. *calvescens* (Rehder) Hara
    Aecidium viburni Henn. & Shirai
Viburnum betulifolium Batalin
    Aecidium viburni Henn. & Shirai
Viburnum sp.
    Aecidium viburni Henn. & Shirai

心翼果科 Cardiopteridaceae

Cardiopteris lobata R.Br. ex Mast.
    Uredo cardiopteridis J.Y. Zhuang & S.X. Wei

卫矛科 Celastraceae

Celastrus paniculatus Willd.
    Uredo celastri Arthur & Cummins

菊科 Compositae

Ainsliaea macroclinidioides Hayata
    Aecidium ainsliaeae Dietel
Ainsliaea sp.
    Aecidium ainsliaeae Dietel
Aster ageratoides Turcz.
    Uredo asteris-ageratoidis J.Y. Zhuang & S.X. Wei
Aster handelii Onno
    Uredo asteris-ageratoidis J.Y. Zhuang & S.X. Wei
Aster maackii Regel
    Uredo asteris-ageratoidis J.Y. Zhuang & S.X. Wei
Aster tataricus L. f.
    Uredo asteris-ageratoidis J.Y. Zhuang & S.X. Wei
Aster tongolensis Franch.
    Uredo asteris-ageratoidis J.Y. Zhuang & S.X. Wei
Callistephus chinensis (L.) Nees
    Aecidium callistephi I. Miyake
Carduus acanthoides L.
    Aecidium cardui Syd. & P. Syd.
Carduus crispus L.
    Aecidium cardui Syd. & P. Syd.

Chrysanthemum chanetii H. Lév.

    Aecidium chrysanthemi-chanetii T.Z. Liu & J.Y. Zhuang

Dichrocephala auriculata (Thunb.) Druce

    Aecidium dichrocephalae Henn.

Erigeron annuus (L.) Pers.

    Uredo erigerontis-bonariensis J.Y. Zhuang & S.X. Wei

Erigeron bonariensis L.

    Uredo erigerontis-bonariensis J.Y. Zhuang & S.X. Wei

Gynura flava Hayata

    Aecidium mariani-raciborskii Siemaszko

Gynura japonica (Thunb.) Juel

    Aecidium mariani-raciborskii Siemaszko

Hemistepta lyrata Bunge

    Aecidium saussureae-affinis Dietel

Heteropappus altaicus (Willd.) Novopokr.

    Uredo asteris-ageratoidis J.Y. Zhuang & S.X. Wei

    Uredo heteropappi Henn.

Heteropappus crenatifolius (Hand.-Mazz.) Grierson

    Uredo asteris-ageratoidis J.Y. Zhuang & S.X. Wei

    Uredo heteropappi Henn.

Heteropappus hispidus (Thunb.) Less.

    Uredo asteris-ageratoidis J.Y. Zhuang & S.X. Wei

    Uredo heteropappi Henn.

Ixeridium chinense (Thunb.) Tzvelev

    Aecidium lactucae-debilis P. Syd. & Syd.

Kalimeris incisa (Fisch.) DC.

    Uredo asteris-ageratoidis J.Y. Zhuang & S.X. Wei

Ligularia lamarum (Diels) C.C. Chang

    Uredo ligulariae-lamarum J.Y. Zhuang & S.X. Wei

Ligularia stenocephala (Maxim.) Matsum. & Koidz.

    Aecidium nikkense Henn. & Shirai

Mulgedium tataricum (L.) DC.

    Aecidium qinghaiense J.Y. Zhuang

Saussurea deltoidea (DC.) Sch. Bip.

    Aecidium saussureae-affinis Dietel

Saussurea glomerata Poir.

    Aecidium saussureae-affinis Dietel

Saussurea hieracioides Hook. f.

    Aecidium saussureae-affinis Dietel

Saussurea involucrata Kar. & Kir.

    Aecidium saussureae-affinis Dietel

Saussurea irregularis Y.L. Chen & S.Y. Liang

    Aecidium saussureae-affinis Dietel

Saussurea japonica (Thunb.) DC.

    Aecidium saussureae-affinis Dietel

Saussurea nigrescens Maxim.

    Aecidium saussureae-affinis Dietel

Saussurea oligantha Franch.

    Aecidium saussureae-affinis Dietel

Saussurea phaeantha Maxim.

    Aecidium saussureae-affinis Dietel

Saussurea populifolia Hemsl.

    Aecidium saussureae-affinis Dietel

Saussurea przewalskii Maxim.

    Aecidium saussureae-affinis Dietel

Saussurea tsinlingensis Hand.-Mazz.

    Aecidium saussureae-affinis Dietel

Saussurea ussuriensis Maxim.

    Aecidium saussureae-affinis Dietel

Saussurea sp.

    Aecidium saussureae-affinis Dietel

Scorzonera sp.

    Aecidium scorzonerae Lagerh.

Senecio scandens Buch.-Ham. ex D. Don

    Aecidium senecionis-scandentis Sawada ex S. Ito & Muray.

莎草科 Cyperaceae

Carex sp.

    Uredo caricis-incisae S. Ito ex S. Ito & Muray.

Cyperus pilosus Vahl

    Uredo cyperi-tagetiformis Henn.

Cyperus sanguinolentus (Vahl) Nees

    Uredo cyperi-tagetiformis Henn.

Cyperus stoloniferus Retz.

    Uredo cyperi-stoloniferi J.M. Yen

Lipocarpha chinensis (Osbeck) J. Kern

    Uredo lipocarphae Syd. & P. Syd.

Lipocarpha microcephala (R. Br.) Kunth

Uredo lipocarphae Syd. & P. Syd.

Mariscus trialatus (Boeck.) Ts. Tang & F.T. Wang

Uredo marisci-trialati J.Y. Zhuang & S.X. Wei

薯蓣科 Dioscoreaceae

Dioscorea doryphora Hance

Uredo dioscoreae-doryphorae J.R. Hern. & E.T. Cline

胡颓子科 Elaeagnaceae

Elaeagnus glabra Thunb.

Aecidium minoense Syd. & P. Syd.

Elaeagnus lanceolata Warb.

Aecidium minoense Syd. & P. Syd.

Aecidium quintum Syd. & P. Syd.

Elaeagnus lanceolata Warb. ex Diels subsp. *grandifolia* Serv.

Aecidium quintum Syd. & P. Syd.

Elaeagnus multiflora Thunb.

Aecidium minoense Syd. & P. Syd.

Elaeagnus umbellata Thunb.

Aecidium minoense Syd. & P. Syd.

Aecidium quintum Syd. & P. Syd.

Elaeagnus sp.

Aecidium quintum Syd. & P. Syd.

杜鹃花科 Ericaceae

Enkianthus chinensis Franch.

Aecidium enkianthi Dietel

Enkianthus deflexus (Griff.) C.K. Schneid.

Aecidium enkianthi Dietel

Enkianthus serrulatus (E.H. Wilson) C.K. Schneid.

Aecidium enkianthi Dietel

Rhododendron campylogynum Franch.

Uredo rhododendri-capitati Z.M. Cao & Z.Q. Li

Rhododendron fastigiatum Franch.

Uredo rhododendri-capitati Z.M. Cao & Z.Q. Li

Rhododendron mucronulatum Turcz.

Uredo dumeticola (P.E. Crane) J.Y. Zhuang & S.X. Wei

Rhododendron primuliflorum Bureau & Franch.
  Uredo dumeticola (P.E. Crane) J.Y. Zhuang & S.X. Wei
Rhododendron setosum D. Don
  Uredo rhododendri-capitati Z.M. Cao & Z.Q. Li
Rhododendron trichocladum Franch.
  Uredo spinulospora (P.E. Crane) J.Y. Zhuang & S.X. Wei
  Uredo yunnanensis (P.E. Crane) J.Y. Zhuang & S.X. Wei

大戟科 Euphorbiaceae

Glochidion medogense T.L. Chin
  Aecidium innatum Syd., P. Syd. & E.J. Butler
Glochidion zeylanicum (Gaertn.) A. Juss. (= *G. hongkongense* Müll.Arg.)
  Aecidium innatum Syd., P. Syd. & E.J. Butler
Phyllanthus clarkei Hook. f.
  Aecidium phyllanthi Henn.
Phyllanthus emblica L.
  Uredo phyllanthi-longifolii Petch
Phyllanthus flexuosus (Siebold & Zucc.) Müll.Arg.
  Aecidium phyllanthi Henn.
Phyllanthus glaucus Wall. ex Müll.Arg.
  Aecidium phyllanthi Henn.
Phyllanthus niruri L.
  Uredo phyllanthi-longifolii Petch
Phyllanthus reticulatus Poir.
  Aecidium phyllanthi Henn.

壳斗科 Fagaceae

Quercus wutaishanica Mayr
  Uredo nanpingensis B. Li

大风子科 Flacourtiaceae

Scolopia oldhamii Hance
  Uredo scolopiae Syd. & P. Syd.

龙胆科 Gentianaceae

Gentiana formosana Hayata
  Uredo gentianae-formosanae Hirats. f.

Gentiana rigescens Franch. ex Hemsl.

    Uredo gentianae-formosanae Hirats. f.

Gentiana yunnanensis Franch.

    Uredo gentianae-formosanae Hirats. f.

Swertia arisanensis Hayata

    Uredo swertiicola Hirats. f.

牻牛儿苗科 Geraniaceae

Geranium sibiricum L.

    Uredo geranii-nepalensis Hirats. f. & Yoshin.

禾本科 Gramineae

Agrostidis myriantha Hook. f.

    Uredo agrostidis-myrianthae S.X. Wei

Calamagrostis emodensis Griseb.

    Uredo calamagrostidis-emodensis S.X. Wei

Cynodon dactylon (L.) Pers.

    Uredo cynodontis-dactylis F.L. Tai

Cyrtococcum patens (L.) A. Camus

    Uredo cyrtococci Z.C. Chen

Dendrocalamus latiflorus Munro

    Uredo ditissima Cummins

Digitaria violascens Link

    Uredo digitariae-violascentis Z.C. Chen

Festuca parvigluma Steud.

    Uredo festucae-parviglumae Z.C. Chen

Microstegium ciliatum (Trin.) A. Camus

    Uredo microstegii Z.C. Chen

Miscanthus floridulus (Labill.) Warb. ex K. Schum. & Lauterb.

    Uredo miscanthi-floriduli Z.C. Chen

Miscanthus sinensis Andersson

    Uredo miscanthi-sinensis Sawada ex Hirats. f.

Oplismenus undulatifolius (Ard.) Roem. & Schult.

    Uredo oplismeni-undulatifolii Z.C. Chen

Phragmites karka (Retz.) Trin. ex Steud.

    Uredo phragmitis-karkae Sawada

Setaria palmifolia (Koenig) Stapf

    Uredo palmifoliae Cummins

Setaria plicata (Lam.) T. Cooke
    Uredo panici-plicati Sawada ex S. Ito & Muray.
    Uredo setariae-excurrentis Y.C. Wang

绣球科 Hydrangeaceae

Deutzia compacta Craib
    Uredo deutziae Barclay
Deutzia longifolia Franch.
    Aecidium tandonii Mitter
    Uredo deutziae Barclay
    Uredo ishiuchii (Hirats. f.) Hirats. f.
Deutzia staminea R.Br. ex Wall.
    Aecidium tandonii Mitter
Deutzia wardiana Zaik.
    Aecidium tandonii Mitter
Hydrangea davidii Franch.
    Aecidium hydrangeae Pat.
Schizophragma crassum Hand.-Mazz. var. *hsitaoianum* (Chun) C.F. Wei
    Aecidium schizophragmatis J.Y. Zhuang

鸢尾科 Iridaceae

Iris ruthenica Ker Gawl.
    Uredo iridis-ruthenicae Y.C. Wang & B. Li

唇形科 Labiatae

Ajuga nipponensis Makino
    Aecidium ajugae Syd. & P. Syd.
Elsholtzia ciliata (Thunb. ex Murray) Hyl.
    Aecidium plectranthi Barclay
Rabdosia japonica (Burm. f.) H. Hara var. *glaucocalyx* (Maxim.) H. Hara
    Aecidium plectranthi Barclay
Scutellaria sp.
    Aecidium scutellariae-indicae Dietel

木通科 Lardizabalaceae

Holboellia angustifolia Wall.
    Aecidium holboelliae Y.C. Wang & J.Y. Zhuang

Holboellia coriacea Diels

    Aecidium holboelliae Y.C. Wang & J.Y. Zhuang

Holboellia latifolia Wall. subsp. *chartacea* L.Y. Wu & S.H. Huang ex H.N. Qin

    Uredo holboelliicola J.Y. Zhuang

樟科 Lauraceae

Cinnamomum loureirii Nees

    Aecidium cinnamomi Racib.

Lindera obtusiloba Blume

    Aecidium litseae-populifoliae J.Y. Zhuang

Litsea cubeba (Lour.) Pers.

    Aecidium litseae-populifoliae J.Y. Zhuang

Litsea populifolia (Hemsl.) Gamble

    Aecidium litseae-populifoliae J.Y. Zhuang

Litsea pungens Hemsl.

    Aecidium litseae-populifoliae J.Y. Zhuang

Litsea sericea (Nees) Hook. f.

    Aecidium litseae-populifoliae J.Y. Zhuang

Neolitsea chuii Merr.

    Aecidium neolitseae Y.C. Wang & J.Y. Zhuang

Neolitsea confertifolia (Hemsl.) Merr.

    Aecidium neolitseae Y.C. Wang & J.Y. Zhuang

豆科 Leguminosae

Acacia farnesiana (L.) Willd.

    Uredo formosana (P. Syd. & Syd.) F.L. Tai

Acacia sinuata (Lour.) Merr.

    Uredo acaciae-concinnae (Mundk. & Thirum.) J.N. Kapoor & D.K. Agarwal

Cassia surattensis Burm. f.

    Uredo cassiae-glaucae Syd. & P. Syd.

Dalbergia dyeriana Prain ex Harms

    Uredo dalbergiae-dyerianae J.Y. Zhuang & S.X. Wei

Leucaena glauca Benth.

    Uredo leucaenae-glaucae Hirats. f. & Hashioka

Sophora davidii (Franch.) Skeels

    Aecidium anningense F.L. Tai

百合科 Liliaceae

Anemarrhena asphodeloides Bunge
    Aecidium anemarrhenae Z.H. Zhou & Z.Q. Liu
Dianella ensifolia (L.) DC.
    Uredo dianellae Dietel

千屈菜科 Lythraceae

Lagerstroemia speciosa (L.) Pers.
    Uredo lagerstroemiae J.Y. Zhuang & S.X. Wei

桑科 Moraceae

Cudrania cochinchinensis (Lour.) Kudo & Masam. var. *gerontogea* (Siebold & Zucc.) Kudo & Masam.
    Uredo sinensis (Syd. & P. Syd.) Trotter
Cudrania tricuspidata (Carriere) Bureau ex Lavallee
    Uredo sinensis (Syd. & P. Syd.) Trotter
Ficus carica L.
    Uredo sawadae S. Ito ex S. Ito & Muray.
Ficus nervosa K. Heyne ex Roth
    Uredo sawadae S. Ito ex S. Ito & Muray.
Ficus pisocarpa Blume
    Uredo morifolia Sawada
Ficus sp.
    Uredo morifolia Sawada
Morus alba L.
    Aecidium mori Barclay
    Uredo moricola Henn.
    Uredo morifolia Sawada
Morus australis Poir.
    Aecidium mori Barclay
    Uredo morifolia Sawada
Morus mongolica (Bureau) C.K. Schneid.
    Aecidium mori Barclay

木犀科 Oleaceae

Chionanthus resutus Lindl. & Paxton
    Aecidium fraxini-bungeanae Dietel

Fraxinus chinensis Roxb.

    Aecidium fraxini-bungeanae Dietel

Fraxinus insularis Hemsl.

    Aecidium fraxini-bungeanae Dietel

Fraxinus rhynchophylla Hance

    Aecidium fraxini-bungeanae Dietel

Fraxinus sp.

    Aecidium fraxini-bungeanae Dietel

Ligustrum lucidum Aiton

    Aecidium klugkistianum Dietel

Ligustrum molliculum Hance

    Aecidium klugkistianum Dietel

Ligustrum obtusifolium Siebold & Zucc.

    Aecidium klugkistianum Dietel

Ligustrum quihoui Carriere

    Aecidium klugkistianum Dietel

Ligustrum sinense Lour.

    Aecidium klugkistianum Dietel

Ligustrum sp.

    Aecidium ligustricola Cummins

兰科 Orchidaceae

Amitostigma tominagai (Hayata) Schltr.

    Uredo amitostigmatis Hirats. f. & Hashioka

Calanthe sp.

    Uredo ishikariensis (Hirats. f.) Hirats. f.

Goodyera nankoensis Fukuy.

    Uredo ishikariensis (Hirats. f.) Hirats. f.

Goodyera repens (L.) R. Br.

    Uredo goodyerae Tranzschel

Tainia shimadai Hayata

    Uredo tainiae Hirats. f.

罂粟科 Papaveraceae

Meconopsis integrifolia (Maxim.) Franch.

    Caeoma meconopsis B. Li

松科 Pinaceae

Keteleeria evelyniana Mast.
 Peridermium keteleeriae-evelynianae T.S. Zhou & Y.H. Chen
 Peridermium kunmingense W. Jen
Picea likiangensis (Franch.) E. Pritz.
 Peridermium falciforme J.Y. Zhuang & S.X. Wei
 Peridermium likiangense B. Li
Picea likiangensis (Franch.) E. Pritz. var. *rubescens* Rehder & E.H. Wilson
 Peridermium sinense Y.C. Wang & L. Guo
Picea purpurea Mast.
 Peridermium sinense Y.C. Wang & L. Guo
Picea spinulosa (Griff.) Henry
 Peridermium yunshae Y.C. Wang & L. Guo

蓼科 Polygonaceae

Polygonum chinense L.
 Aecidium polygoni-cuspidati Dietel
Polygonum runcinatum Buch.-Ham.
 Uredo polygoni-runcinati J.Y. Zhuang
Polygonum sp.
 Aecidium polygoni-cuspidati Dietel

毛茛科 Ranunculaceae

Clematis peterae Hand.-Mazz.
 Aecidium orbiculare Barclay
Paeonia obovata Maxim. var. *willotiae* (Stapf) Stern
 Aecidium paeoniae Kom.
Pulsatilla patens (L.) Mill. var. *multifida* (Pritz.) S.H. Li & Y.H. Huang
 Aecidium pulsatillae Tranzschel
Thalictrum minus L.
 Aecidium urceolatum Cooke

鼠李科 Rhamnaceae

Sageretia melliana Hand.-Mazz.
 Aecidium sageretiae Henn.
Sageretia thea (Osbeck) M.C. Johnst.
 Aecidium sageretiae Henn.

Sageretia sp.

    Aecidium sageretiae Henn.

蔷薇科 Rosaceae

Cotoneaster acutifolius Turcz. var. *villosulus* Rehder & E.H. Wilson

    Roestelia cunninghamiana (Barclay) F. Kern

Cotoneaster dielsianus Pritz.

    Roestelia cunninghamiana (Barclay) F. Kern

Cotoneaster foveolatus Rehder & E.H. Wilson

    Roestelia nanwutaiana (F.L. Tai & C.C. Cheo) Jørst.

Cotoneaster microphyllus Wall. ex Lindl.

    Roestelia cunninghamiana (Barclay) F. Kern

Cotoneaster multiflorus Bunge

    Roestelia nanwutaiana (F.L. Tai & C.C. Cheo) Jørst.

Crataegus kansuensis E.H. Wilson

    Roestelia magna (Crowell) Jørst.

Fragaria moupinensis (Franch.) Cardot

    Uredo pterygospora J.Y. Zhuang

Geum aleppicum Jacq.

    Uredo gei-aleppici J.Y. Zhuang & S.X. Wei

Malus kansuensis (Batalin) C.K. Schneid.

    Roestelia fenzeliana (F.L. Tai & C.C. Cheo) F. Kern

Photinia bodinieri H. Lév.

    Aecidium wenshanense (F.L. Tai) J.Y. Zhuang & S.X. Wei

Photinia hirsuta Hand.-Mazz.

    Aecidium pourthiaeae P. Syd. & Syd.

Photinia parvifolia (Pritz.) C.K. Schneid.

    Uredo photiniae J.M. Yen

Photinia prionophylla C.K. Schneid.

    Aecidium wenshanense (F.L. Tai) J.Y. Zhuang & S.X. Wei

Raphiolepis indica (L.) Lindl.

    Aecidium rhaphiolepidis Syd.

Rosa banksiae W.T. Aiton

    Caeoma taianum J.Y. Zhuang & S.X. Wei

Rosa banksiae var. *normalis* Regel

    Caeoma taianum J.Y. Zhuang & S.X. Wei

Rosa bracteata Wendl.

    Kuehleola warburgiana (Henn.) Y. Ono [*Caeoma warburgianum* Henn.]

Rosa sp.

 Kuehleola warburgiana (Henn.) Y. Ono [*Caeoma warburgianum* Henn.]

Rubus reflexus Ker Gawl.

 Uredo prodigiosa Y.C. Wang & J.Y. Zhuang

Rubus sp.

 Caeoma cheoanum Cummins

Sorbus pallescens Rehder

 Roestelia echinulata Seung K. Lee & Kakish.

茜草科 Rubiaceae

Gardenia jasminoides J. Ellis

 Uredo gardeniae-floridae Hirats. f.

Gardenia sootepensis Hutch.

 Uredo gardeniae-floridae Hirats. f.

Gardenia stenophylla Merr.

 Uredo gardeniae-floridae Hirats. f.

Guettarda speciosa L.

 Uredo guettardae Hirats. f. & Hashioka

Lasianthus biermanni King ex Hook. f.

 Uredo lasianthi Syd.

Paederia scandens (Lour.) Merr.

 Uredo paederiae Syd. & P. Syd.

Rubia cordifolia L.

 Aecidium rubiae Dietel

Rubia sp.

 Aecidium rubiae Dietel

芸香科 Rutaceae

Evodia daniellii (A.W. Been.) Hemsl. ex Forbes & Hemsl.

 Aecidium evodiae J.Y. Zhuang

Evodia henryi Dode

 Aecidium evodiae J.Y. Zhuang

Evodia rutaecarpa (Juss.) Benth.

 Aecidium evodiae J.Y. Zhuang

Zanthoxylum bungeanum Maxim.

 Aecidium zanthoxyli-schinifolii Dietel

Zanthoxylum armatum DC.

 Aecidium zanthoxyli-schinifolii Dietel

Zanthoxylum stenophyllum Hemsl.

    Aecidium zanthoxyli-schinifolii Dietel

清风藤科 Sabiaceae

Meliosma parviflora Lecomte

    Aecidium meliosmae-pungentis Henn. & Shirai

杨柳科 Salicaceae

Populus nigra L.

    Uredo tholopsora Cummins

Populus tomentosa Carr.

    Uredo tholopsora Cummins

无患子科 Sapindaceae

Dimocarpus longan Lour.

    Uredo longan J.Y. Zhuang, J.F. Ling & B. Xu

玄参科 Scrophulariaceae

Cymbaria dahurica L.

    Aecidium cymbariae T.Z. Liu & J.Y. Zhuang

Veronicastrum sibiricum (L.) Pennell

    Aecidium veronicae-sibiricae P. Syd. & Syd.

苦木科 Simaroubaceae

Ailanthus altissima (Mill.) Swingle

    Aecidium ailanthi J.Y. Zhuang

Ailanthus vilmoriniana Dode

    Aecidium ailanthi J.Y. Zhuang

Picrasma quassioides (D. Don) A.W. Benn.

    Aecidium ailanthi J.Y. Zhuang

旌节花科 Stachyuraceae

Stachyurus himalaicus Hook. f. & Thomson

    Uredo stachyuri Dietel

省沽油科 Staphyleaceae

Staphylea bumalda DC.
    Aecidium staphyleae Miura

瑞香科 Thymelaeaceae

Stellera chamaejasme L.
    Aecidium wikstroemiae B. Li

伞形科 Umbelliferae

Ligusticum jeholense (Nakai & Kitag.) Nakai & Kitag.
    Aecidium ligustici Ellis & Everh.

荨麻科 Urticaceae

Girardinia sp.
    Aecidium girardiniae Syd. & P. Syd.
Laportea bulbifera (Siebold & Zucc.) Wedd.
    Aecidium laporteae Henn.
Laportea macrostachya (Maxim.) Ohwi
    Aecidium laporteae Henn.
Laportea sp.
    Aecidium laporteae Henn.
Pilea sp.
    Uredo pileae Barclay

马鞭草科 Verbenaceae

Callicarpa formosana Rolfe
    Aecidium callicarpicola J.Y. Zhuang
Callicarpa giraldii Hesse ex Rehder
    Aecidium callicarpicola J.Y. Zhuang
Clerodendrum serratum (L.) Moon
    Aecidium clerodendri-serrati J.Y. Zhuang
Vitex negundo L.
    Uredo clemensiae (Arthur & Cummins) Hirats. f.

堇菜科 Violaceae

Viola acuminata Ledeb.

Uredo alpestris J. Schröt.
Viola biflora L.
    Uredo alpestris J. Schröt.
    Uredo iyoensis Hirats. f. & Yoshin.
Viola collina Besser
    Uredo alpestris J. Schröt.
Viola delavayi Franch.
    Uredo iyoensis Hirats. f. & Yoshin.
Viola diffusa Ging.
    Uredo iyoensis Hirats. f. & Yoshin.
Viola hossei W. Becker
    Uredo iyoensis Hirats. f. & Yoshin.
Viola grypoceras A. Gray
    Uredo alpestris J. Schröt.
Viola inconspicua Blume
    Uredo alpestris J. Schröt.
Viola mirabilis L.
    Uredo iyoensis Hirats. f. & Yoshin.
Viola moupinensis Franch.
    Uredo iyoensis Hirats. f. & Yoshin.
Viola prionantha Bunge
    Uredo iyoensis Hirats. f. & Yoshin.
Viola selkirkii Pursh ex Gold
    Uredo alpestris J. Schröt.
Viola senzanensis Hayata
    Uredo iyoensis Hirats. f. & Yoshin.
Viola sikkimensis W. Becker
    Uredo alpestris J. Schröt.
    Uredo iyoensis Hirats. f. & Yoshin.
Viola szetschwanensis W. Becker & H. Boissieu
    Uredo iyoensis Hirats. f. & Yoshin.
Viola triangulifolia W. Becker
    Uredo iyoensis Hirats. f. & Yoshin.
Viola vaginata Maxim.
    Uredo alpestris J. Schröt.
Viola verecunda A. Gray
    Uredo alpestris J. Schröt.
Viola sp.
    Uredo alpestris J. Schröt.

Uredo iyoensis Hirats. f. & Yoshin.

葡萄科 Vitaceae

Vitis pteroclada Hayata (= *Cissus pteroclada* Hayata)
    Uredo cissi-pterocladae Hirats. f.

姜科 Zingiberaceae

Costus speciosus (König) Sm.
    Uredo costina Syd. & P. Syd.

参 考 文 献

蔡云鹏. 1991. 台湾植物病害名汇(修订3版). 台中：宝成电脑文字排版坊: 604 [Tsai YP. 1991. List of Plant Diseases in Taiwan. Revised third edition. Taichung: Baocheng Composing House: 604]

曹支敏, 李振岐. 1999. 秦岭锈菌. 北京: 中国林业出版社: 188 [Cao ZM, Li ZQ. 1999. Rust Fungi of Qinling Mountains. Beijing: Forestry Publishing House of China: 188]

谌谟美. 1982. 中国喜马拉雅区系中的一些真菌新种和新记录(续). 植物病理学报, 12: 27-28 [Chen MM. 1982. New species and new records of fungi in the China-Himalaya flora (continued). Acta Phytopath. Sin., 12: 27-28]

戴芳澜. 1979. 中国真菌总汇. 北京: 科学出版社: 1527 [Tai FL. 1979. Sylloge Fungorum Sinicorum. Beijing: Science Press: 1527]

邓放, 刘振钦. 1985. 锈菌一国内新记录种: 天南星锈孢锈菌. 吉林农业大学学报, 7(2): 7-8 [Deng F, Liu ZQ. 1985. *Aecidium satsumense*, a new record of rust fungi in China. J. Jilin Agric. Univ., 7(2): 7-8]

邓叔群. 1963. 中国的真菌. 北京: 科学出版社: 808 [Teng SC. 1963. Fungi of China. Beijing: Science Press: 808]

郭林. 1989. 神农架锈菌 // 中国科学院神农架真菌地衣考察队. 神农架真菌与地衣. 北京: 世界图书出版公司: 107-156 [Guo L. 1989. Uredinales of Shennongjia, China. *In*: Mycological and Lichenological Expedition to Shennongjia, Academia Sinica. Fungi and Lichens of Shennongjia. Beijing: World Publ. Corp.: 107-156]

蒯元璋, 夏志松. 1986. 桑赤锈病的侵染循环、发病规律和防治方法. 山东蚕业, 1986 (20): 25-29 [Kuai YZ, Xia ZS. 1986. Infection, pathogenesis and control of white mulberry rust. Shandong Sericulture, 1986 (20): 25-29]

刘波. 1974. 中国锈菌一新种. 植物分类学报, 12: 257-258 [Liu B. 1974. A new species of rust fungi from China. Acta Phytotax. Sin., 12: 257-258]

刘波, 李宗英, 杜复. 1981. 中国锈菌107种名录. 山西大学学报, 1981(3): 46-52 [Liu B, Li ZY, Du F. 1981. A list of 107 rust species from China. J. Shanxi Univ., 1981(3): 46-52]

刘铁志, 庄剑云. 2018. 中国锈菌五个新式样种. 菌物学报, 37: 685-692 [Liu TZ, Zhuang JY. 2018. Five new form species of rusts from China. Mycosystema, 37: 685-692]

刘伟成, 宋镇庆, 白金铠. 1991. 东北地区柄锈属的分类研究. 沈阳农业大学学报, 22: 305-311 [Liu WC, Song ZQ, Bai JK. 1991. Taxonomic studies on the genus *Puccinia* in the northeastern region of China. J. Shenyang Agric. Univ., 22: 305-311]

任玮. 1956. 昆明附近的森林植物锈病. 云南大学学报(自然科学版), 1956: 140-158[Jen W. 1956. Forest plant rusts in surrounding area of Kunming. J. Yunnan Univ. (Nat. Sci.), 1956: 140-158]

王云章. 1951. 中国锈菌索引. 北京: 中国科学院发行: 155 [Wang YC. 1951. Index Uredinearum Sinensium. Beijing: Academia Sinica: 155]

王云章. 1965. 禾本科植物锈菌新种. 植物分类学报, 10: 291-299 [Wang YC. 1965. New species of graminicolous rust fungi from China. Acta Phytotax. Sin., 10: 291-299]

王云章, 韩树金, 魏淑霞, 郭林, 谌谟美. 1980. 中国西部锈菌新种. 微生物学报, 20: 16-28 [Wang YC, Han SJ, Wei SX, Guo L, Chen MM. 1980. New rust fungi from western China. Acta Microb. Sin., 20:

16-28]

王云章, 魏淑霞. 1983. 中国禾本科植物锈菌分类研究. 北京: 科学出版社: 1-92 [Wang YC, Wei SX. 1983. Taxonomic Studies on Graminicolous Rust Fungi of China. Beijing: Science Press: 1-92]

王云章, 臧穆. 1983. 西藏真菌. 北京: 科学出版社: 226 [Wang YC, Zang M. 1983. Fungi of Tibet. Beijing: Science Press: 226]

王云章, 庄剑云, 李滨. 1983. 中国锈菌新种. 真菌学报, 2: 4-11 [Wang YC, Zhuang JY, Li B. 1983. New rust fungi from China. Acta Mycol. Sin., 2: 4-11]

魏淑霞, 庄剑云. 1997. 秦岭地区的锈菌名录 // 卯晓岚, 庄剑云. 秦岭真菌. 北京: 中国农业科技出版社: 24-83 [Wei SX, Zhuang JY. 1997. Species checklist of Uredinales of the Qinling Mountains. *In*: Mao XL, Zhuang JY. Fungi of the Qinling Mountains. Beijing: China Agric. Sci. & Techn. Publ. House: 24-83]

夏志松, 蒯元璋, 钱月初, 梅国荣. 1981. 太湖地区桑赤锈病侵染循环的调查. 蚕业科学, 7(1): 1-7 [Xia ZS, Kuai YZ, Qian YC, Mei GR. 1981. Infectivity investigation of white mulberry rust in Taihu region. Canye Kexue (Sericultural Science), 7(1): 1-7]

谢焕儒. 1965. 作物病害 龙眼病害. 农业要览, 4(1): 254 [Hsieh HJ. 1965. Diseases of cultivated plants. Longan diseases. Compendium of Agriculture, 4(1): 254]

臧穆, 李滨, 郗建勋. 1996. 横断山区真菌. 北京: 科学出版社: 598 [Zang M, Li B, Xi JX. 1996. Fungi of Hengduan Mountains. Beijing: Science Press: 598]

周彤燊, 陈玉惠. 1994. 云南油杉枝锈病一新病原——油杉被孢锈(新种). 真菌学报, 13: 88-91 [Zhou TS, Chen YH. 1994. *Peridermium keteleeriae-evelynianae* Zhou et Chen, a new species of rust fungi on *Keteleeria evelyniana*. Acta Mycol. Sin., 13: 88-91]

周宗璜, 刘振钦. 1982. 知母上一种新的锈菌. 植物病理学报, 12: 37-38 [Zhou ZH, Liu ZQ. 1982. A new rust fungus on *Anemarrhena asphodeloides* Bge. Acta Phytopathol. Sin., 12: 37-38]

朱凤美. 1927. 中国植物病菌所见. 中国农学会报, 54: 23-43 [Zhu FM. 1927. Plant pathogens found in China. Bull. Chin. Agric. Soc., 54: 23-43]

庄剑云, 凌金锋, 徐彪. 2021. 中国亚热带锈菌补记. 菌物学报, 40: 912-919 [Zhuang JY, Ling JF, Xu B. 2021. Additional report on rust fungi from subtropical China. Mycosystema, 40: 912-919]

庄剑云, 魏淑霞, 王云章. 1998. 中国真菌志 第十卷 锈菌目 (一). 北京: 科学出版社: 335 [Zhuang JY, Wei SX, Wang YC. 1998. Flora Fungorum Sinicorum. Uredinales I. Beijing: Science Press: 335]

庄剑云, 魏淑霞, 王云章. 2003. 中国真菌志 第十九卷. 锈菌目(二). 北京: 科学出版社: 324 [Zhuang JY, Wei SX, Wang YC. 2003. Flora Fungorum Sinicorum. Uredinales II. Beijing: Science Press: 324]

庄剑云, 魏淑霞, 王云章. 2012. 中国真菌志 第四十一卷 锈菌目 (四). 北京: 科学出版社: 254 [Zhuang JY, Wei SX, Wang YC. 2012. Flora Fungorum Sinicorum. Uredinales IV. Beijing: Science Press: 254]

庄剑云, 魏淑霞. 2016a. 中国无性型锈菌新资料 I. 春孢子阶段的几个式样种. 菌物学报, 35: 1468-1474 [Zhuang JY, Wei SX. 2016a. Additional notes on anamorphic rust fungi of China I. Some aecial form species. Mycosystema, 35: 1468-1474]

庄剑云, 魏淑霞. 2016b. 中国无性型锈菌新资料 II. 夏孢子阶段的一些式样种. 菌物学报, 35: 1475-1484 [Zhuang JY, Wei SX. 2016b. Additional notes on anamorphic rust fungi of ChinaII. Some uredinial form species. Mycosystema, 35: 1475-1484]

三浦道哉. 1928. 满蒙植物志 第三辑 隐花植物 菌类. 鐵道株式会社: 549[Miura M. 1928. Flora of Manchuria and East Mongolia. Pt. III, Cryptogams, Fungi. Railway Company: 549]

伊藤誠哉. 1938. 日本菌類誌. 第二卷 擔子菌類. II. 锈菌目層生锈菌科. 東京: 養賢堂發行: 249 [Ito S. 1938. Mycological Flora of Japan. 2(2). Basidiomycetes, Uredinales: Melampsoraceae. Tokyo:

Yokendo: 249]

伊藤誠哉. 1950. 日本菌類誌. 第二卷 擔子菌類. III . 锈菌目柄生锈菌科, 不完全锈菌. 東京: 養賢堂 發行: 435 [Ito S. 1950. Mycological Flora of Japan. 2(3). Basidiomycetes, Uredinales: Pucciniaceae, Uredinales Imperfecti. Tokyo: Yokendo: 435]

澤田兼吉. 1919. 臺灣産菌類調查報告 第一篇. 臺灣農事實驗場特別報告 第 19 號: 695 [Sawada K. 1919. Descriptive Catalogue of the Formosan Fungi I. Spec. Bull. Agric. Expt. Formosa No. 19: 695]

澤田兼吉. 1933. 臺灣産菌類調查報告 第六篇. 臺灣研究所農業報告 第 61 號: 99 [Sawada K. 1933. Descriptive Catalogue of the Formosan Fungi VI. Rept. Agric. Res. Inst. Formosa No. 61: 99]

澤田兼吉. 1942. 臺灣産菌類調查報告 第七篇. 臺灣農業實驗所報告 第 83 號: 159 [Sawada K. 1942. Descriptive Catalogue of the Formosan Fungi VII. Rept. Agric. Res. Inst. Formosa No. 83: 159]

澤田兼吉. 1943a. 臺灣菌類资料 LI. 臺灣博物學会報, 33: 30-34 [Sawada K. 1943a. Materials of the Formosan fungi. LI. Trans. Hist. Soc. Formosa, 33: 30-34]

澤田兼吉. 1943b. 臺灣菌類资料 LII. 臺灣博物學会報, 33: 96-100 [Sawada K. 1943b. Materials of the Formosan fungi. LII. Trans. Hist. Soc. Formosa, 33: 96-100]

澤田兼吉. 1943c. 臺灣産菌類調查報告 第九篇. 臺灣農業實驗所報告 第 86 號: 178 [Sawada K. 1943c. Descriptive Catalogue of the Formosan Fungi IX. Rept. Agr. Res. Inst. Formosa No. 86: 178]

澤田兼吉. 1943d. 臺灣の菌類 III. 臺中農林學会報, 7: 23-43 [Sawada K. 1943d. Fungi found in Formosa III. J. Taichu. Soc. Agric. & For., 7: 23-43]

澤田兼吉. 1943e. 臺灣の菌類 IV. 臺中農林學会報, 7: 108-128[Sawada K. 1943e. Fungi found in Formosa IV. J. Taichu. Soc. Agric. & For., 7: 108-128]

澤田兼吉. 1944. 臺灣産菌類調查報告 第十篇. 臺灣農業實驗所報告 第 87 號: 93 [Sawada K. 1944. Descriptive Catalogue of the Formosan Fungi X. Rept. Agr. Res. Inst. Formosa No. 87: 93]

Anonymous. 1950. List of common names of Indian plant diseases. Indian J. Agic. Sci., 20: 107-142

Arthur JC, Cummins GB. 1936. Philippine rusts in the Clemens collection 1923-1926. Philipp. J. Sci., 61: 463-488 (issued 1937)

Arthur JC. 1902. Cultures of Uredineae in 1900 and 1901. J. Mycol., 8: 51-56

Arthur JC. 1903. Cultures of Uredineae in 1902. Bot. Gaz., 35: 10-23

Arthur JC. 1906. New species of Uredineae—IV. Bull. Torrey Bot. Club, 33: 27-34

Arthur JC. 1912. Cultures of Uredineae in 1910. Mycologia, 4: 7-33

Arthur JC. 1915a. Cultures of Uredineae in 1912, 1913 and 1914. Mycologia, 7: 61-89

Arthur JC. 1915b. Uredinales of Porto Rico based on collections by F.L. Stevens. Mycologia, 7: 315-332

Arthur JC. 1934. Manual of the Rusts in United States and Canada. New York: Hafner: 438

Balfour-Browne FL. 1955. Some Himalayan fungi. Bull. Brit. Mus. (Nat. Hist.) Bot. Ser., 1(7): 189-218

Barclay A. 1890. On the life history of a Himalayan *Gymnosporangium* (*Gymnosporangium cunninghamianum*). Memoirs by Medical Officers of the Army of India, 5: 71-78

Barclay A. 1891. Additional Uredineae from the neighbourhood of Simla. J. Asiatic Soc. Bengal, 60: 211-230

Boedijn KB. 1959. The Uredinales of Indonesia. Nova Hedwigia, 1: 463-496

Bubák F. 1904. Infektionsversuche mit einigen Uredineen. II. Bericht. Zentralbl. Bakteriol., 2 Abt., 12: 411-426

Buriticá P, Hennen JF. 1994. Familia Phakopsoraceae (Uredinales). I. Géneros anamórficos y teliomórficos. Rev. Acad. Colomb. Cienc. Exact. Fis. Nat., 19: 47-62

Butler EJ, Bisby GR. 1931. The Fungi of India. Imp. Council Agric. Res. India. Sci. Monogr. I: 237

Candolle AP de, Lamarck JB de. 1815. Flore Française. Vol. VI. Paris: 660

Cao ZM(曹支敏), Li ZQ(李振岐), Zhuang JY(庄剑云). 2000. Uredinales from the Qinling Mountains. Continued II. Mycosystema, 19: 312-316

Cao ZM(曹支敏), Li ZQ(李振岐). 1999. The new records of rust fungi from China. J. Northwest Forest. Univ., 14: 45-52

Chen ZC(陈瑞青), Hu TL(胡蝶兰), Koyama T. 1980. A preliminary survey of Uredinales on Formosan Gramineae. Taiwania, 25: 152-165

Clemens FE, Shear CL. 1931. The Genera of Fungi. New York: H.W. Wilson: 496

Cooke MC. 1877. Some parasites of Coniferae. Indian Forester, 3: 88-96

Cooke MC. 1878. Some Himalayan fungi. Grevillea, 7: 61

Crane PE. 2005. Rust fungi on rhododendrons in Asia: *Diaphanopellis forrestii* gen. et sp. nov., new species of *Caeoma*, and expanded descriptions of *Chrysomyxa dietelii* and *C. succinea*. Mycologia, 97: 534-548

Crowell IH. 1936. Two new species of *Gymnosporangium* from Asia. J. Arnold Arbor., 17: 50-51

Cummins GB, Hiratsuka Y. 2003. Illustrated Genera of Rust Fungi. Third ed. St. Paul, Minnesota: American Phytopathological Society, APS Press: 225

Cummins GB. 1939. New species of Uredinales. Mycologia, 31: 169-174

Cummins GB. 1941. Uredinales of New Guinea III. Mycologia, 33: 143-154

Cummins GB. 1943. Uredinales from the Northwest Himalaya. Mycologia, 35: 446-458

Cummins GB. 1950. Uredinales of continental China collected by S.Y. Cheo. I. Mycologia, 42: 779-797

Cummins GB. 1951. Uredinales of continental China collected by S.Y. Cheo. II. Mycologia, 43: 78-98

Cummins GB. 1971. The Rust Fungi of Cereals, Grasses and Bamboos. New York: Springer-Verlag: 570

Dietel P. 1898. Einige Uredineen aus ostasien. Hedwigia, 37: 212-218

Dietel P. 1900. Uredineae japonicae II. Bot. Jahrb. Syst., 28: 281-190

Dietel P. 1903. Uredineae japonicae IV. Bot. Jahrb. Syst., 32: 624-632

Dietel P. 1905. Uredineae japonicae VI. Bot. Jahrb. Syst., 37: 97-109

Doidge EM. 1927. A preliminary study of the South African rust fungi I. Bothalia, 2 (part Ia): 1-228

Durrieu G. 1980. Urédinales du Népal. Cryptogamie Mycologie, 1: 33-68

Gäumann E. 1959. Die Rostpilze Mitteleuropas. Bern: Buchdruckerei Büchler & Co.: 1407

Gjaerum HB. 1990. African host species of *Puccinia cyperi-tegetiformis* (Uredinales). Lidia, 3: 3-12

Greene HC, Cummins GB. 1958. A synopsis of the Uredinales which parasitize grasses of the genera *Stipa* and *Nasella*. Mycologia, 50: 6-36

Guyot AL. 1937. Études expérimentales sur les Urédinées hétéroïques réalisées au Laboratoire de Botanique de l'Ecole Nationale d'Agriculture de Grignon (S.-et-O.) au cours des années 1931-1937. Ann. École Natl. Agric. Grignon, Sér. 2, 1: 45-66

Guyot AL, Massenot M. 1953. Études expérimentales sur les Urédinées hétéroïques réalisées au Laboratoire de Botanique de l'Ecole Nationale d'Agriculture de Grignon (Seine-et-Oise) au cours des années 1949-1952. Uredineana, 4: 281-353

Hafeez Khan A. 1928. A preliminary report on the *Peridermium* of India and the occurrence of *Cronartium ribicola* Fisch. on *Ribes rubrum* Linn. Indian Forester, 54: 431-443

Harada Y. 1977. *Puccinia caricis-circaearum*, sp. nov., a heteroecious *Carex* rust fungus from Japan. Trans. Mycol. Soc. Japan, 18: 375-380

Harada Y. 1979. New aecial hosts for *Puccinia sessilis* and *P. caricis-circaearum*. Trans. Mycol. Soc. Japan, 20: 469-473

Hasler A. 1930. Beiträge zur Kenntnis einiger *Carex*-Puccinien. Ann. Mycol., 28: 345-357

He F(何方), Kakishima M, Sato S. 1989. Teleomorph and anamorph connection between *Puccinia hika-waensis* and *Aecidium philadelphi*. Trans. Mycol. Soc. Japan, 30: 183-188

He F(何方), Kakishima M, Sato S. 1993. Three new species of *Puccinia* parasitic on Bambusaceae. Trans. Mycol. Soc. Japan, 34: 133-140

Hennings P. 1895. Fungi goyazenses. Hedwigia, 34: 88-116

Hennings P. 1899. Fungi. Monsunia, 1: 1-38

Hennings P. 1902a. Fungi javanici novi a cl. Prof. Dr. Zimmermann collecti. Hedwigia, 41: 140-149

Hennings P. 1902b. Einige neue japanische Uredineen III. Hedwigia, 41: 18-21

Hennings P. 1905. Fungi japonici V. Bot. Jahrb. Syst., 34: 593-606

Hennings P. 1908. Fungi japonici VI. Bot. Jahrb. Syst., 37: 156-166

Hernández JR, Cline ET. 2010. *Goplana dioscoreae-alatae* nom. nov. and other Uredinales on Dioscoreaceae: nomenclature and taxonomy. Mycotaxon, 111: 263-268

Hino I, Katumoto K. 1960. Illustrationes fungorum bambusicolorum VIII. Bull. Fac. Agric. Yamaguchi Univ., 11: 9-34

Hiratsuka N. 1935. Uredinales collected in Korea. II. Trans. Tottori Soc. Agric. Sci., 5: 231-236

Hiratsuka N. 1936. A Monograph of the Pucciniastreae. Mem. Tottori Agric. Coll., 4: 1-374

Hiratsuka N. 1938a. Miscellaneous notes on the East-Asiatic Uredinales with special reference to the Japanese species. III. J. Jap. Bot., 14: 33-38

Hiratsuka N. 1938b. Miscellaneous notes on the East-Asiatic Uredinales with special reference to the Japanese species. IV. J. Jap. Bot., 14: 558-563

Hiratsuka N. 1941a. Materials for a rust flora of Manchoukuo. I. Trans. Sapporo Nat. Hist. Soc., 16: 193-208

Hiratsuka N. 1941b. Materials for a rust-flora of Formosa. Bot. Mag. Tokyo, 55: 267-273

Hiratsuka N. 1942. Notes on Uredinales collected in South China. J Jap Bot, 18: 563-572

Hiratsuka N. 1943a. Notae uredinologiae asiae orientalis II. Bot. Mag. Tokyo, 57: 279-284

Hiratsuka N. 1943b. Uredinales of Formosa. Mem. Tottori Agric. Coll., 7: 1-90

Hiratsuka N. 1944. Melampsoraceae Nipponicarum. Mem. Tottori Agric. Coll., 7: 91-273

Hiratsuka N. 1952. Uredinales of Kiushu. Mem. Fac. Agric. Tokyo Univ. Educ., 1: 1-95

Hiratsuka N. 1957. Nomenclatural change for some species of Uredinales. Trans. Mycol. Soc. Japan, 1(5): 1-5

Hiratsuka N. 1958. Revision of Taxonomy of the Pucciniastreae, with special reference to species of the Japanese Archipelago. Mem. Fac. Agric. Tokyo Univ. Educ., 5: 1-167

Hiratsuka N. 1959. Materials for a rust-flora of the Japanese Archipelago. I. Trans. Mycol. Soc. Japan, 2(2): 9-11

Hiratsuka N. 1960. A provisional list of Uredinales of Japan proper and the Ryukyu Islands. Sci. Bull. Div. Agric. Home Econ. & Engin., Univ. Ryukyus, 7: 189-314

Hiratsuka Y. 1969. *Endocronartium*, a new genus for autoecious pine stem rusts. Can. J. Bot., 47: 1493-1495

Hiratsuka N, Chen ZC(陈瑞青). 1991. A list of Uredinales collected from Taiwan. Trans. Mycol. Soc. Japan, 32: 3-22

Hiratsuka N, Hashioka Y. 1935a. Uredinales collected in Formosa III. Bot. Mag. Tokyo, 49: 19-26

Hiratsuka N, Hashioka Y. 1935b. Uredinales collected in Formosa IV. Bot. Mag. Tokyo, 49: 520-524

Hiratsuka N, Hashioka Y. 1935c. Uredinales collected from Formosa V. Trans. Tottori Soc. Agr. Sci., 5: 237-244

Hiratsuka N, Hashioka Y. 1937. Uredinales collected from Formosa. VI. Bot. Mag. Tokyo, 51: 41-47

Hiratsuka N, Kaneko S. 1977. Life cycle of three rust species. Rep. Tottori Mycol. Inst., 15: 6-17

Hiratsuka N, Sato S, Katsuya K, Kakishima M, Hiratsuka Y, Kaneko S, Ono Y, Sato T, Harada Y, Hiratsuka T, Nakayama K. 1992. The Rust Flora of Japan. Tsukuba Shuppankai: 1205

Hiratsuka N, Yoshinaga T. 1935. Uredinales of Shikoku. Mem. Tottori Agric. Coll., 3: 249-377

Hylander N, Jørstad I, Nannfeldt JA. 1953. Enumeratio Uredinearum Scandinavicarum. Opera Bot., 1: 1-102

Ito S, Murayama D. 1943. Notae mycologicae asiae orientales IV. Trans. Sapporo Nat. Hist. Soc., 17: 160-172

Jacky E. 1899. Die Compositem bewohnenden Puccinien von Typus der *Puccinia hieracii* und deren Spezialisierung. Z. Pflanzenkrankh., 9: 193-194, 263-295, 330-346

Jaczewski ALA. 1900. Neue und wenig bekannte Uredineen aus dem Gebiete des europäischen und asiatischen Russlands. Hedwigia, 39: 129-134

Jordi E. 1903. Culturversuche mit Papilionaceen bewohnenden Rostpilzen. Zentralbl. Bakteriol., 2 Abt., 10: 777-779

Jordi E. 1904. Beiträge zur Kenntnis der Papilionaceen bewohnenden *Uromyces*-Arten. Zentralbl. Bakteriol., 2 Abt., 11: 763-795

Jørstad I. 1959. On some Chinese rusts chiefly collected by Dr. Harry Smith. Ark. Bot. Ser. 2, 4: 333-370

Jørstad I. 1961. The rust on *Scorzonera* and *Tragopogon*. Bull. Res. Council Israel, Sect. D, Bot., 10: 179-186

Juel HO. 1896. Mykologische Beiträge V. Öfvers. Förh. Kongl. Svenska Vetensk.-Akad., 53: 213-224

Kakishima M, Sato S. 1980. Three *Puccinia* species parasitic on *Carex*. Trans. Mycol. Soc. Japan, 21: 35-45

Kakishima M, Sato S. 1981. *Puccinia suzutake*: a new bambusicolous rust, a perfect state of *Aecidium hydrangiicola*. Trans. Mycol. Soc. Japan, 22: 321-328

Kakishima M, Sato S. 1982. *Puccinia velutina*: a new caricicolous rust and a perfect state of *Aecidium elaeagni*. Mycologia, 74: 427-432

Kakishima M, Sato S. 1983. *Puccinia kawakamiensis*, a new caricicolous rust, produces the aecial state on *Circaea erubescens*. Trans. Mycol. Soc. Japan, 24: 403-408

Kakishima M, Sato S. 1989. *Puccinia aestivalis* produces systematic spermogonia and aecia on *Mazus miquelii*. Trans. Mycol. Soc. Japan, 30: 189-194

Kakishima M, Sato T, Sato S. 1983. Life-cycle and morphology of *Phakopsora meliosmae* (Uredinales). Trans. Brit. Mycol. Soc., 80: 77-82

Kakishima M, Yokoi M, Harada Y. 1999. *Puccinia caricis-adenocauli*, a new rust fungus on *Carex*, and its anamorph, *Aecidium adenocauli*. Mycoscience, 40: 503-507

Kaneko S. 1981. The species of *Coleosporium*, the causes of pine needle rusts, in the Japanese Archipelago. Rept. Tottori Mycol. Inst., 19: 1-159

Kapoor JN, Agarwal DK. 1974. Indian species of *Ravenelia*. I. On *Acacia*. Indian Phytopathol., 27: 666-669 (publ. 1975)

Keissler K. 1923. Fungi novi sinenses. Anz. Akad. Wiss. Wien, Math.-Naturwiss. Cl., 60: 73-76

Kern FD. 1919. North American rusts on *Cyperus* and *Eleocharis*. Mycologia, 11: 134-147

Kern FD. 1973. A Revised Taxonomic Account of *Gymnosporangium*. University Park and London: The Pennsylvania State Univ. Press: 134

Kern FD, Ciferri R, Thurston HW. 1933. The rust flora of the Dominican Republic. Ann. Mycol., 31: 1-40

Kobel F. 1921. Einige Bemerkungen zu den *Astragalus* und *Cytisus* bewohnenden *Uromyces*-Arten. Ann. Mycol., 19: 1-16

Kusano S. 1904. Notes on the Japaneae fungi I. Uredineae on *Sophora*. Bot. Mag. Tokyo, 18: 1-6

Leather RI, Hor MN. 1969. A preliminary list of plant diseases in Hong Kong. Agriculture Bulletin No. 2.

Hong Kong: Government Press: 64

Lee SK, Kakishima M, Zhuang JY. 1999. A new rust species of *Roestelia* on *Sorbus* collected in China. Mycoscience, 40: 437-440

Léveillé JH. 1847. Sur la disposition méthodique des Urédinées. Ann. Sci. Nat. 3ᵉSér., 8: 369-376

Li B(李滨). 1986. New species of Uredinales from Hengduan Mountains. Acta Mycol. Sin., Suppl. 1: 159-165

Ling L(凌立). 1948. Host index of the parasitic fungi of Szechwan, China. Pl. Dis. Reporter, Suppl. 173: 1-38

Liou TN(刘慎谔). 1929. Sur deux *Endophyllum* et un *Aecidium* nouveaux. I. Bull. Soc. Mycol. Fr., 45: 106-120

Liou TN, Wang YC(王云章). 1935a. Materials for study on rusts of China III. Contr. Inst. Bot. Nat. Acad. Peiping, 3: 347-364

Liou TN, Wang YC. 1935b. Materials for study on rusts of China IV. Contr. Inst. Bot. Nat. Acad. Peiping, 3: 403-411

Lu BS, Hyde KD, Ho WH, Tsui KM, Taylor JE, Wong KM, Yanna, Zhou DQ. 2000. Checklist of Hong Kong Fungi. Hong Kong: Fungal Diversity Press: 207

Maire R. 1900. Quelques Urédinées et Ustilaginées nouvelles ou peu connues. Bull. Soc. Mycol. Fr., 16: 65-72

Miyake I. 1914. Über Chinensiche Pilze. Bot. Mag. Tokyo, 28: 37-56

Mundkur BB, Kheswalla KF. 1943. *Dasturella*, a new genus of Uredinales. Mycologia, 35: 201-206

Mundkur BB, Thirumalachar MJ. 1946. Revision and additions to Indian fungi. I. Mycol. Pap., 16: 1-27

Okane I, Kakishima M. 1992. *Puccinia nigrolinearis*, a new caricicolous rust, and its anamorph, *Aecidium elaeagni-umbellatae*. Trans. Mycol. Soc. Japan, 33: 497-503

Ono Y, Buriticá P, Hennen JF. 1992. Delimitation of *Phakopsora*, *Physopella* and *Cerotelium* and their species on Leguminosae. Mycol. Res., 96: 825-850

Ono Y, Kakishima M, Ishimiya K. 2001. *Aecidium dispori* is the aecial anamorph of *Puccinia albispora*, sp. nov. (Uredinales). Mycoscience, 42: 149-153

Ono Y. 1982. Rusts of yams in southeast Asia and South Pacific. Trans. Brit. Mycol. Soc., 79: 423-429

Ono Y. 2012. *Kuehneola warburgiana* comb. nov. (Phragmidiaceae, Pucciniales), causing witches' brooms on *Rosa bracteata*. Mycotaxon, 121: 207-213

Patouillard N. 1886. Champignons parasites des Phanerogames exotiques. Rev. Mycol. (Toulouse), 8: 80-84

Patouillard N. 1907. Champignons du Kouy-tcheou. Monde Pl. 2ᵉ Ser, 9: 31

Petch T. 1922. Additions to Ceylon fungi II. Ann. Roy. Bot. Gard. (Peradeniya), 7(part 4): 279-322

Petrak F. 1947. Plantae sinensis a dre. H. Smith annis 1921-1922, 1924 et 1934 lectae XLII. Micromycetes. Meddel Göteb. Bot. Trädg., 17: 113-164

Pota S, Chatasiri S, Ono Y, Yamaoka Y, Kakishima M. 2013. Taxonomy of two host specialized *Phakopsora* populations on *Meliosma* in Japan. Mycoscience, 54: 19-28

Prasad KV, Yadav BRD, Sullia SB. 1993. Taxonomic status of rust on mulberry in India. Curr. Sci., 65: 424-426

Raciborski M. 1900a. Parasitische Algen und Pilze Javas I. Batavia: Bot. Inst. Buitenzorg: 39

Raciborski M. 1900b. Parasitische Algen und Pilze Javas II. Batavia: Bot. Inst. Buitenzorg: 46

Raciborski M. 1909. Über einige javanische Uredineae. Bull. Acad. Sci. Cracovie, Classe Sci. Math. Nat., 1909: 266-279

Ramakrishnan TS. 1950. Some interesting rusts of South India. Indian Phytopathol., 3: 43-50

Saccardo PA. 1888. Sylloge Fungorum Omnium Hucusque Cognitorum. VII. Pavia, Italia: 941

Saccardo PA. 1891. Sylloge Fungorum Omnium Hucusque Cognitorum. IX. Uredineae. Pavia, Italia: 1141

Saccardo PA. 1925. Sylloge Fungorum Omnium Hucusque Cognitorum. Continuus Supplementum 10: Hymenomyceteae, Ustilaginales, Uredinales. Pavia, Italia: 1026

Sathe AV. 1966. Some new reports of *Aecidium* from India. Mycopath. Mycol. Appl., 29: 118-120

Sato T, Sato S. 1981. *Aecidium rhaphiolepidis* and *A. pourthiaeae*: two imperfect rust fungi with aecidioid uredinia. Trans. Mycol. Soc. Japan, 22: 173-179

Sawada K. 1959. Descriptive Catalogue of Taiwan (Formosan) Fungi XI. Edited by Imazeki R, Hiratsuka N, Asuyama H. Special Publication No. 8. College of Agriculture, Taiwan Univ.: 268

Schweinitz LD von. 1822. Synopsis fungorum carolinae superioris. Schriften Naturf. Ges. Leipzig, 1: 20-131

Siemaszko W. 1933. Uredinales novae. Ann. Mycol., 31: 98

Stevens FL, Mendiola VB. 1931. Aecioid short cycle rusts of the Philippine Islands. Philipp. Agric., 20: 3-17

Sydow H. 1921. Novae fungorum species. XVII. Ann. Mycol., 19: 304-309

Sydow H. 1939. Novae fungorum species. XXVII. Ann. Mycol., 37: 197-253

Sydow H, Sydow P. 1901. Zur Pilzflora Torols. Österr. Bot. Z., 51: 11-29

Sydow H, Sydow P. 1903. Neue und kritische Uredineen I. Ann. Mycol., 1: 324-334

Sydow H, Sydow P. 1913a. Novae fungorum species. IX. Ann. Mycol., 11: 54-65

Sydow H, Sydow P. 1913b. Ein Beitrag zur Kenntnis der parasitischen Pilzflora des nordlichen Japans. Ann. Mycol., 11: 93-118

Sydow H, Sydow P. 1916. Weitere Diagnosen neuer philippinischer Pilze. Ann. Mycol., 14: 353-375

Sydow H, Sydow P. 1918. Mycologische Mitteilungen. Ann. Mycol., 16: 240-248

Sydow H, Sydow P. 1919. Aufzahlung einiger in den Provinzen Kwangtung und Kwangsi (Sud-China) gesammelter Pilze. Ann. Mycol., 17: 140-143

Sydow H, Mitter JH. 1935. Fungi indici II. Ann. Mycol., 33: 46-71

Sydow H, Sydow P, Butler EJ. 1906. Fungi indiae orientalis I. Ann. Mycol., 4: 424-445

Sydow H, Sydow P, Butler EJ. 1907. Fungi indiae orientalis II. Ann. Mycol., 5: 485-515

Sydow P, Sydow H. 1904. Monographia uredinearum Vol. I. Lipsia: Fratres Borntraeger: 972

Sydow P, Sydow H. 1915. Monographia Uredinearum Vol. III. Lipsia: Fratres Borntraeger: 726

Sydow P, Sydow H. 1924. Monographia Uredinearum Vol. IV. Lipsia: Fratres Borntraeger: 671

Tai FL(戴芳澜). 1936-1937. A list of fungi hitherto known from China. Sci. Rept. Nat. Tsing Hua Univ. Ser B., 2: 137-165, 191-639

Tai FL(戴芳澜). 1947. Uredinales of western China. Farlowia, 3: 95-139

Teng SC(邓叔群), Ou SH(欧世璜). 1937. Additional fungi from China VI. Sinensia, 8: 227-297

Teng SC(邓叔群). 1939. A Contribution to Our Knowledge of the Higher Fungi of China. Nat. Inst. Zool. & Bot. Acad. Sinica: 614

Thaung MM. 1974. Two new rusts from Burma. Trans. Brit. Mycol. Soc., 62: 218-222

Thirumalachar MJ, Kern FD, Patil BV. 1966. *Elateraecium*–A new form genus of the Uredinales. Mycologia, 58: 391-395.

Thirumalachar MJ. 1949. Critical notes on some plant rusts. Bull. Torrey Bot. Club, 76: 339-342

Tranzschel VG. 1907a. Kulturversuche mit Uredineen im Jahre 1907. Ann. Mycol., 5: 418

Tranzschel VG. 1907b. Diagnosen einiger Uredineen. Ann. Mycol., 5: 551

Tranzschel VG. 1909. Über einige Aecidien mit gelbbrauner Sporenmembran. Trudy Bot. Muz. Imp. Akad. Nauk, 7: 111-116

Treboux O. 1912. Infektionsversuche mit parasitischen Pilzen I-III. Ann. Mycol., 10: 73-76, 303-306,

557-563

Uchida S. 1965. The Japanese species of rust fungi on the Bambusaceae. Mem. Mejiro Gakuen Women's Jun. Coll., 2: 21-28

Viegas AP. 1945. Alguns fungos do Brasil IV. Uredinales. Bragantia, 5: 1-144

Wei CT(魏景超), Hwang SW(黄淑炜). 1941. A checklist of fungi deposited in the mycological herbarium of the University of Nanking I. (1924-1937). Nanking J., 9: 329-372

Wei SX(魏淑霞), Zhuang JY(庄剑云). 1989. Additions to the graminicolous rust fungi of China. Mycosystema, 2: 217-220

White FB. 1878. Note on the zoology and botany of Glen Tilt. Scott. Naturalist (Perth), 4: 160-163

Wielgorskaya T. 1995. Dictionary of Generic Names of Seed Plants. New York: Colombia University Press: 570

Wilson M, Henderson DM. 1966. British Rust Fungi. Cambridge: Cambridge Univ. Press: 384

Winter G. 1881. Uredineae. In: Rabenhorst L. Kryptogamen-Flora von Deutschland, Oesterreich und der Schweiz. II. Aufl. I. Leipzig: 131-270

Xu B(徐彪), Zhao ZY(赵震宇), Zhuang JY(庄剑云). 2013. Rust fungi hitherto known from Xinjiang (Sinkiang), northwestern China. Mycosystema, 32(Suppl.): 170-189

Yen JM (Yen WY 阎玫玉). 1969. Étude sur les champignons parasites du Sud-East asiatique XIII. Quelques especes d'Uredinees de Malaisie. Rev. Mycol. (Paris), 34: 299-339

Yen JM (Yen WY 阎玫玉). 1972. Les Urédinées du Gabon VII. Rev. Mycol. (Paris), 36: 279-297

Yen JM (Yen WY 阎玫玉). 1975. Étude sur les champignons parasites du Sud-East asiatique XXIV. Les Urédinées de Formose. Rev. Mycol. (Paris), 39: 251-267 (issued 1976)

Zhuang JY(庄剑云), Wang SR(王生荣). 2006. Uredinales of Gansu in northwestern China. J. Fungal Res., 4(3): 1-11

Zhuang JY(庄剑云), Wei SX(魏淑霞). 1994. An annotated checklist of rust fungi from the Mt. Qomolangma region (Tibetan Everest Himalaya). Mycosystema, 7: 37-87

Zhuang JY(庄剑云), Wei SX(魏淑霞). 2001. Basidiomycota, Teliomycetes, Uredinales. In: Zhuang WY. Higher Fungi of Tropical China. Ithaca: Mycotaxon Ltd.: 352-388

Zhuang JY(庄剑云), Wei SX(魏淑霞). 2003. Uredinales of Kilien Mountains and their adjacent areas in Qinghai, China. Mycosystema, 22(suppl.): 107-112

Zhuang JY(庄剑云), Wei SX(魏淑霞). 2005. Urediniomycetes, Uredinales. In: Zhuang WY. Fungi of Northwestern China. Ithaca, New York: Mycotaxon Ltd.: 233-290

Zhuang JY(庄剑云), Wei SX(魏淑霞). 2011. Additional materials for the rust flora of Hainan Province, China. Mycosystema, 30: 853-860

Zhuang JY(庄剑云), Wei SX(魏淑霞). 2012. Additional notes of the rust fungi from southwestern China. Mycosystema, 31: 480-485

Zhuang JY(庄剑云), Wei SX(魏淑霞). 1996. Uredo cyperi-stoloniferi found in Xisha Islands. Mycosystema, 8-9: 159-161

Zhuang JY(庄剑云). 1986. Uredinales from East Himalaya (continued). Acta Mycol. Sin., 5: 138-155

Zhuang JY(庄剑云). 1988. Species of *Puccinia* on the Cyperaceae in China. Mycosystema, 1: 115-148

Zhuang JY(庄剑云). 1990. Additions to *Aecidium* from China. Acta Mycol. Sin., 9: 191-195

Азбукина ЗМ. 1951. Стеблелист мощный—*Caulophyllum robustum*—Промежуточный хозяин ржавчинного гриба *P. poae-sudeticae*. Сообщ. Дальневост. Фил. АН СССР. Владивосток. Вып. 2: 21-22 [Azbukina ZM. 1951. *Caulophyllum robustum*, an intermediate host of the rust *Puccinia poae-sudetica*. Soobshch. Dal'nevost. Fil. AN SSSR. Vladivostok, 2: 21-22]

Азбукина ЗМ. 1974. Ражвчинные Грибы Дальнего Востока. Москва: Издательство 《НАУКА》: 527

[Azbukina ZM. 1974. Rust Fungi of the Soviet Far East. Moscow: "NAUKA": 527]

Азбукина ЗМ. 1984. Определитель Ржавчинных Грибов Советского Дальнего Востока. Москва: Издательство《НАУКА》: 287 [Azbukina ZM. 1984. Key to the Rusts of the Soviet Far East. Moscow: "NAUKA": 287]

Азбукина ЗМ. 2005. Низшие Растения, Грибы и Мохообразные Дальнего Востока России. Грибы. Том 5. Ржавчинные Грибы. Владивосток: Дальнаука: 615 [Azbukina ZM. 2005. Plantae non Vasculares, Fungi et Bryopsidae Orientis Extremi Rossica. Fungi. Tomus 5. Uredinales. Vladivostok: Dalnauka: 615]

Корбонская ЯИ. 1986. Новые виды ржавчинных грибов из Таджикистана. Новости Систематики Низших Растений, 23: 131-134 [Korbonskaja Ja I. 1986. Species uredinalium novae e Tadzhikistania. Novosti Sistematiki Nizshikh Rastenii, 23: 131-134]

Купревич ВФ, Ульянищев ВИ. 1975. Определитель Ржавчинных Грибов СССР. Часть I. Минск: Наука и Техника: 334 [Kuprevich VF, Ul'yanishchev VI. 1975. Key to Rust Fungi of the USSR. Vol. 1. Minsk: Naukai Tekhnika: 334]

Неводовский ГС. 1956. Флора Споровых Растений Казахстана Том 1. Ржавчинные Грибы. Алма-Ата: 431 [Nevodovski GS. 1956. Cryptogamic Flora of Kazakhstan. Vol. 1. Rust Fungi. Alma-Ata: 431]

Пунцаг Т. 1979. БҮгд Найрамдах Монгол Ард Улсын Микофлор. 1 Боть. Uredinales, Ustilaginales, Erysiphales. Улаанбаатар: 334 [Puntsag T. 1979. Mycoflora of the Mongolian People's Republic. Vol. 1. Uredinales, Ustilaginales, Erysiphales. Ulaanbaatar: 334]

Рамазанова СС, Файзиева ФХ, Сагдуллаева МШ, Киргизбаева ХМ, Гапоненко НИ. 1986. Флора Грибов Узбекистана. Том III. Ржавчинные Грибы. Ташкент: 229 [Ramazanova SS, Faizieva F KH, Sagdullaeva M SH, Kirgizbaeva KH M, Gaponenko NI. 1986. Fangal Flora of Uzbekistan Vol. 3. Rust Fungi. Taskent: 229]

Тетеревникова-Бабаян ДН. 1977. Микофлора Армянской ССР. Том. IV. Ржавчинные Грибы. Ереван: 482 [Teterevnikova-Babayan DN. 1977. Mycoflora of Armenian SSR. Vol. IV. Rust Fungi. Erevan: 482]

Траншель ВГ. 1926. *Puccinia aeluropodis* Ricker и *Uromyces aeluropodis* n. sp., их географическое распространение и биология. Дневн. Всесоюзн. съезда ботаников в Москве в январе, 1926: 172-173 [Tranzschel VG. 1926. *Puccinia aeluropodis* Ricker and *Uromyces aeluropodis* n. sp.: their geographical distribution and biology. Dnevnik Vsesoyuznogo s'ezda botanikov v Moskve yanvare, 1926: 172-173]

Траншель ВГ. 1939. Обзор Ржавчинных Грибов СССР. Москва: Издатегьство Академии Наук СССР: 426 [Tranzschel VG. 1939. Conspectus Uredinalium URSS. Moscow: URSS Academy of Sciences: 426]

Ульянищев ВИ, Бабаян ДН, Мелиа МС. 1985. Определитель Ржавчинных Грибов Закавказья. Баку: ЭЛМ: 574 [Ul'yanishchev VI, Babayan DN, Melia MS. 1985. Key to rust fungi of Transcaucasia. Baku: ELM: 574]

Ульянищев ВИ. 1978. Определитель Ржавчинных Грибов СССР. Часть 2. Ленинград: НАУКА: 382 [Ul'yanishchev VI. 1978. Key to Rust Fungi of the USSR. Part 2. Leningrad: NAUKA: 382]

索　引

寄主汉名索引

寄主学名索引

锈菌汉名索引

锈菌学名索引

A

（SCPC-BZBEZF17-0017）

ISBN 978-7-03-082234-5

9 787030 822345 >

定 价：298.00 元